KB015738

# 선비들의
# 텃밭

## 조선의
## 채마밭

# 선비들의 텃밭 조선의 채마밭

**초판 1쇄 인쇄일** 2022년 7월 5일
**초판 1쇄 발행일** 2022년 7월 15일

**지은이** 홍희창
**펴낸이** 양옥매
**디자인** 표지혜
**마케팅** 송용호
**교 정** 조준경 김민정

**펴낸곳** 도서출판 책과나무
**출판등록** 제2012-000376
**주소** 서울특별시 마포구 방울내로 79 이노빌딩 302호
**대표전화** 02.372.1537 팩스 02.372.1538
**이메일** booknamu2007@naver.com
**홈페이지** www.booknamu.com
ISBN 979-11-6752-173-6 (03480)


* 그림출처 : 국립중앙박물관, 한국학중앙연구원, 위키피디아 등.

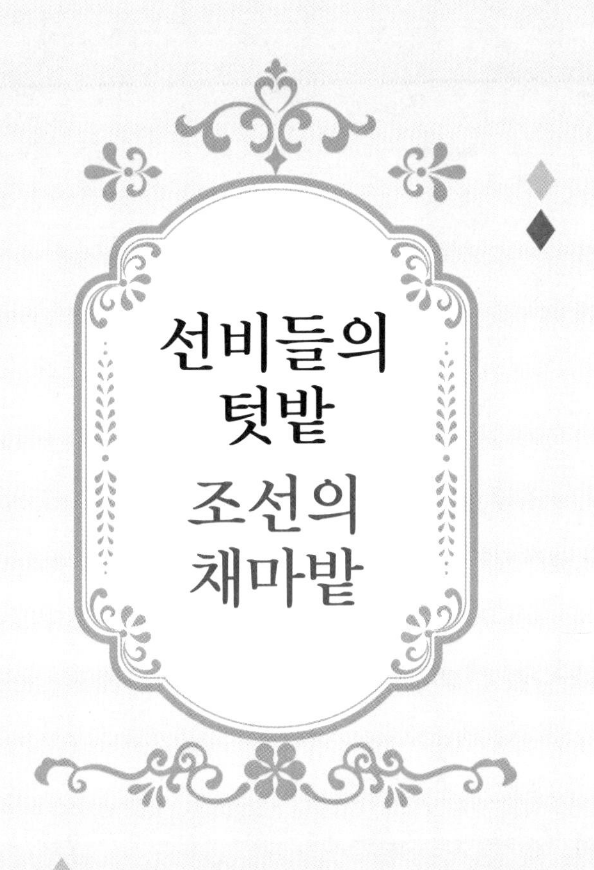

# 선비들의 텃밭 조선의 채마밭

홍희창 | 지음

책과나무

## 들어가는 글

“나라는 백성을 근본으로 삼고, 임금은 백성을 하늘로 삼습니다. 하늘이 임금을 세운 것은 백성을 잘 기르도록 하기 위한 것이지, 백성을 해쳐 가면서 자신을 봉양하도록 하기 위한 것이 아닙니다.”

요즘과 같은 시대에도 최고 권력자 앞에서 하기 어려운 이야기가 근 400년 전에 나옵니다. 바로 지봉 이수광이 63세로 대사헌이던 1625년 11월 중순, 인조 임금께 올린 글인 차자(箚子)[1] 가운데 나오는 내용입니다. 나흘 뒤 병이 있어 사직하게 해 달라는 지봉의 글에 임금은 “차자를 보고 경의 간절한 마음을 잘 알았다. 경은 사직하지 말고 조리한 다음 직임을 살피라.”고 합니다.

흔히 “나라는 백성을 근본으로 삼고, 백성은 먹는 것을 하늘로 삼는다.”고 이야기합니다. 이 말은 고대 중국으로부터 전해진 것이지만, 동서양과 시대를 막론하고 ‘먹고 사는’ 문제가 가장 중요했습니다. 이 때문에 조선의 임금들도 이를 많이 인용했습니다.

1444년 윤 7월 하순, 세종대왕도 이 말을 인용한 다음, “농사짓는 일은 의식(衣食)의 근원으로 왕이 가장 힘써야 할 바이다.”라며, 옛 성

• • •

1 조선 시대에 일정한 격식을 갖추지 않고 사실만을 간략히 적어 올리던 상소문.

현들의 예를 들어 백성들이 부지런히 농사에 힘쓸 것을 하교합니다. 뒤에 「권농교문(勸農教文)」으로 불리는 글입니다.

임금은 '나라의 임자'라는 뜻으로, '나라님'이던 시절에는 나라의 모든 게 임금의 소유였습니다.[2] 국토는 물론이고 그 땅 위나 아래에 존재하는 모든 생명과 무생물이 다 그러했습니다. 이런 시대에 신하로서 감히 "하늘이 임금을 세운 것은 백성을 잘 기르도록 하기 위한 것"이라 운운한 것을 보면, 목숨을 걸고라도 할 소리는 한다는 선비의 올곧은 기개가 느껴집니다.

조선 시대이든 그 앞의 고려 시대이든 선비들은 나라의 부름을 받으면 관직에 나아가고, 그렇지 않거나 관직에서 물러나면 전원에 살기를 바랐습니다. 다분히 도연명[3]의 영향을 많은 받은 까닭이지요. 일제 강점기의 독립운동가이자 언론인이었던, 호암 문일평[4]의 글에 「전원의 낙(樂)」이란 게 있습니다. "경산조수(耕山釣水)는 전원 생활의 일취(逸趣)[5]이다. 도시 문명이 발전될수록 도시인은 한편으로 전원의 정취를 그리워하며 원예를 가꾸며 별장을 둔다. 아마도 오늘날 농촌인이 도시의 오락에 끌리는 이상으로 도시인이 전원의 유혹을 받고 있는 것이 사실이다."

• • •

2 이와 달리, 이수광과 비슷한 시대를 살았던 영국의 올리버 크롬웰(1599~1658)은 "백성과 국가는 왕의 소유물이 아니다."고 했다.

3 陶淵明(365~427), 중국 동진의 시인으로 『귀거래사(歸去來辭)』를 남기고 관직에서 물러나 전원에서 살았다.

4 文一平(1888~1939). 호는 호암(湖巖).

5 뛰어나고 색다른 흥취(흥과 취미).

여기에서 경산조수는 산에서 밭을 갈고 물에 가 낚시를 하는 것으로, 속세를 떠나 자연을 벗 삼으며 한가로운 생활을 하는 것입니다. 비단 이 글을 쓴 호암만이 아니라 이 땅이나 물 건너 외국에서 살았던 사람들 중 많은 이가 꽃과 나무를 심고 채소를 가꾸며 살거나 살려고 했습니다. 흔히 사농공상(士農工商)이라 해 선비는 벼슬살이를 하고, 농민만이 농사를 지은 것으로 생각하기 쉽지만, 많은 선비들이 농사를 지었습니다. 물론 대규모 농장을 경영하는 경우도 있었지만 대다수는 자그마한 텃밭을 가꾸었지요. 심지어는 귀양을 가서 가시울타리로 둘러싸인 좁은 공간에 갇혀 살면서도 텃밭을 일구고자 한 선비도 있었습니다.

경제적인 사정으로 땅을 구할 수 없거나 시간이 나지 않을 경우에는 '의원(意園)'이라는 상상 속의 정원을 가꾸기도 했습니다. 정원이라 하면 꽃과 나무가 먼저 떠오르지만, 본래 정원은 울타리를 치고 그 안에 꽃과 나무, 채소, 허브 등을 가꾸는 공간입니다. 한자에서 정원을 뜻하는 원(園)이란 글자도 울타리(口)로 둘러싸고, 안에 흙을 쌓고(土), 연못을 조성하며(口), 각종 꽃(衣)이 심어진 형태입니다. 즉, 자신만의 공간을 만들고 그 안에 이상세계를 구현해 즐긴 것입니다. 그런데 선비들이 텃밭을 가꾼 건 채소나 곡물의 수확만이 목적은 아니었습니다. 그들은 텃밭을 일구고 작물을 키우는 동시에 마음의 밭(心田)도 같이 갈고 키워 나갔습니다.

앞의 세종대왕 말씀에서도 알 수 있듯이, 조선 시대에는 농사와 관련된 것은 무엇보다 중요한 일이었습니다. 때문에 임금이 선농단[6]에 나아가 풍년을 기원하는 제사를 지내고, 적전[7]에서 논을 가는 시범을 보였으며, 왕비는 누에를 치는 의식을 치르기도 했습니다. 농사는 나라를 다스리는 임금은 물론, 지방을 다스리는 수령에게도 중요했습니다. 수령칠사(守令七事)라 해 수령이 힘써야 할 일곱 가지 중에서 농사를 성하게 하는 걸 가장 앞머리에 두었을 정도입니다.

조선 후기 서유구[8]는 『행포지(杏浦志)』 서문에서 농사의 중요성을 이렇게 강조했습니다. "지금 천하의 사물 중에서 동서와 고금을 통틀어 하루라도 없어서는 안 되는 것을 찾는다면 무엇이 으뜸인가? 곡식이다. 지금 천하의 할 일 중에서 동서와 고금을 통틀어 고귀하거나 비천하거나 지혜롭거나 어리석거나 하루라도 잘 몰라서는 안 되는 것을 찾는다면 무엇이 으뜸인가? 농사다."

이 책에서는 이처럼 농사를 중시하던 조선 시대를 중심으로 선비들이 노래하고 가꾸었던 텃밭과 작물을 다루고 있습니다. 1부 '텃밭의 역사와 종류'에서는 텃밭의 역사를 살펴본 후, 외국에서 텃밭을 가꾸었던 대표적인 인물을 만나고 도시 텃밭도 들러 봅니다. 미국의 토머스 제퍼슨 대통령이 가꾸었던 몬티첼로를 비롯해, 프랑스 인상파 화가를

• • •

6 先農壇, 농사를 가르쳤다고 하는 고대 중국의 신농(神農)씨와 후직(后稷)씨를 제사 지내던 곳.

7 籍田, 임금이 친히 경작하는 농지.

8 徐有榘(1764~1845), 조선 후기의 문신으로, 특히 농학 분야에 큰 업적을 남겼다. 그가 저술한 『임원경제지』는 사회경제사 분야의 주요 자료이다.

대표하는 클로드 모네의 지베르니 정원, 그리고 정원을 가꾸면서 정원과 관련된 글을 많이 쓴 독일계 스위스 작가인 헤르만 헤세의 카사로사 정원을 만나 봅니다. 도시 텃밭으로는 영국의 얼롯먼트, 독일의 클라인가르텐, 일본의 시민 농원, 쿠바의 오가노포니코와 러시아의 다차 등을 안내합니다.

2부에서는 '선비들의 텃밭, 조선의 채마밭'이란 제목 아래 우리나라 농업의 이모저모, 텃밭의 모습과 의미를 살펴봅니다. 그리고 채마밭을 가꾼 선비들을 만납니다. 고려의 이규보와 이곡, 여말선초(麗末鮮初)의 원천석, 조선의 양성지, 서거정, 강희맹, 이행, 박세당, 김창업, 이옥, 정약용, 김려와 이학규를 만나 그들이 가꾼 텃밭을 들러 봅니다.

3부는 '채마밭의 작물들'이라는 제목 아래, 선비들이 노래한 영물시(詠物詩)에 나오는 작물들을 소개합니다. 여기에는 2부에서 소개한 선비들 외에도 이색, 이응희, 신후담, 박제가, 조수삼 등이 지은 영물시도 담았습니다. 작물의 종류로는 벼와 보리를 비롯한 곡류와 무, 마늘, 배추, 상추, 시금치처럼 오랜 세월을 우리 민족과 함께한 채소가 있는가 하면, 이른바 '콜럼버스의 교환'에 의해 신대륙에서 전해진 감자와 고구마, 고추, 옥수수, 토마토, 호박 등도 있습니다. 각각의 작물과 관련된 시를 소개하고, 역사와 재배 방법 등을 알아봅니다.

중국에서 비롯된 코로나의 여파로 '반려식물'이 인기를 모으고 있습니다. 이와 함께 텃밭을 가꾸는 분들도 많이 늘어나고 있습니다. 사람과 사람 사이의 간격이 멀어지는 대신, 식물과의 거리는 더 가까워지는 듯합니다. 알면 친근해지고, 눈높이를 낮추어 보면 식물들이 더 살 보입니다. 두어 평의 작은 텃밭이라도 좋습니다. 텃밭을 만들어 채소와 꽃을 심고 흙을 만지고 있으면, 복잡했던 머리도 차분해지고 마음도 안정됩니다.

저는 이런 치유 효과를 몇 해 전부터 '테라 테라피(terra therapy)'라고 부르곤 합니다. 흙을 의미하는 테라와 치료법을 뜻하는 테라피를 합성한 말이지요. 노란 나비들이 짝지어 날아드는 것을 보면 심신이 여유로워지고, 꿀벌이 이 꽃 저 꽃을 찾아다니며 꽃꿀과 꽃가루를 모으는 걸 지켜보고 있노라면 자연스레 '나도 열심히 살아야겠다'는 생각도 듭니다.

땅을 구하기 어렵거나 시간이 없더라도 누구나 텃밭은 쉽게 가꿀 수 있습니다. 마야 신화의 창조신들이 생각하면 바로 이루어졌듯이, '상상 속의 텃밭'을 만들어 가꾸면 됩니다. 머릿속으로 그리기만 하면 되므로, 꽤 넓은 면적에 다양한 채소와 허브, 꽃과 유실수들을 심을 수도 있습니다.

아메리카 대륙의 원주민들이 그러했듯이, 옥수수와 넝쿨콩, 호박을 심어 세 자매 키우기를 할 수도 있고 여기에 벌통을 들여 네 자매 키우기도 할 수 있습니다. 상추와 쑥갓을 심고, 한쪽에는 조선오이와 땅에서 나는 감인 토마토의 줄기를 올릴 수도 있습니다. 쑥갓의 꽃은 채소꽃 중에서도 오크라꽃과 함께 가장 예쁩니다. 서양에서는 쑥갓을 식용이 아니라 관상용으로만 키울 정도입니다.

눈에 보이는 텃밭이든 보이지 않는 '상상 속의 텃밭'이든 가꾸어 나가면, 앞에서 나온 '전원의 낙'이 실현되고 삶은 한층 더 풍요로워질 것입니다. 아무쪼록 이 책이 이 땅에 살았던 선비들을 조금이나마 더 잘 이해하고, 채소를 중심으로 한 작물에 관해서도 알아 가며, 텃밭을 가꾸는 데에도 많은 도움이 되었으면 하는 바람입니다. 감사합니다.

목차

"우리는 이번 겨울에 정원을 거름으로 덮을 거야. 땅이 비옥하면 가뭄을 견디며, 수확량이 늘어나고, 최고의 품질에 도전할 수 있지. 나는 너를 괴롭히던 벌레들은 토양에 거름기가 부족해 작물이 약해졌기 때문이라 생각해. 우리 같이 힘써서 내년에는 벌레들을 막자."

1부

# 텃밭의
# 역사와 종류

# 1
# 텃밭의 역사

## 농경의 시작

만 년 전에 시작된 농경과 목축은 인류 역사상 가장 큰 사건이었습니다. 자연에서 식량을 채집하거나 사냥해 얻는 대신 키워서 생산하기로 한 것입니다. 사람들은 숲과 초원을 불로 태워 숱한 동식물을 쫓아내고, 채취한 야생종 보리와 밀의 씨를 밭에 뿌리고 가축을 사육하기 시작했습니다. 인류 최대의 발명 중 하나인 '농업'이 탄생한 것입니다. 수렵과 채취만으로 사람 한 명이 먹고사는 데 약 20제곱킬로미터의 토지가 필요하지만, 작물을 재배하면 같은 면적으로 약 6,000명은 충분히 먹고 살 수 있다고 합니다. 농업이 없었더라면 오늘날 인류 사회는 존재하지 못했을 것입니다. 농작물은 현재도 그렇지만 미래에도 인류의 생명줄일 것입니다.

오늘날 인류는 기본적으로 쌀, 밀, 옥수수, 조와 수수, 보리, 호밀 등 볏과 식물에 의존하고 있습니다. 곡물은 4대 문명이 꽃피던 시절부터 현재에 이르기까지 꾸준히 인류와 함께해 왔습니다. 인류는 밥이나 빵 등의 주식은 물론 맥주 등의 원료와 가축 사료에 이르기까지 많은 것들을 곡물에 의존하고 있습니다. 현재도 세계 노동 인구의 절반가량이 곡물 재배를 중심으로 하는 농업에 종사하고 있습니다.

기원전 15세기 고대 이집트의 농경

고대 그리스의 시인 호메로스가 인간을 '빵을 먹는 존재'로 정의했듯이 그리스 · 로마 시대에는 곡물을 경작(cultivate)해 빵을 만드는 것이 곧 문화(culture)이자 문명이었습니다. 그리고 유럽 북부의 게르만족, 켈트족 등이 즐기는 육식은 야만으로 간주되었습니다.

곡물과 함께 채소도 인류의 주 · 부식으로서 매우 중요한 식품이었습니다. 각 지역의 기후와 풍토에 따라 다양한 채소가 재배되어 왔으며, 아직도 원산지 부근에는 야생의 채소가 자라고 있습니다. 초기에는 단순한 종류의 채소가 이용되었으나, 야생의 식물들이 재배되고 '콜럼버스의 교환'과 같은 문명의 교류로 인해 다양한 채소를 이용할 수 있게 되었습니다.

## 대항해 시대와 '콜럼버스의 교환'

포르투갈의 엔히크(1394~1460) 왕자가 아프리카 서안을 탐험하

콜럼버스가 탔던 산타 마리아호를 재현한 모습(국립해양박물관 웹진)

며 시작된 대항해 시대는, 당시까지 볼 수 없었던 큰 변화를 가져왔습니다. 제국들이 육지에서 각축전을 벌이던 시대에서 바다를 지배하고자 다투는 시대로 바뀐 것입니다. 세계 각지를 연결한 대양 위의 항로에는 향신료와 기호품을 포함한 막대한 양의 식자재를 실은 선박이 떠다녔습니다. 유럽인의 주도 아래 신대륙과 구대륙 사이에 역사상 전례를 찾을 수 없을 정도의 대규모 교류가 진행되었습니다.

작물 역시 마찬가지였으며, 식문화 교류의 세계 지도가 다시 그려졌습니다. 옥수수와 감자 같은 생산성 높은 작물이 보급되자, 구대륙의 식문화 역시 커다란 변화를 맞게 됩니다. 이전과는 완전히 다른 음식을 먹게 되었다 해도 과언이 아닐 정도입니다. 신대륙이 기원인 식물로는 옥수수 · 감자 · 고구마 · 호박 · 토마토 · 강낭콩 · 땅콩 · 고추 등이 있고, 동물로는 칠면조가 있습니다.

유럽인의 이주와 개발로 신대륙의 생태계는 구대륙과 비교할 수 없을 정도로 크게 바뀌었습니다. 보리 · 쌀 · 커피 · 소 · 양 등 이제까지 없었던 동식물이 대량으로 신대륙에 들어온 것입니다. 미국의 대평원과 아르헨티나의 팜파스 초원 지대는 유럽인을 위한 거대한 식량 창고에 지나지 않게 되었습니다.

미국의 역사학자 알프레드 크로스비는 1972년에 저술한 『콜럼버스의 교환(The Columbian Exchange)』에서 유럽인이 신대륙에 끼친 생태학적 변화를 처음으로 주목하였고, 그 제국주의적 속성을는 화원의 제라늄을 모두 뽑아 버리고 대신 감자와 양배추를 심었습니다. 전쟁이 끝나 갈 무렵 영국은 놀랍게도 200만 톤에 달하는 신선한 채소를 수확할 수 있었습니다. 1918년 8월, 런던의 국립 식물원인 큐가든(Kew Garden)에서 수확한 감자는 거의 30톤에 달했습니다. 그로부터 3개월 후인 11월 11일 오전 11시에 독일군은 항복을 선언했습니다.

전쟁이 끝난 후 수많은 부상병들이 상처를 치료하기 위해서 고향으로 돌아와 채소밭을 일구기 시작했습니다. 채소밭이 지니고 있는 휴식과 치유 능력은 전쟁에서 얻은 악몽으로 시달리는 퇴역병들에게 더할 나위 없이 좋은 위안처를 제공해 주었습니다.

1930년대 미국과 유럽을 강타한 경제 대공황은 다시 한번 시민채원이 되살아나게 했습니다. 영국의 무료 급식소에서는 빵과 수프를 페니 단위로 팔았고, 미국은 가난한 사람들의 생계를 돕기 위해서 정원을 가꾸도록 장려했습니다. 제1차 세계대전의 교훈을 거울삼아 1940년 1월 영국 정부는 식량 배급제를 일찌감치 시행하고, 국민들 모두가 재배자가 되어야 한다고 외쳤습니다. 시민 채원 50만 곳에서 수확할 수 있는 감자와 각종 채소의 양은 100만 명이 넘는 어른들과 150만 명이 넘는 아이들이 8개월 동안 배불리 먹을 수 있는 양이었습니다. 농림부 장관은 '승리를 위해서 모든 사람이 정원과 시민 채원을 가꾸자'는 선전 문구를 높은 기둥에 설치하게 했습니다.

1941년, 왕립원예협회는 『채소밭 가꾸는 법』이라는 책을 출간했습니다. 그로부터 5년 뒤에 이 책은 독일어로 번역되어 전후 유럽의 채소밭을 재건하는 지침서로 활용됐습니다. 미국은 90톤에 달하는 채소의 씨앗을 기증했고, 씨앗들은 배에 실려 영국의 시민 채원 소유자들에게 전해졌습니다. 1942년, 애국심에 불타 있던 시민 채원의 재배가들은 신선한 식량을 130만 톤이나 생산하는 쾌거를 올렸다고 합니다. 1943년, 통조림 음식의 배급이 시작되자 루즈벨트 대통령은 백악관의 잔디밭을 파내고 그곳에 양배추와 당근, 콩과 토마토를 심으라고 명령했습니다. 전쟁 중이라 밭의 이름을 '빅토리 가든'이라 불렀습니다. 그러자 400만 명이 넘는 미국인이 자신이 가꾼 채소를 먹는 모임에 동참했습니다.

1935년, 독일은 빵에 감자가루를 10퍼센트 이상 섞도록 법으로 종용했습니다. 독일은 호밀의 나라였지만, 호밀을 희석해서 양을 늘릴 필요가 있었습니다. 그런데 독일은 전쟁이 시작될 무렵 사상 최고의 감자 보유량을 기록하고 있었습니다. 1937년에 독일은 세계 감자 생산량의 5분의 1에 해당하는 5천 3백만 톤의 감자를 수확했습니다. 감자가 지방과 단백질을 제외한 대부분의 영양분을 공급할 수 있다는 사실을 독일인들은 잘 알고 있었습니다.

프리드리히 대왕이 프러시아 사람들 앞에서 감자가 해롭지 않다는 것을 증명하기 위해 감자를 시식했습니다. 그 이후 감자는 독일인들의 가장 친한 친구로 사랑받아 왔습니다. 나치의 농무부 장관 다레는 훌륭한 선동책이 되리라 생각하고는 전쟁이 시작되자 "영국 비행기들이 콜로라도 감자벌레의 유충을 공중 살포했다"는 소문을 퍼뜨렸습니다. 독일의 감자 농사에 대한 연합군의 공격은 독일 농민들에게 어떤 잔학 행위보다도 큰 분노를 일으켰습니다. 사람들은 '감자에 대한 영국의 범죄'설을 믿었고, 이런 극악무도한 적에게 본때를 보여 주어야 한다고 마음먹었습니다.

태평양전쟁을 일으킨 일본에서도 1943년에는 전황의 악화와 운송 단절로 식량 위기가 더욱 심각해졌습니다. 일본의 쌀 생산량은

1941년의 흉작을 제외하면 1943년까지 6,000만 석(1석은 10말, 약 180리터)대를 유지했지만 1944년에는 5,000만 석대로 떨어지고 1945년에는 3,900만 석으로 급락했습니다. 국민들은 쌀을 최대한 아껴 먹자는 '절미(節米)'를 강요당했습니다. 이런 시기에 큰 힘을 발휘한 것이 감자, 고구마였습니다. 둘 다 쌀의 대용식으로 밥에 섞어 쌀의 양을 줄일 수 있었으며, 재배가 쉽고 단위면적당 수확량도 높았습니다. 공터, 공원, 학교 교정 등이 상당수 감자밭으로 바뀌었습니다.

백악관 텃밭

1950년대 초반에는 미국 가정의 39퍼센트가 가족 단위로 채소밭을 일구었습니다. 자신을 정원사라고 일컫는 1,700만 명에 달하는 사람들이 정원을 가꾸면서 원예는 가장 대중적인 취미 활동으로 자리 잡았습니다. 당시 영국에서는 전체 밭의 50퍼센트가 채소밭이었습니다.

최근 음식과 건강, 웰빙에 대한 관심이 높아지고, 기후온난화 문제가 대두되면서 텃밭 가꾸기가 도시 농업의 한 형태로 다시 각광받고 있습니다. 오바마 대통령의 부인인 미셸은 미국민의 식습관 개선과 어린이 비만 퇴치를 기치로 백악관 남쪽에 텃밭인 키친가든(kitchen garden)을 만들고 직접 가꾸었습니다. 여기에는 무, 상추, 배추, 양파, 파 등을 구획별로 나누어 재배했습니다. 미셸은 「먹을거리 원칙」에서 "나는 지역 사회 공공 텃밭의 신봉자이다. 아름답기도 할 뿐만 아니라, 신선한 과일과 채소를 미국 전역과 전 세계의 지역 공동체들에 제공해 주기 때문이다."고 했습니다. 미국의 정원협회(NGA)에서는 "미국 전체 가구의 35퍼센트 정도인 4,200만 가구가 집이나 동네의 정원에서 채소를 키운다."고 발표했습니다.

## 우주 텃밭

2015년에 개봉된 영화 〈마션(The Martian)〉에는 우주 텃밭이 등장합니다. 모래 폭풍으로 화성에 혼자 남겨진 우주 비행사 마크 와트니가 식물학자로서의 전공을 살려 온실을 만든 후 화성의 흙과 배설물 등을 이용해 감자를 키우는 장면에서죠. 비록 영화상의 이야기로 아직은 상상에 불과하지만, 인류의 농경 역사가 미래의 화성까지 이어지는 듯합니다.

2016~17년 미국 항공우주국(NASA)은 2030년 유인 화성 탐사를 앞두고 화성에서 감자 농사를 지을 수 있을지 알아보기 위해, 페루의 국제감자센터와 함께 지상에서 '화성감자' 후보 실험을 했습니다. 페루 사막에서 화성의 토양과 가장 비슷한 흙을 구해 작은 격리상자에 담고, 화성의 대기 조건을 모방한 가스를 넣은 후 LED를 이용해 화성의 방사선이 강한 태양빛을 만들어 냈습니다. 그 결과 높은 이산화탄소와 낮은 기압, 저온 등의 조건에서도 감자가 자랄 수 있다는 것을 확인했습니다. 감자를 선택한 이유는 다른 농작물에 비해 척박한 환경에서도 잘 자라고 성장 속도도 빨라 같은 시간에 더 많은 양을 재배할 수 있기 때문입니다.

그러면 실제 우주에서의 작물 재배는 어느 정도 진척되었을까요? 2015년 8월 국제우주정거장(ISS)의 '엑시비전 44(Exhibition

44)' 승무원들은 실험의 일환으로 우주에서 재배한 최초의 채소인 Veg-01을 먹었습니다. NASA에서 '베기(Veggie)'라는 애칭을 붙인 농작물 재배 시설에서 키운 이 붉은색

영화 <마션>에서 감자를 재배하는 모습

로메인 상추는 몇 년의 노력 끝에 얻은 결실이었습니다. 우주비행사 스콧 켈리는 "샐러드용 루콜라 비슷한 게 맛있다."고 했으며, 린드그렌은 "무척 신선하다."며 흡족히 여겼습니다. 동결 건조된 진공포장 음식만을 먹는 우주인이 부족한 철분을 녹황색 채소로 보충할 수 있게 된 것입니다.

전자레인지 크기인 베기 장치는 가장 많은 빛을 내는 빨간색과 파란색 LED등을 이용해 식물 성장을 촉진합니다. 상추의 경우에는 초록색 LED등을 추가해 더 눈에 띄고 맛있어 보이게 만듭니다. 씨앗은 찰흙과 비료와 물이 있는 배양기 안에서 자라는데, 상추는 약 한 달이면 먹을 수 있을 만큼 자랍니다. 우주에서의 상추 재배는 처음이 아니고 그 전에도 재배에 성공한 적이 있으나, 감염 우려 때문에 우주비행사들이 직접 먹지는 않고 검사를 위해 지구로 실어 왔습니다. 2016년에는 우주에서 처음으로 꽃이 제대로 자랐습니다. 국제우주정거장에서 데이지의 일종인 백일홍이 꽃을 피운 것입니다. 또한 2018년부터는 지구 저궤도 상에서 토마토가 실험 재배 중입니다.

미래에 사람이 화성을 여행하는 시대를 지나 화성에 거주하는 시대가 되면 어떤 일들이 생겨날까요? 그때는 우주에서 농사를 지

어 신선한 채소와 과일을 먹을 수 있게 된다고 합니다. NASA는 어드밴스드 푸드 시스템(Advanced Food System)을 만들어 우주에서 농사를 짓는 우주 정원을 구상하고 있습니다. 양상추, 시금치, 당근, 토마토, 양파, 무, 피망, 허브, 딸기, 양배추 등 열 가지 신선식품을 수경 재배로 키울 수 있습니다. 토양이 부족한 우주에서 물과 특별한 빛을 이용해 자랄 수 있도록 했고 화성 탐사선에 적용할 예정이라고 합니다.

사라 허먼에 의하면 우주 원예의 이점은 다음과 같습니다. 국제우주정거장에는 대규모 정원을 조성할 공간이 전혀 없으며, 우주 비행 시 우주선에 싣고 갈 수 있는 보급품의 양은 제한적이어서 재보급에 의존해야만 합니다. 그렇지만 우주비행사들이 자신이 먹을 음식의 일부를 직접 재배할 수 있다면, 더 먼 우주로 더 오래 여행할 수 있을 것입니다. 신선한 채소를 직접 재배하는 일은 장기간의 임무 수행으로 인한 스트레스 해소에도 도움이 되고, 바람직한 취미 생활도 되는 등 우주비행사들의 정신 건강에도 좋다고 합니다.

## 남극 세종기지의 실내농장

남극은 온도가 매우 낮아 인간이 생존하기 어려운 환경입니다. 최저 기온이 영하 25.6도에 달해 식물의 광합성 및 생장이 정상적으로 이루어질 수 없어 신선한 채소의 생산이 어렵습니다. 특히 남극의 동절기에는 바다가 얼어 부식의 운송마저 불가능한 상태입니다. 이런 가혹한 환경에서도 우리나라 세종과학기지의 대원들은 실내농장에서 키워 낸 신선한 채소를 즐길 수 있습니다.

세종기지 실내농장에서 자라는 수박(뉴스펭귄)

남극 세종기지는 연평균 4차례에 걸쳐 일부 채소를 공급받아 왔지만, 장기간 보존이 어려운 신선 채소는 부족할 때가 많았습니다. 특히 2020년에는 코로나19로 인접한 칠레나 주변 기지와의 왕래가 중단되면서, 6개월 넘게 기지의 대원들은 신선한 식자재를 구경할 수 없었습니다. 이에 농촌진흥청은 남극 세종과학기지 대원들에게 신선한 채소를 공급하기 위한 '남극에 실내농장 보내기' 프로젝트를 추진했습니다.

2020년 10월 말 쇄빙연구선 아라온호에 실어 보낸 실내농장은 2021년 1월 중순 현지에 도착해, 설치 및 시운전을 마치고 5월 7일 첫 파종을 시작했습니다. 이후 농작물이 잘 자라 상추와 케일 등의 잎채소는 6월부터 매주 1~2킬로그램 수확하고 있습니다. 이번에 처음 시도한 열매채소도 오이 · 애호박 · 고추는 7월 중순부터, 토마토 · 수박은 8월 중순에 수확했습니다. 현재 17명의 세종과학기지 월동연구대원들은 실내농장에서 기른 신선한 채소를 일주일에

한 번 이상 먹고 있습니다.

남극 세종기지의 실내농장은 40피트(12×2.4m) 크기의 컨테이너 2개로 구성되어 있으며, 각각 재배실과 휴게실로 운영 중입니다. LED를 인공광으로 이용하는 실내농장은 스마트 팜 원격 모니터링시스템을 갖추고 있습니다. 실내농장의 온도, 습도 그리고 이산화탄소량과 배양액 온도, 산도(pH) 등의 재배 환경 정보와 작물 생육 정보를 카메라로 촬영하여 수집합니다. 이렇게 수집된 각종 정보는 클라우드 기반 데이터베이스에 수집되고, 농촌진흥청이 실시간으로 모니터링해 작물 재배에 어려움이 없도록 도움을 주고 있습니다.

현재 남극에는 우리나라를 포함해 29개국이 83개 기지를 운영하고 있습니다. 이 중 일부 기지만 신선 채소의 공급 시설을 갖추고 있습니다. 잎채소와 열매채소를 동시에 재배할 수 있는 실내농장을 구축한 연구기지는 미국에 이어 우리나라 남극세종기지가 두 번째입니다.

# 2
# 외국의 텃밭

## 텃밭을 가꾼 사람들

### 토머스 제퍼슨

미국의 제3대 대통령이었던 토머스 제퍼슨(Thomas Jefferson, 1743~1826)은 훌륭한 정원사이기도 했습니다. 두 번에 걸친 대통령직을 마치고 난 노년에, 그가 몰두한 것은 버지니아대학 설립과 정원 일이었습니다. 활발하게 정치 활동을 하던 중에도 그는 정원에서 꽃을 가꾸고 나무를 심는 일을 즐겨했습니다.

몬티첼로(Monticello)는 버지니아주 샬로츠빌시 외곽에 있는 제퍼슨의 사저입니다. 유산으로 물려받은 넓은 농장 안에 위치한 낮은 산봉우리를 골라 그가 직접 설계하고 지은 집에서 대통령 퇴임 후 여생을 보냈습니다. 몬티첼로는 미국 내 개인 주택으로는 유일하게 그가 설립한 대학의 건물들인 아카데미칼 빌리지(the Academical Village)와 함께 1987년에 유네스코세계문화유산으로 선정되었습니다.

제퍼슨이 설계해 만든 몬티첼로에는 독창적이고도 다양한 아이디어가 많이 반영되어 있습니다. 길이만 300미터가 넘는 채원에는 330여 종의 채소를 심었고, 약 9,700평의 과수원에는 170여 종의 다른 품종의 과일을 심었다고 전합니다. 부속동 지하에는 얼음 저장고가 있는가 하면, 테라스 옆에는 물이 귀한 산꼭대기로서 빗물을 받아 저장하는 시스템 같은 현대에도 보기 드문 장치가 있고, 유리창이 많은 일종의 온실도 있었습니다.

몬티첼로는 소속된 노예들이 시장에서 판매되는 밀, 옥수수, 담배만이 아니라 자체 소비를 위한 과일과 채소를 포함한 다양한 작물을 재배하는 약 612만 평에 달하는 대형 농장이었습니다. 2,400평이 넘는 채소밭은 몬티첼로의 식량 공급원이자 실험실 역할을 했습니다. 채소밭은 1770년에 경사면을 따라 농작물을 경작하기 시작하면서 만들어졌습니다. 계단식 밭은 1806년에 도입되었으며 1812년에는 정원 가꾸기 활동이 절정에 달했습니다. 300미터 길이의 계단식 밭을 24개의 정사각형 구역으로 나누고, 식물의 어느 부분을 수확하는지에 따라 배치했습니다. 즉, 비트와 당근 같은 뿌리채소 종류, 양상추와 양배추 등의 잎채소 종류, 그리고 토마토와 콩 등으로 구분한 것입니다.

제퍼슨은 정원에 있는 채소 중에서 영국 완두콩을 가장 좋아했습니다. 그는 15가지 종류의 영국 완두콩을 재배했으며, 심는 시기를 달리해 5월 중순부터 7월 중순까지 신선한 완두콩을 먹었습니다. 또, 이웃과 함께 제일 먼저 접시에 오를 완두콩을 기른 사람을 뽑는 내기를 즐기곤 했습니다. 그는 완두콩을 일찍 수확하기 위해 노력했지만, 조지 다이버라는 이웃이 매번 우승을 차지한 듯합니다.

정치가였지만 정원사이기도 한 제퍼슨은 몬티첼로의 정원을 몹시 사링하여 자신이 방문하거나 선물로 받은 세계의 식물들을 가져다 심었습니다. 그에게 채소밭은 이탈리아에서 수입된 호박과 브로콜리, 루이스와 클라크[9] 원정대가 수집한 콩과 서양

몬티첼로의 채소밭

우엉(salsify), 프랑스산 무화과, 멕시코에서 온 고추로 재배 실험을 하는 장소이기도 했습니다.

제퍼슨은 기능과 아름다움을 갖춘 농장을 만들기 위해 노력했습니다. 예를 들어 다양한 음영을 즐길 수 있도록 홍화채두를 무리 지어 심고, 보라색 · 흰색 · 녹색 싹이 나는 브로콜리 또는 흰색과 보라색 가지를 인접한 줄에 배치했습니다. 그리고 참깨나 오크라로 토마토밭을 둘렀습니다. 정원과 과수원은 거의 1.2킬로미터 길이로 높이가 3미터나 되는 나무 울타리로 둘러싸여 있었습니다. 울타리는 주로 가축과 사슴을 막기 위해 세워졌지만 어린 토끼도 들어오지 못할 정도로 촘촘히 배치했습니다.

제퍼슨은 건강상의 이유로 채식을 위주로 하면서 육식은 거의 하지 않았습니다. 그래서 샐러드는 식단에서 중요한 위치를 차지했습니다. 그는 성장기 동안 2주 단위로 양상추와 무를 심도록 하고, 들시금치(orach) · 콘샐러드 · 엔다이브 · 한련과 같은 흥미로

• • •

9 제퍼슨 대통령의 명으로 루이스와 클라크가 진행한 탐험으로, 1804년 5월부터 1806년 9월까지 태평양에 이르는 대륙을 가로질러 진행되었다. 주된 목적은 미대륙을 가로지르는 가장 실용적인 상업용 수로를 찾는 것이었지만, 이를 통해 200종 이상의 새로운 동식물과 72종의 토착생물을 기록할 수 있었다.

모네의 지베르니 정원

모네는 인생 후반기에 풍요와 명성을 누리기 전까지 오랜 세월을 가난에 시달렸습니다. 그림은 팔리지 않았고, 때로는 빵을 살 돈조차 없었습니다. 이런 상황에서 원하는 삶을 계획하고 실현하기란 불가능했습니다. 모네의 경제 사정이 나아지기 시작한 것은 중년에 접어들면서였습니다. 궁핍한 시절을 함께한 첫 번째 부인 카미유 동시외는 1879년에 병으로 일찍 세상을 떠났습니다. 미식가로서의 생활이 시작된 것은 두 번째 부인 알리스 오슈데와 살면서부터입니다. 알리스는 모네의 후원자였던 부유한 미술품 수집가 에르네스트 오슈데의 부인이었습니다.

두 아들을 둔 모네와 여섯 아이를 둔 오슈데 부인이 한적한 지베르니에 정착한 것은 1883년 4월 말이었습니다. 당시 마흔세 살이던 모네는 1926년 세상을 뜰 때까지 반평생을 이곳에서 보냈습니다. 그는 정원을 가꾸고 연못을 만들고는, 꽃이 만발한 정원과 수련이 핀 연못을 아낌없이 그렸습니다. 22미터짜리 대작 〈수련〉을 비롯해 정원을 소재로 약 500점의 그림을 남겼습니다.

그가 처음 세 든 집은 채소밭과 과수원이 있던 농가였습니다. 그곳은 식민지풍의 2층집인데 8개의 방과 다락방, 지하실과 나중에 아틀리에가 된 부속 건물이 있었습니다. 그는 집과 3,000여 평의 땅을 즉시 점유하는 조건으로 집주인과 임차 계약을 맺었습니다.

지베르니에서 누릴 수 있는 최고의 호사는 이웃집이 없고 넓은 정원에 담장이 있다는 것이었습니다. 집 안을 장식할 꽃과 식탁에 오를 채소를 키울 공간이 넉넉해서, 모네는 즉시 아이들과 함께 채소 씨앗을 뿌리고 꽃을 잔뜩 심었습니다. 모든 작업에는 온 가족이 동원되었는데, 몇 년 후 모네는 이렇게 회상했습니다.

**"우리 모두가 정원에서 일했다. 나는 땅을 파고 잡초를 뽑았으며 아이들이 저녁에 물을 주었다."**

자연광을 중시하는 모네는 미세한 날씨의 변화에 맞춰 정원에서 그림을 그릴 수 있었고, 날씨가 좋지 않아서 밖에서 작업할 수 없을 때에는 국화 · 개양귀비 · 양귀비 · 해바라기 등 정원의 꽃을 따서 그렸습니다. 식탁에는 정원에서 재배한 양상추 · 시금치 · 완두콩 · 무 등이 7월에서 9월까지 계속 올라왔습니다.

미르보에 따르면, 모네는 1890년에 지베르니의 땅을 빌리는 대신 구입할 방법이 생기기 몇 달 전부터 이미 '원예에 대한 열광'에 빠져 있었습니다. 모네는 7년 넘게 살던 1890년 11월에 이 집과 토지를 22,000프랑에 구입했습니다. 1891년 3월에 모네가 쓴 편지에서 자신이 "완전히 일꾼이 다 되었고 온갖 종류의 식물을 심고 옮기는 일에 빠져 있다."고 고백했습니다.

〈수련〉 연작으로 유명한 모네의 정원은 그에게 개인적인 안식처

이자 예술과 삶이 만나는 현장이었습니다. 또한 가족의 밥상을 책임지는 채소밭이요, 닭과 오리를 키우는 마당이기도 했습니다. 모네는 식탁에 반드시 채소가 올라와야 한다고 여겼습니다. 따라서 채소 재배도 체계적으로 이루어졌습니다. 그는 채소들을 식용 부위에 따라 뿌리채소, 잎채소, 구근 채소, 씨 채소로 분류하고 따로따로 키우게 했습니다. 온실 프레임의 배치, 멜론 파종을 위해 피라미드 형태로 배열한 화분들, 묘목 보호용 덮개, 돼지감자를 위한 참호 모양 구덩이, 모네가 굉장히 좋아하던 적양배추 등의 채소를 보존하려고 파 놓은 구덩이 등 모든 것이 모네의 구상에 따라 완벽한 질서를 이루었습니다.

어떤 길은 덩굴 채소로 뒤덮여 있고, 널찍한 길에는 사보이 양배추, 싹양배추, 브로콜리 천지였으며, 로메인 상추, 셀러리, 금빛 꽃상추, 카스티용 시금치 사이로 난 오솔길도 있었습니다. 빨갛거나 노란 토마토, 방울토마토와 어릴 때 따서 익히지 않고 먹는 프로방스 그린 아티초크, 가지, 고추, 피망, 둥근 녹색 호박 등의 남프랑스 품종은 따로 공들여 계단식으로 재배했습니다. 또, 그 지방에는 생소한 작물인 리크와 달래에 심지어 쪽파까지 길렀습니다.

정원사 플로리몽은 두루미냉이도 재배했으며, 2월 초순부터 부엌에 무, 둥근 당근, 상추, 난쟁이 꽃양배추 등을 공급할 수 있었습니다. 식구들이 아주 조그마한 채소를 좋아해서 플로리몽은 일부러 크기가 작은 품종의 채소들을 키워 어릴 때 수확하기도 했습니다. 이 점에서 플로리몽이 가꾸는 정원은 모네가 자랑스러워하는 걸작이었습니다.

모네는 여행을 갈 때마다 종자와 모종을 구입했고, 정원 가꾸기에 관심이 있는 친구들과 품종을 교환했습니다. 그뿐만 아니라 지베르니의 기후는 아랑곳하지 않고 키우기 힘든 품종을 구해 즐겨 심었습니다. 종자 카탈로그도 수없이 모았으며 종자, 화분, 묘목 보호용 유리 덮개, 온실프레임을 덮는 밀집 거적 등을 쉴 새 없이 주문했습니다. 1901년이 되자, 소박해 보이지만 사실은 호화롭기 짝이 없는 모네의 정원에는 정원사만 다섯 명이 있었습니다. 또, 몇 년 전에 만들어 놓고 그즈음에 추가 확장한 연못을 관리하기 위해 정원사 한 명이 더 들어왔습니다.

지베르니의 정원은 '인상주의 정원'의 정수였고, 인상주의 운동에서 미술과 원예가 공생했던 가장 유명한 사례였습니다. 모네는 이 정원을 두고, 정원은 인간의 손으로 가꾸고 길들인 공간이므로 아무리 소박하더라도 그 자체가 하나의 작품이라고 했습니다. 모네의 지베르니 정원은 친구들과 비평가들 사이에서 '지상 낙원'으로 불렸습니다. 모네의 작품을 극찬했던 소설가 마르셀 프루스트는 창조적인 화가의 정신을 '내면의 정원(Jardin intérieur)'이라고 표현했습니다.

미식가였던 모네는 자신의 정원에서 키운 채소를 비롯해 오리와 닭, 물고기 등을 사용해 맛있는 요리를 만들도록 해 즐겼습니다. 게다가 사교계 경험이 풍부했던 알리스는 손님의 유형에 맞추어 식단을 짜고 친구와 그림 중개상, 후원자들을 초대해 점심 식사를 융숭히 대접했습니다. 점심 메뉴가 어찌나 훌륭했던지 콧대 높은 파리 예술가들을 작은 시골 마을 지베르니로 불러 모을 정도였습니다. 모네는 1902년 이 수생식물원을 주제로 한 그림들을 뒤랑-뤼엘 갤러리에서 전시하고, 1903년에는 베른하임 갤러리에서 개인전을 열었습니다. 베른하임 전시회는 모네에게 경제적 차원에서 신세기의 개막이었습니다. 이때부터 모네의 그림 가격에는 계속 '0'이 하나씩 더 붙어 1910년대가 되면 한 폭에 평균 1만 2,000 프랑에 이릅니다. 1867년 공식 살롱전에서 낙방한 〈정원의 여인들〉은 2만 프랑에 팔리기도 합니다.

모네의 명성이 높아지면서 한적한 시골 마을이었던 지베르니에 사람들이 몰려들었고, 급기야 미국 화가들이 단체로 이주해 정착하기도 했습니다. 1924년 저명한 식물학자로 인기 있는 원예책의 저자인 조르주 트뤼포는 원예 잡지 『자르디나주(Jardinage)』에 모네의 정원에 관한 글을 썼습니다. 그는 모네가 뛰어난 화가라는 사실을 인정하면서도, "내 생각에 클로드 모네의 가장 아름다운 작품은 바로 정원이다."라고 결론을 내렸습니다.

**헤르만 헤세**

정원하면 가장 먼저 생각나는 사람이 헤르만 헤세(Hermann Hesse, 1877~1962)입니다. 스스로 정원을 가꾸면서 정원과 관련된 글을 많이 썼기 때문입니다. 그는 독일 출신의 스위스 작가로 독일, 오스트리아, 스위스의 국경에 위치한 보덴 호숫가에서 정원을 가꾸며 살았습니다. 헤세가 보덴 호반으로 이주한 것은 소로(1817~1862), 톨스토이(1828~1910)처럼 도시에서 벗어나 자연 속에서 소박하고 청렴한 생활을 하기 위한 것이었습니다. 헤세에게 전원생활은 은둔 생활이 아니라 정원 일을 통해 통찰력을 기르고 인생을 관조하는 집필 활동의 일환이었습니다.

**"그때 나는 막 거창한 계획을 하나 세우고 거기에 온통 마음을 빼앗기고 있었다. 그것은 나 자신의 집을 짓고, 나 자신의 정원을 꾸며 보려는 계획이었다. 땅은 벌써 사 놓았고 말뚝**

도 박아 놓았다. 그 부지 위를 거닐 때면 집을 짓고 정원을 가꾼다는 행위의 아름다움과 품위를 엄숙하게 느끼곤 했다. 그것은 그곳에 영원히 초석을 놓고 나 자신과 아내와 아이들을 위해 고향과 안식처를 마련한다는 것을 의미했다. 집의 설계는 완성되었고, 정원은 내 머릿속에서 점차 형태를 갖춰 가고 있었다. 정원의 한가운데에는 넓고 긴 길이 나고 우물이 있고 우거진 초원이 있었다. 내가 서른 살쯤 되었을 무렵이었다."

결혼하고 나서 서른 살에 자기 집을 짓고 처음으로 정원을 소유했던 헤세. 시골에서 나고 자라 땅을 직접 일구고 식물을 심고 가꿔야 한다는 생각이 들었고, 몇 해 동안은 실제로 그렇게 했습니다. 장작과 정원용 도구들을 보관할 창고도 짓고, 농부 아들의 조언을 들어가며 화단을 정비하고 길도 냈습니다. 그렇게 해서 장미 등 꽃으로 넘치는 화단과 콜리플라워와 완두콩, 양상추를 심은 채소밭이 만들어졌습니다. 또 서른 그루가 넘는 과일나무를 심고, 해바라기 가로수길도 만들었습니다. 이른 아침에 나가 정원 일을 하고 오후엔 등불 아래서 늦도록 글을 썼습니다.

이런 그에게 겨울은 향기도 푸른 꽃도 푸른 잎사귀도 없는 암울한 다섯 달, 정원 없이 지내는 날들이었습니다. 그래서 헤세는 봄이 오기만을 간절히 기다리며 봄에 해야 할 많은 일들을 생각하곤 준비했습니다.

"저장해 둔 씨앗과 구근을 헤아리고 정원 도구를 점검하다 삽자루는 부러지고 정원용 가위는 녹슬어 있는 걸 발견한다. 그러나 이제 모든 것이 다시 시작된다. 아직은 스산하게 느껴지

> 지만 정원 안에서 일하는 사람에게는 달라 보인다. 씨앗과 상상 속에 이미 모든 것이 충만히 담겨 있는 것이다. 채소밭은 살아 숨 쉬니, 이쪽에선 윤기 흐르는 싱싱한 초록 상추가, 저쪽에선 재미난 모양의 강낭콩이, 또 저만치에선 밭딸기가 자랄 것이다.
>
> 우리는 파헤쳐진 땅을 다시 평평하게 고르고, 끈을 매어 놓은 대로 예쁘장하고 반듯하게 줄을 긋는다. 그 안에 씨앗을 고루 뿌릴 것이다. 꽃밭에 어떤 색과 모양의 꽃을 심을지 고심하며 씨앗을 나눠 모아 놓는다. 하늘색과 흰색 꽃을 여기저기 심고, 미소 짓듯 붉은 꽃을 사이사이에 흩뜨려 심는다. 여름의 가벼운 식사와 포도주를 즐길 때를 위해 무를 심을 만한 자리도 여기저기 비워 둔다."

그는 잠시 여행할 때를 제외하고는 날마다 정원에서 몇 시간씩 보냈습니다. 수년 동안 해마다 땅을 파고 나무를 심고 씨를 뿌리고 물과 거름을 주고 과일을 수확하는 모든 일을 직접 했던 것입니다. 추운 계절이 되면 늘 정원 한 모퉁이에 불을 피워 놓고 잡초와 오래된 나무뿌리와 온갖 쓰레기를 태워 재로 만들었습니다. 그것으로 딸기와 라스베리, 양배추, 완두콩, 샐러드 잎을 잔뜩 수확할 수 있었습니다. 가이엔호펜에서 살 때와 베른에 살 때, 10년 넘게 그는 혼자 힘으로 채소나 꽃을 심고, 거름과 물을 주었으며, 길에 난 잡초를 뽑고, 수많은 장작들을 패곤 했습니다.

그런 그였지만 한때는 지쳤는지 이런 푸념도 했습니다. "멋진 일이었고 배울 점도 많았지만, 결국에는 억지로 해야 하는 고된 노역이 되고 말았다. 정원을 가꾸는 일은 놀이 삼아 하면 즐겁지만,

헤세의 카사로사

생활과 의무가 되면 즐거움이 사라져 버린다."

스위스 남부 티치노주의 작은 마을 몬타뇰라. 이탈리아와 국경을 맞대고 있는 루가노 호수가 발아래로 보이는 마을에, 헤세는 취리히의 재력가 친구로부터 영구 임대한 언덕 위에 집을 짓고 카사로사라 불렀습니다. 헤세는 세 번째 부인과 함께 이 집에서 35년을 살다 세상을 떠났습니다. 그는 집 앞에 정원을 꾸몄고 토마토를 키우고, 꽃과 포도나무를 심었습니다.

그가 50대 중반에 쓴 글에는 꽃과 나무, 흙과 친해지고 한 조각 땅과 나무들에 책임을 진다는 표현이 나옵니다.

**"인생에는 어려운 일, 슬픈 일들이 있다. 그래도 때때로 꿈이 이루어지고 행복이 찾아온다. 그 행복이 오래 지속되는 것은 아니라 해도 괜찮을 것이다. 그 행복은 잠시 동안은 참으로 멋지고 아름답게 여겨진다. 한곳에 머물며 고향을 갖는다는 기분, 꽃들과 나무, 흙, 샘물과 친해진다는 기분, 한 조각의 땅에 책임을 진다는 기분, 50여 그루의 나무와 몇 포기의 화초, 무화과나무와 복숭아나무에 책임을 진다는 기분이 그런**

> 것이다. 매일 아침 나는 아틀리에의 창 아래로 손을 뻗어 두 세 개의 무화과를 따 먹는다. 그러고 나서 밀짚모자와 정원용 바구니, 가래, 호미, 가위 등을 들고 가을의 정원으로 나간다. 나는 울타리 곁에 서서 1미터 남짓 자란 잡초를 베어 낸다. 땅을 경작하는 사람들의 일상은 근면과 노고로 가득 차 있으나 성급함이 없고 걱정 따위도 없다. 그런 일상의 밑바탕에는 경건함이 있다. 대지, 물, 공기, 사계절의 신성함에 대한 믿음이 있고 식물과 동물들이 지닌 생명의 힘에 대한 믿음이 있다."

헤세의 하루 일과는 크게 세 가지였는데, 글을 쓰고 정원을 가꾸며, 정원에 나와 그림을 그리는 일이었습니다. 1932년 5월에 쓴 편지에서 그는 "매일 한 시간 정도는, 채소밭에 꾸부리고 앉아 잡초를 뽑거나 밖에 나가 수채화를 조금 그립니다."고 썼습니다. 그리고 저술 작업은 오후와 저녁 시간에 했습니다. 카사로사에 살면서 쓴 『유리알 유희』로 헤세는 1946년 노벨문학상을 받았습니다. 그는 1955년 가을에 쓴 편지에서 이렇게 적었습니다. "땅과 식물을 상대로 일하는 것은 명상과 마찬가지로 영혼을 자유롭게 놓아주고 쉬게 해 주는 것입니다."

> "제발 서둘러 세계를 바꾸려는 생각을 하지 말아야 한다. 그렇게 하면 모든 것이 제대로 되어 갈 것이다."
>
> _「정원에서 보낸 시간」 중에서

## 외국의 도시 텃밭

외국에서도 텃밭은 오랜 역사를 가지며 다양하게 발전해 왔습니다. 우리나라의 주말농장과 비슷하며, 엘리자베스 1세 여왕이 도시 빈민을 위해 보급하다 발전해 온 영국의 얼롯먼트(Allotment), 햇빛을 쬐고 맑은 공기를 마시며 푸른 채소를 가꾸라는 특이한 처방에서 시작된 작은 정원이란 뜻의 독일의 클라인가르텐(Kleingarten), 네덜란드의 호르크스튜인 등이 있습니다.

북미의 경우는 최근 뉴욕이나 벤쿠버 등의 대도시에서 활발히 진행되고 있는 도시 농업(city farming, urban agriculture), 공동체 텃밭(community garden) 등을 들 수 있습니다. 일본의 경우는 시민 농원이 잘 알려져 있으나 도시 농업이라기보다는 도시민들이 도시 근교나 농촌에 가서 체험하는 형태이며, 도시에서는 옥상 등을 활용하여 도시 텃밭을 조성하는 사례가 늘고 있는 추세입니다.

그 밖에 러시아의 다차는 도시 근교의 별장형 농원 형태로 이용하는 것으로 알려져 있습니다. 최근 도시 농업이 해외에서 많이 활성화되고 각광받고 있는 것은, 건강한 먹거리와 환경 문제에 대한 관심이 높아진 때문입니다. 이런 도시 농업은 유럽이나 북미 대도시들을 중심으로 큰 호응을 받으며 점점 확산되고 있습니다.

### 영국의 얼롯먼트

영국에는 얼롯먼트(Allotment)라는 시민 농장이 있습니다. 비슷한 형태는 세계에 퍼져 있습니다만 영국이 발상지입니다. 얼롯먼트는 농업을 전문으로 하지 않는 일반 시민이 소규모의 토지를 빌려 주로 자가소비를 위해 채소 등을 재배하는 것입니다. 영국을 비롯해 유럽 각국, 미국, 캐나다 등에서 볼 수 있지만 미국에서는 커뮤니티 가든이라 합니다. 러시아에는 다차라는 것이 있지만, 이는 채소밭이 붙은 별장으로 토지뿐인 얼롯먼트와는 조금 결이 다릅니다.

얼롯먼트는 지방자치단체가 토지를 소유하고 지역 주민에게 저렴한 가격으로 빌려주는 형식입니다. 이 가운데는 얼롯먼트 이용자가 공동으로 관리하는 곳도 있는가 하면, 영국 국교회가 소유한 곳도 있습니다. 구획의 크기는 1,000제곱미터를 초과할 수 없으며, 독일과는 달리 채소와 과수 또는 화훼를 재배하는 공간입니다.

기원은 16세기경 본격적으로 시작된 엔클로저[10]로 토지를 잃게 된 소작농들에게 자급자족할 수 있도록 할당된 토지로부터 시작되었습니다. 제1차 세계대전 중 독일의 경제봉쇄로 식량난에 처하게 되자 철도길 옆의 빈터 등이나 마을에서 벗어난 토지를 이용해 이곳저곳에 얼롯먼트가 만들어졌습니다. 전쟁이 시작된 1914년에 45만~60만 개에 달했던 시민 농장은 1917년에 150만 개로 크게 늘었습니다. 1918년에 전쟁이 끝나자 줄기 시작해 1929년에는 100만 개가 채 안 되었습니다.

그러나 1939년에 제2차 세계대전이 일어나자 영국은 다시 식량난에 빠지고 배급이 이루어졌습니다. 정부는 'Dig for Victory(승리를 위해 경작하자)'란 슬로건을 내걸고 식량의 자급자족을 강조했습니다. 개인 주택의 뜰, 공원 운동장, 왕실 소유의 정원까지, 화단을 갈

• • •

10 Enclosure, 근세 초기 영국 등 유럽에서 영주나 대지주가 목축이나 대규모 농업을 하기 위해 미개간지나 공동 방목장 같은 공유지를 사유지로 만든 것.

아엎고 채소밭으로 만들었습니다. 물론 시민 농장도 이 시기에 크게 늘어났습니다. 식량 배급은 1954년까지 이어져 시민 농장은 영국 국민들의 식량 공급에 큰 도움이 되었습니다. 전쟁이 한창이던 때에 140만 개의 시민 농장에서 130톤의 식량이 생산되었습니다.

얼롯먼트(한국내셔널트러스트)

전후에는 다시 인기를 잃어 1996년에는 29만 7천 개로 줄었습니다. 영국에는 남자들이 정원 일을 하는 건 집 안에서 들어야 하는 아내의 잔소리를 피하기 위해서라는 우스갯소리가 있습니다. 시민 농장이라 하면 정년후의 고령자, 특히 남성이 취미로 하는 장소라는 인상이 있었던 것입니다. 그러나, 2000년경부터 자연 회귀의 붐이 일면서 젊은 층과 아이를 가진 세대에 주목받게 되었습니다.

그 배경으로는 환경오염, 광견병, 유전자조작 농산물, 구제역 등의 문제가 있습니다. 이로 인해 안전한 유기농 식재료를 구하는 사람이 늘고 생태적 삶을 추구하는 사람들이 스스로 식재료를 조달하려 했습니다. TV 프로그램이나 서적에서 채소를 키우는 방법에 대한 관심이 늘면서 평소 이런 일에 관심이 없던 사람들까지 채소 재배를 시작했습니다. 종묘상에서 씨앗뿐 아니라 모종도 팔아 손쉽게 채소 재배에 도전할 수 있게 된 것입니다. 키우는 채소는 잠두나 완두콩 등의 콩 종류와 양상추 같은 잎채소, 당근과 감자, 20일무, 주키니와 호박, 리크, 딸기와 베리 등입니다.

현재 영국에서 시민 농장을 이용하는 사람은 30만 명으로 10만

명이 대기자 명부에 이름을 올릴 정도로 인기가 높습니다. 수요가 공급을 크게 웃돌기 때문입니다. 2013년 조사에서는 67퍼센트의 시민 농장이 대기자 명부를 가지고 있고, 대기 기간은 평균 6~18개월이라 합니다. 런던 교외 등은 특히 인기가 높아 40년을 기다려야 하는 곳도 있을 정도라, 조부모가 손주를 위해 이름을 올리기도 했다 합니다.

이처럼 인기를 모으는 시민 농장의 장점으로 다음과 같은 여러 가지를 들고 있습니다.

> **"신선하고 안전한 채소와 과일을 싸게 얻을 수 있고, 신선한 공기를 마시고, 일광욕을 할 수 있다. 운동과 레저, 놀이 기회이다. 치유가 되고 멘탈이 향상된다. 커플과 가족, 아이들과의 공동작업으로 유대가 강해진다. 아이들에게 생물과, 환경 등 교육의 장을 제공한다. 환경에 기여한다."**

특히 코로나 시대가 되고 나서는 록다운(도시 봉쇄)으로 사람들이 자연과 야외 활동을 지향하는 경향이 늘어나고 있습니다. 록다운 중에도 실외 운동은 허가되고 시민 농장에서의 작업도 가능합니다. 단, 가족끼리만 가고 시민 농장 안에서도 타인과 2미터의 사회적 거리를 유지해야 하는 조건이 붙습니다. 하지만 슈퍼마켓 등에서 타인과 접촉하는 일 없이 신선한 채소와 과일을 수확할 수 있어 더욱 인기를 모으고 있습니다.

### 독일의 클라인가르텐

독일의 클라인가르텐(Kleingarten)은 '소정원'이라는 뜻으로, 30

분 내에 접근할 수 있도록 도심 주변에 위치하고 있습니다. 단지가 여러 개의 구획으로 나누어져 있어 분구원이라고도 하고, 주말에 많이 이용한다고 하여 주말농장이라고도 불립니다.

클라인가르텐은 19세기 중반 산업혁명 후 도시로 몰려든 가난한 도시 노동자들에게 외부 공간에서 채소를 재배해 먹을 수 있고, 또 도시의 열악한 주거 환경에서 벗어나 외부 활동을 할 수 있도록 마련한 아르멘가르텐에서 시작되었습니다. 이후 클라인가르텐은 적십자사에 의해 국민 건강 차원에서 노동자 정원으로 바뀌었고, 종교 단체에서 클라인가르텐 지구들을 결성하고 철도회사 등 공적 기관의 유휴지들을 활용해 지금까지 이어져 오고 있습니다.

클라인가르텐은 전쟁 중에는 도시인들의 식량 공급원으로, 세계공황 시기엔 생계 수단으로 중시되었습니다. 전쟁 후에도 채소 등을 심어 오다가, 현대에 들어오면서 여가와 레크리에이션을 즐길 수 있는 공간으로 바뀌었습니다. 도심의 팽창은 클라인가르텐 지구를 위협하기도 했지만, 수많은 동호인들이 힘을 합쳐 지켜 내 지금은 대도시에서 녹지로서의 역할을 담당하고 있습니다. 환경 문제에 관심이 높아진 1980년대 중반 이후는 도시 녹지와 생태 공원의 성격으로 바뀌면서 그 기능도 변모하였습니다. 클라인가르텐 지구는 개방되어 있어서 경작자가 아닌 일반인들도 산책을 즐길 수 있습니다.

클라인가르텐은 도시에서 시민들에게 보다 나은 삶을 즐기며, 여가 시간을 활용해 텃밭 일을 하면서 싱싱한 채소를 키우고 수확하는 체험 장소가 되고 있습니다. 또, 자연과의 직접적인 접촉 기회를 제공하고, 휴식을 취하는 공간이 되기도 하며, 어린이와 청소년들에겐 부족한 놀이터가 되고, 자연을 체험하는 장이 되기도 합

클라인가르텐

니다. 클라인가르텐을 임대하려면 적어도 몇 년 이상을 기다려야 하는데, 그 이유는 한번 임대하면 몇십 년씩 임대하는 경우가 많아 공급이 수요를 따르지 못하고 있기 때문입니다. 그러나 장애인, 노약자, 이주 노동자 등 사회적 약자에게는 우선권을 주고 있습니다. 임대권은 매매나 양도를 할 수 없지만, 고령자가 직계 비속에게 물려줄 수는 있습니다.

연방소정원법에는 400제곱미터 이하로 크기를 제한하고, 건축물은 최대 24제곱미터까지, 장기 거주 금지 등의 조항이 명시되어 있습니다. 전체의 3분의 1은 채소나 과일 등 작물을 재배하는 텃밭, 또 3분의 1은 원예나 어린이 놀이공간으로 이용할 수 있습니다.

평균 단지 면적은 33,000제곱미터, 한 구획의 면적은 250~300제곱미터 정도입니다. 클라인가르텐 1구획이 병원의 병상 1개를 줄인다 할 정도로 클라인가르텐의 역할은 높이 평가받고 있습니다. 지방자치단체는 도시 가구 8가구당 1구획의 클라인가르텐 조성을 의무화하였습니다. 독일 연방 클라인가르텐 연합회는 연방 내 19개 주에 지역단위에서 15,200개의 지역연합회와 120만 명의 회원을 확보하고 있으며, 총면적은 520제곱킬로미터에 달한다 합니다.

**네덜란드의 호르크스튜인**

세계에서 가장 아름답다고 하는 네덜란드의 시민 농원은 호르크

스튜인(Volkstuin, 시민의 뜰)으로 불립니다. 그 기원은 산업혁명 이전의 농업노동자가 궁핍한 생활에 조금이라도 보탬이 되고자 주어진 채원에서 자급을 위한 감자를 생산한 것이라는 설이 있습니다. 그보다는 19세기에 농촌에서 도시로 유입된 공장 노동자들이 저임금을 보상받기 위해 회사에 경작할 수 있는 토지를 요구하거나, 경영자가 노동자의 사기 진작과 영양 보급을 위해 토지를 빌려주었다는 설이 타당해 보입니다.

호르크스튜인(농민신문)

복수의 채원이 모인 농원은 1920년에 생긴 암스테르담의 농원이 시초라 하고, 1928년에는 이용자협회가 설립되었습니다. 이 시민 농원은 두 가지 형태로, 하나는 채소를 키우기 위한 채원으로 주로 농촌 지역에 많아 전국의 약 70퍼센트를 차지합니다. 두 번째는 주로 도시 지역에 많으며 구획의 가운데에 서머하우스(summer house)라는 오두막이 있고 채소보다는 꽃으로 채우는 형태로, 세계에서 가장 아름다운 시민 농원으로 평가받고 있습니다.

구획의 면적은 약 300제곱미터, 오두막의 크기는 29제곱미터 이하로 되어 있습니다. 각 오두막에 전기와 수도가 연결되어 있지 않은 것은 편리성보다는 환경을 중시하기 때문입니다. 오두막은 모양이나 외벽, 지붕 등 면적 이외에는 소유자의 취향대로 자유롭습니다. 일상적인 생활에서 의식주(衣食住) 가운데 주를 가장 중시하는 사람들답게, 모든 오두막에는 많은 손길이 닿아 있습니다. 유리창은 늘 깨끗하고 안쪽에는 흰 레이스가 달린 커튼이 달려 있고 창가에는 화분까지 놓여 있습니다. 이 오두막과 구획의 식재, 농원 길과 수로의 공유 부분 모두가 아름답게 관리되어 전체적으로 조화를 이룬 덕분에 세계에서 가장 아름다운 시민 농원이 된 것입니다.

임대료는 정부의 보조금이 있어서 연간 제곱미터당 1,000원이라는 낮은 가격입니다. 이용 기간은 10년으로 전국적인 이용자조직이 있으며, 회원 수가 3만 명에 달합니다. 최근 들어서는 사회적 돌봄의 케어와 농장이 결합한 형태인 케어 팜(care farm)이라는 치유 농업으로 주목받고 있습니다. 케어 팜은 일반적 사회활동이 어려운 약자와 어린이들, 도움이 필요한 노인 등의 신체적 · 정신적 질환을 녹색의 자연에서 치유하는 것입니다. 생산적인 활동보다는 테라피적 효과에 집중하며, 이용자는 의미 있는 시간을 보내고 신체 활동 욕구를 해소하는 한편 이용자의 가족은 부담을 덜 수 있어서 좋은 반응을 이끌어 내고 있습니다.

### 일본의 시민 농원

일본에서는 주말농장이나 도시 텃밭을 시민 농원이라 부릅니다. 농림수산성의 자료에 의하면, "일반적으로 시민 농원은 샐러리맨 가정과 도시 주민들의 레크리에이션, 고령자의 삶의 보람 만들기, 청소년과 아동의 체험학습 등의 다양한 목적으로 농가가 아닌 사람들이 소규모의 농지를 이용해 자급하기 위한 채소나 꽃을 재배하는 농원"을 말합니다. 이런 농원은 농업체험농원, 레저농원, 상호교류농원 등 다양한 이름으로 불립니다. 농가가 아닌 사람들이 이러한 농지를 이용할 수 있도록 지방자치단체, 농협, 농가, 기업, NPO(비영리 민간단체) 등이 시민 농원을 개설하도록 되어 있습니다.

2020년 3월 말 현재 시민 농원의 수는 4,169개이며, 구획 수는 185,353개, 면적은1,296헥타르입니다. 이 중 지자체 개설분이 2,153개로 52퍼센트를 차지하고, 도시 지역에 80퍼센트 정도가 분포되어 있습니다. 숙박 여부에 따라 당일형 · 체류형 · 혼합형으로 나뉘고, 소재지의 유형에 따라 도시형 · 평지형 · 중간형 · 산간형으로 구분합니다.

체류형은 주로 시외곽 또는 시골 지역에 조성되어 있으며, 도시민들이 주말을 이용하여 숙박하면서 농사 및 여가 활동으로 이용하고 있습니다. 당일형은 대부분 도심의 주거지역 인근에 조성되어 있으며, 이용하는 시민들은 자전거를 이용하거나 걸어가서 농작물을 가꾸는데 작목은 주로 채소류이며, 일부 화훼의 절화류를 재배하여 가정에서 활용하는 시민들도 있습니다.

일본에서는 1920년대부터 클라인가르텐 등 유럽의 텃밭이 도입되기 시작했으나, 1950년대에 농지법이 제정되면서 모두 사라졌습니다. 태평양전쟁 이후 대도시로의 인구 유입이 현저해지면서 대도시 지역과 근교의 농지는 급속히 택지화되었습니다. 1968년의 도시계획법은 특히 시가화구역 내의 영농환경을 악화시키고 농지의 방치를 초래해, 이에 대처하기 위한 방안의 하나로 시민 농원이 점차 지자체에 의한 중개 등도 포함해 제도화되었습니다.

시민 농원이 활성화되기 시작한 1970년대에는 단순히 직접 재배한 농산물을 가족이 먹는 즐거움을 만끽하는 면이 강했습니다. 그러다가 점차 생활수준이 향상되고 자아 실현 등에 대한 욕구가 강해지면서, 여유 시간을 보람되고 건강하게 보내는 데 관심을 갖고 시민 농원에 참여하는 사람들이 확산되는 추세입니다.

일본에서의 도시 농업은 다른 나라들과는 달리 지방자치단체에서 많은 관심을 갖고 적극적으로 참여하고 있습니다. 시민 농원은 농사일을 체험해 보고 싶은 도시 주민만이 아니라, 유휴농지의 유효한 활용을 바라는 농지소유자에게도 바람직한 제도입니다. 또, 정책적인 면에서도 토지 보전과 고용, 도시와 농촌의 교류, 보건 휴양, 녹지 조성, 재난 시 대피 장소의 확보 등의 다양한 순기능이 내재되어 있어 도시 농업이 앞으로도 계속 발전해 갈 것으로 보입니다.

**홍콩의 옥상 텃밭**

홍콩의 도심은 지구상에서 인구밀도가 가장 높고, 고층빌딩군으로 구성되어 있습니다. 따라서 도심 지역의 고층빌딩에서 거주하는 사람들은 숲과 식물을 만날 기회가 많지 않습니다. 농지가 거의 없기 때문에 텃밭을 가꾸기도 어렵습니다. 이들이 식물을 만나고, 텃밭을 가꾸기 위해서는 가까이 있는 빌딩의 옥상이라는 공간을 활용하는 것뿐입니다. 사람들에게 옥상은 텃밭을 가꾸면서 행복감을 느낄 수 있는 장소로 인식되어, 옥상 텃밭이 생겨나게 되었습니다.

홍콩은 도심뿐 아니라 교외에 있는 시골의 농지도 700헥타르에 불과하고, 농업이 경제 생산량에 차지하는 비중은 0.1퍼센트 정도입니다. 특히 채소의 자급률은 2퍼센트 내외이고 나머지는 수입에 의존하고 있습니다. 수입처는 대부분이 중국인데, 중국산 식품에서 농약 오염 등이 자주 나타나 홍콩 시민들은 식품 안전에 대한 의식이 높은 편입니다. 그래서 홍콩 시민들은 안전한 채소를 스스로 가꿔 먹기 위해 옥상 텃밭 가꾸기에 참여하고 있습니다.

옥상 텃밭(연합뉴스)

이외에 빠르게 진행되는 도시 문화 속에서 주민 간 의사소통의 벽을 허무는 데에도 옥상 텃밭이 활용되고 있습니다. 홍콩에 개설된 옥상 텃밭은 60개 이상이 되며, 약 1,500명이 참여하고 있습니다. 텃밭에서 재배하는 작물은 허브, 조미 채소 등 다양하지만 수확 기간이 짧은 것 위주로 되어 있습니다. 옥상 텃밭은 채소 등을 생산하는 장소만이 아니라 자연과 접하고, 일하면서 행복감을 느끼는 장소, 지역 주민들끼리 함께 농업을 즐기고 공동체를 만들어 가는 기능을 합니다.

이렇게 수요가 발생하면서 기업들이 자발적으로 사회적 가치의 실현과 기업 홍보 차원에서 옥상 텃밭 개척에 적극적으로 협조하고 있습니다. 대표적인 것이 38층 건물 옥상에 있는 쓰지 않는 헬기장을 텃밭으로 활용한 것입니다. 이 옥상 텃밭에는 자원봉사자들이 참여해서 채소를 재배하고 있습니다. 수확한 채소는 푸드 뱅크에 기부되어 빈곤층에 배포하는 도시락 메뉴에 쓰입니다.

기업만이 아니라 대학 및 관공서에서도 옥상 텃밭 설치에 앞장서고 있습니다. 대표적인 곳이 홍콩대학 옥상 텃밭입니다. 이곳에서는 캠퍼스에 유기농법을 도입함으로써 자연환경에 대한 인식을 높이고, 옥상 텃밭을 매개로 사람과 식물, 사람과 사람을 연결하고, 탄소발자국의 최소화, 지역 농산물 소비 촉진에 앞장서고 있습니다.

홍콩의 초고층 옥상에 텃밭이 속속 늘어나는 데는 텃밭의 필요성과 함께 텃밭의 개설과 관리를 쉽게 할 수 있도록 하는 전문 회사가 있기 때문입니다. 10여 개의 관련업체는 옥상 텃밭 디자인 및 설치, 옥상 텃밭의 운영 관리, 도시 농업 관련 워크숍 및 이벤트를 주요 사업으로 하고 있습니다. 옥상 텃밭이 있는 부동산만이 아니라 식음료 제조 기업이나 학교 등에서 의뢰를 받아 홍콩의 옥상 공간에 다수의 채소밭을 개설하고 있습니다. 그렇게 개설한 옥상 텃밭은 현지 요리사 및 레스토랑업체, 학교의 과학 및 생물수업, 푸드 뱅크와 연결됩니다.

옥상 텃밭에서 생산되는 작물도 사업 아이템이 됩니다. 도심 가운데의 빌딩 옥상에 설치된 텃밭은 수확 후 곧바로 도심의 소비지로 배달되고, 도시의 요리사가 곧바로 농장을 방문하여 신선하고 필요한 재료를 선택하고, 옥상 텃밭이 있는 빌딩의 레스토랑에서 수확물을 사용할 수 있다는 이점도 있습니다. 홍콩에서 옥상 텃밭은 이렇게 개인과 기업의 사회 가치 실현에서부터 비즈니스 대상으로까지 발전하고 있습니다.

### 쿠바의 오가노포니코

1990년대 초 소련이 붕괴되자 미국은 그동안 눈엣가시 같던 쿠바를 고립시키기 위해 경제 제재를 단행합니다. 석유가 없어 공장의 가동이 중단되고, 밭을 갈던 트랙터도 멈췄습니다. 사탕수수를 수출해 수입해 오던 곡물이 줄면서, 식량 배급도 줄어 국민들의 체중이 3년 동안 평균 9킬로그램이나 줄었습니다. 국가 비상사태였습니다. 이때 쿠바 사람들이 생존을 위해 선택한 것이 바로 도시 농업이었습니다. 쿠바 사람들은 도심 어디에서든 무엇이든 심을 수 있는 공간이면 벽돌로 경지를 구획하고 거기에 밭을 만들었습니다.

이렇게 만들어진 밭을 '오가노포니코(oganoponico)'라고 합니다. '화단식 농법' 혹은 '상자식 농법'이라고 불리는 이 오가노포니코가 쿠바를 살렸습니다. 오가노포니코는 미국의 경제 봉쇄로 어쩔 수 없이 시작된 것이기는 하지만 이후 새로운 생태 도시의 전형을 낳게 되었습니다. 경제 봉쇄 전까지 거의 채식을 하지 않던 쿠바인들이 채식을 하게 되었고, 석유가 없어서 자전거를 타게 되었으며, 농약을 수입할 수 없어서 유기 농업을 하게 된 것입니다.

오가노포니코(월간원예)

쿠바의 도시 농업은 국민들이 도심 내의 빈터나 옥상 등에 작물을 심고, 정부 차원에서 이를 효과적으로 지원하면서 발달했습니다. 오가노포니코는 화학 농약과 비료를 쓰지 않는 생태적 유기 순환농업을 하는 유기농 농장이라는 의미가 있으나, 그보다는 텃밭의 형태를 구체적으로 나타내는 단어입니다. 즉, 오가노포니코는 벽돌 · 돌 · 판자 등의 자재로 틀을 만들고 그곳에 퇴비를 혼합한 흙을 투입해 만든 일종의 인공 농지입니다. 오가노포니코를 도입하여 도시 농업을 하는 경우에는 반드시 각각의 농장에 농기구, 퇴비 보관 창고가 있으며 철제 울타리를 만들어 외부자 출입을 통제하고 있습니다.

오가노포니코에서는 지렁이 분변토와 미생물과 같은 전통적인 퇴비를 사용하고, 이로 인해 흙의 생명력을 살립니다. 농작물의 해충 방제를 위해서 농장 주변에는 해충이 기피하는 매리골드와 같은 동반식물을 같이 심습니다. 천적을 이용해 자연 방제를 유도하고, 식물 고유의 천연 살충제를 이용하기도 합니다. 병해충의 발생을 줄이기 위해 전혀 다른 품종의 작물을 한 공간에 심는 혼작과 윤작, 간작, 휴경작 등의 친환경농업을 활용합니다. 처음에는 수익성이 별로 높지 않았으나 20여 년간 꾸준히 운영되면서 제곱미터당 20킬로그램에 이르는 채소를 수확합니다.

쿠바는 국영방송과 농촌 지도를 통해 농업 교육을 꾸준히 실시한 결과, 경제 봉쇄 조치를 이겨 내고 식량 자급 자족에 성공함으로써 현재는 전 세계적으로 지속 가능한 생태 농업의 모델이 되었습니다. 쿠바에서 도시 농업에 참여하는 사람은 40만 명 이상이며 식량문제 해결, 일자리 창출, 농산물 거래 활성화에 도움이 되고 있습니다. 전국 주요 도시 근교에는 수천 개의 작은 농장이 있고 이것은 쿠바 경제 활성화에 기여하고 있습니다. 생존 차원에서 시작되었으나 오늘날 생태계 순환구조 회복, 도시녹지 확보, 도시의 생태 감수성 향상, 농업의 다각적 기능 측면에서 선진 모델이 되고 있습니다.

### 러시아의 다차

다차(dacha)는 러시아의 도시 외곽에 위치한 주말농장 형태의 작은 통나무집으로 '텃밭이 딸린 도시 근교의 조그만 목조가옥'을 가리킵니다. 1720년부터 황제가 귀족들에게 농노가 딸린 영지를 하사하면서부터 '나누어 주다'라는 의미를 갖는 다차가 시작되었습니다.

제2차 세계대전은 소련이 속한 연합국의 승리로 끝났지만 전쟁으로 경제가 피폐해져서 국민들에 대한 식량 배급이 어려워졌습니다. 정부는 식량을 자급하도록 가구당 600제곱미터의 다차를 지급하기 시작했습니다. 다차는 국가 다차, 다차협동조합 및 원예조합으로 크게 분류하는데 각각 10퍼센트, 45퍼센트, 45퍼센트 비율입니다.

다차(레지온 미디어)

1967년에는 주 5일 근무제가 전국적으로 시행되어 도시근로자의 다차 활동이 더욱 활발해졌습니다. 2004년 러시아 연방정부에 등록된 다차는 약 3,200만 개로, 도시민의 70퍼센트가 다차를 소유하고 있으며, 인구 4.5명당 1개꼴입니다. 다차의 평균 면적은 부지 600제곱미터, 건물 33제곱미터이며, 보유 방법은 68퍼센트가 상속이고 29퍼센트가 구입해 소유하고 있습니다.

1980년대 말에 있었던 식량 위기는 원예조합 다차가 급성장할 수 있는 계기가 되었습니다. 원예조합 다차는 모든 도시 전체를 에워싸고 있었고, 소도시 더 나아가 중앙 국영농지에까지 퍼져 나갔습니다. 다차는 채소와 과일 그리고 곡식을 생산하는 식량 창고 역할도 했습니다. 러시아가 경제난에 시달리던 1990년대 초반에 다차를 방문한 외국인들은 입을 다물지 못했다고 합니다. 시내 상점에는 살 물건이 부족해 긴 줄이 늘어서 있는데, 러시아인들의 다차에는 곡식들과 과일, 통조림이 빼곡하게 쌓여 있었던 것입니다.

다차에서 가장 많이 재배하는 것은 감자와 오이입니다. 다차에서는 한 가족이 1년 정도 먹을 양의 감자와 오이가 생산됩니다. 러시아인들은 주식을 다차에 절대적으로 의존하고 있으며, 남으면 시장에 내다 팔기도 합니다. 러시아에서는 약 40~50퍼센트의 농산물이 다차에서 생산되고 있으며, 감자의 경우 90퍼센트 이상이 다차에서 생산된다고 합니다.

도시민들은 주말이면 도시를 탈출하여 다차에서 2박3일간 기거하며 가족들과 함께 농사를 짓고 여가를 즐깁니다. 다차는 대개 대도시의 도심에서 100㎞ 정도 떨어진 곳에 위치해 있으며, 전기와 상수도가 공급됩니다. 이들이 다차에 가는 이유는 첫째가 전원생활을 즐기고, 둘째는 자녀에게 자연 교육을 시키며, 셋째는 가족들이 먹을 농산물을 가꾸기 위해서입니다. 이들은 다차에서 땅을 일구어 감자 · 양파 · 마늘 · 당근 · 토마토 등을 가꾸고, 밤에는 돼지고기 등의 꼬치구이와 사우나를 즐깁니다. 러시아 대부호는 물론이고 대통령까지도 고급스러운 다차를 갖고 있습니다. 이들에게 최고의 손님 접대는 자신의 다차에 초대하는 것입니다. 우리나라의 대통령도 러시아를 방문했을 때 대통령 전용 다차에 초대되어 만찬을 대접받았습니다.

"무릇 사람이 세상을 살아가는 데에는 벼슬하거나 집에 들어앉아 있는 두 가지 길이 있다. 벼슬할 때는 세상을 구제하고 백성에게 베푸는 것에 힘써야 하고, 벼슬하지 않을 때는 힘써 일하여 먹고 살면서 뜻을 기르는 데 힘써야 한다."

2부

# 선비들의 텃밭
# 조선의 채마밭

# 1
# 우리나라 농업의 이모저모

## 농사의 기원

우리 민족이 원시 농경을 일으키며 정착 생활을 시작한 때는 대략 신석기 시대인 기원전 6000년경이라 합니다. 문헌상의 기록[11]에 의하면, 부여의 "호구는 팔만이고, 산지와 넓은 택지가 많지만 동이들의 땅치고는 가장 평탄하고 드넓은 편이며, 토질의 경우 오곡(五穀)[12]이 자라기에는 적합하나 오과(五果)[13]는 나지 않는다."고 하고, 고구려는 "호구가 삼만이며, 좋은 농지가 없어서 아무리 애를 써서 농사를 지어도 입과 배를 채우기에 넉넉하지 못하다."고 했습니다.

• • •

**11** 문성재 역주, 『정역 중국정사 조선·동이전 1』, 우리역사연구재단, 2021.

**12** 일반적으로 삼·메기장·차기장·보리·콩의 다섯 가지 곡물을 가리키고, 곡물의 총칭으로 쓰기도 한다.

**13** 복숭아·오얏(자두)·살구·밤·대추.

청원군 소로리 구석기 유적지 출토 볍씨(한국선사문화연구원)

또, "마한(馬韓)은 서쪽에 있고, 백성들은 씨를 심어 기르고 누에를 치고 뽕나무를 가꾸어 실을 잣고 명주 천을 지을 줄 알았다. 변한과 진한은 땅이 기름지고 좋아서 다섯 가지 곡물은 물론이고 벼를 심기에도 적합하다. 누에를 치고 뽕나무를 가꾸어 비단과 베를 지을 줄 알며, 소와 말을 타거나 몰 줄도 안다."고 나와 있습니다.

이 대목은 중국 정사에서 한반도의 벼농사에 관한 최초의 언급이라고 할 수 있습니다. 여기서 오곡과 함께 별도로 벼를 특기한 것은 논농사보다는 밭농사 위주여서 오곡에 벼가 들어가지 않았던 북부 중국과는 달리, 한반도에서는 논농사가 광범하게 이루어졌다는 의미로 보입니다. 실제로 김해 조개무지(貝塚)에서 탄화된 쌀이 발견되는 등, 각종 벼농사 관련 유적과 유물들은 한반도에서 벼농사가 상당히 일찍 시작되었음을 고고학적으로 뒷받침해 줍니다.

이 땅에 처음 들어온 곡물은 기장과 조였습니다. 그러다가 보리나 벼가 들어오고, 뒤이어 콩의 재배가 이루어졌습니다. 이들은 제각기 기후와 통풍이 적합한 곳에서 보급되었습니다. 그리하여 삼국 시대에는 북부의 조·기장과 같은 잡곡, 남부 서민층의 보리, 남부 귀족층의 벼와 같은 곡물 패턴을 형성하고 농경 문화가 뿌리내리게 된 것입니다. 그동안 우리나라에서는 벼농사가 시작된 시기를 신석기 시대로 생각하여 왔습니다. 1991년 6월 경기도 고양군 일산읍 가와지 유적지의 신석기 시대 토층에서 기원전 2300년경의 볍씨 4개가 발굴되고, 1991년 5월 경기도 김포군 통진면 가현리의 지하에 퇴적된 이탄층에서 신석기 시대인 기원전 2100년경의 볍씨가 발굴되어 우리나라 벼농사는 4000여 년 전에 이미 시작된 것으로 추정하였기 때문입니다.

그런데 1998년 충북 청원군 소로리 구석기 유적지에서 볍씨가 발견되었는데, 놀랍게도 이 볍씨는 세계 최초의 볍씨로 판명됩니다. 이로 인해 우리나라 쌀농사의 기원은 기존 학설인 신석기 시대보다 먼저 시작된 것으로 추정하기도 합니다. 이는 중국에서 출토된 기존의 가장 오래된 볍씨 기록을 갱신한 것입니다. 서울대와 미국 지오크론연구소의 과학적 연대 추정 결과 약 13000~15000년 전 볍씨로 확인하였습니다.

우리 선조들은 삼국 시대부터 낮은 습지대에 논을 일구어 벼농사를 짓기 시작했습니다. 봄에는 보리를 심어 가꾸고 여름에는 물을 대어 심는 이모작(二毛作)은 신라 시대 때부터 시작되었습니다. 고려 시대에 들어와 새로 논과 밭을 일구는 개간사업이 이루어졌으며, 오늘날의 계단식 논밭도 이때부터 시작된 것으로 보입니다. 고려를 방문한 중국 사신 서긍(徐兢)이 고려의 산은 멀리서 보면 사다리나 층계 같다고 기록할 정도였습니다.

세월이 지나면서 점차 농민들이 산등성이를 버리고 하천 주변을 찾아 이주하기 시작합니다. 농업 기술이 발전하면서 논농사가 보다 쉬워지자 물을 확보하고 논을 개간할 만한 곳을 선호한 결과였습니다. 사람들은 큰 강 상류의 작은 하천을 낀 곳에 농경지를 개간하고, 얕은 산 아래쪽에 집을 지어 정착하기 시작했습니다.

고려 말 중국의 홍건적과 왜구의 침략으로 말미암아 적지 않은 농민들이 정든 고향 땅을 뒤로하고 피난길에 나서면서 농토의 상당 부분이 황폐화되었습니다. 농촌이 활기를 되찾기 시작한 시기는 조선 건국을 전후한 무렵이었습니다. 농민들이 고향으로 돌아가서 황폐한 지역을 개간하였기 때문입니다. 그 결과 15세기 전반 『세종실록지리지(世宗實錄地理志)』가 편찬된 시점에는 농토가 고려 말보다 두 배 반 정도 늘어 170만 결[14]에 달하였습니다. 이때 새로이 확보된 농토의 상당 부분은 중앙의 권세가에서 주도한 바닷가 간척 사업으로 마련한 것이었습니다. 16세기에는 내륙 지방의 황무지를 농토로 일구는 개간 사업도 활발히 진행되어, 농토가 앞 시기에 비하여 더 늘어납니다.

개간과 간척 사업으로 북부 지역에도 적지 않은 농지가 새로 생겼으나, 농경지의 대부분은 여전히 하삼도, 즉 전라 · 경상 · 충청도에 분포되어 있었습니다. 15세기에는 하삼도와 경기도의 논밭이 전국 농경지의 60퍼센트 정도를 차지하였습니다. 농경지의 절대 면적뿐만 아니라 논과 밭의 분포 비율 또한 지역적으로 편중되어 있었습니다. 이 시기 농경지에서 논이 차지하는 비율은 20퍼센트, 밭이 차지하는 비율은 80퍼센트 정도였습니다. 그리고 논의 80퍼센트 정도는 하삼도와 경기도에 분포되어 있었습니다. 결국 논농사 지대는 경기도와 하삼도에 편중되어 있었고, 강원도를 비롯한 북부 지방은 대부분 밭농사 지대였습니다.

조선 후기 이재운(1721~1782)이 지은 『해동화식전(海東貨殖傳)』

• • •

14 結, 세금을 매기기 위해 사용한 농토의 넓이단위로, 시대에 따라 다르다. 세종 때는 1결이 약 9,900제곱미터였다. (한국민족문화대백과사전)

에는 이응징(李熊徵)이 쓴 「동방식화지(東方食貨志)」가 실려 있습니다. 여기에는 다음과 같은 내용이 들어 있습니다.

**"대체로 남쪽 지방에서는 벼가 많이 나고 밭농사로 거두는 곡식은 적다. 반면에 북쪽 지방에서는 밭농사로 거두는 곡식은 많고 벼가 적다. 가장 북쪽에 있는 지방은 오로지 좁쌀과 차조만 날 뿐이다. 산골짜기에는 밭이 없어서 화전을 경작하기에 힘쓰고 기장과 좁쌀, 그리고 콩이 많이 난다. 강이나 바다에 가까운 곳에서는 밀과 보리가 많이 난다. 백성들이 먹고사는 바탕이 이러하다."**

시간이 지남에 따라 농경지 가운데서 논이 차지하는 비율은 조금씩 높아집니다. 19세기 말이 되면 전체 경지에서 논의 면적이 차지하는 비중은 30퍼센트, 밭은 70퍼센트 정도가 됩니다. 이같이 논의 비율이 높아진 원인은 밭을 논으로 전환하는 작업이 진행되었기 때문입니다. 논농사의 중요성이 강조되고 물을 대기 위한 시설이 늘어난 데다, 지속적으로 이루어진 개간 사업도 논의 비중을 높이는 데 적지 않은 기여를 하였습니다.

바다를 메꾸어 농지로 개간하던 모습에 대해 정약용은 「탐진농가」[15]에서 다음과 같이 노래했습니다.

**부자들 만 꿰미 많은 돈을 아끼지 않고,**

・・・

15 耽津農家, 정약용이 1802년 유배지 강진의 농촌 풍경과 고을의 풍속을 민요풍으로 연작한 시.

**썰물 때 돌을 쌓아 바닷물을 막는다**

**전에는 조개 소라 줍던 바다에서 지금은 벼를 수확하니,**

**소금기 나던 땅이 비옥한 논이 되었다네**

## 논농사

우리 민족은 예부터 쌀을 주식(主食)으로 이용해 왔습니다. 주식이란 식생활에서 주로 먹는 음식물을 말합니다. 주식은 영양이 풍부하며 기호성이 높고 요리가 간편한 특성이 있습니다. 인류의 주식은 나라마다 차이가 있으나 쌀, 밀, 옥수수, 잡곡, 감자 등 녹말(전분)성 식품이 대부분입니다. 각 나라에서 주식을 생산하는 식용작물은 그 나라의 자연환경에 잘 적응되어 있습니다.

조선 시대 농업의 중심은 밭농사보다는 논농사였습니다. 쌀은 세금을 내는 단위였으므로 조정만이 아니라 양반가에서도 많은 관심을 가졌습니다. 실제 벼와 잡곡류는 경제 가치에서도 많은 차이가 났습니다. 세종 때에는 논에서 생산된 곡물의 가치를 밭에서 생산된 곡물의 두 배로 평가했습니다.

고려 후기에 들어온 모내기법은 생산력을 획기적으로 높이는 방법이었으나 위험도 높았습니다. 모심기할 때 가뭄이 들면 모를 심을 수 없어 나라 전체가 흉년이 들 위험에 처하기 때문에, 조정에서는 남부 일부 지방을 제외하고는 모내기법을 금지했습니다.

그럼에도 모내기법이 확대된 것은 모를 심는 6월 중하순까지 비어 있는 땅에 밀과 보리를 심어 이모작이 가능하고, 모내기 직전에 논을 다시 갈아엎으면서 잡초를 제거하기 쉬웠기 때문입니다. 게

모내기(농촌진흥청)

다가 임진왜란과 병자호란 이후 농토가 황폐해지고 인구도 크게 줄어 일손 구하기가 어려워진 탓도 있습니다.

서유구는『임원경제지(林園經濟志)』에서 모내기법의 이점에 대해 "모내기를 하는 것은 세 가지 이유가 있다. 김매기의 노력을 더는 것이 첫째요. 두 땅의 힘으로 하나의 모를 기르는 것이 둘째요. 좋지 않은 것을 솎아 내고 튼튼한 것을 고를 수 있는 것이 셋째이다."라고 했습니다.

모내기법은 성공과 실패가 명확하게 갈리는 기술입니다. 성공하면 많은 농작물을 수확하는데, 이는 한 가족의 식량을 충당하고도 많이 남았습니다. 또 노동력 절감 효과가 탁월해 가족 단위 농업경영도 가능했습니다. 따라서 성공한 농민은 부농으로 성장할 기반을 갖출 수 있었습니다. 잉여 농산물을 장에다 팔고 확보한 현금으로 논을 사들였습니다.

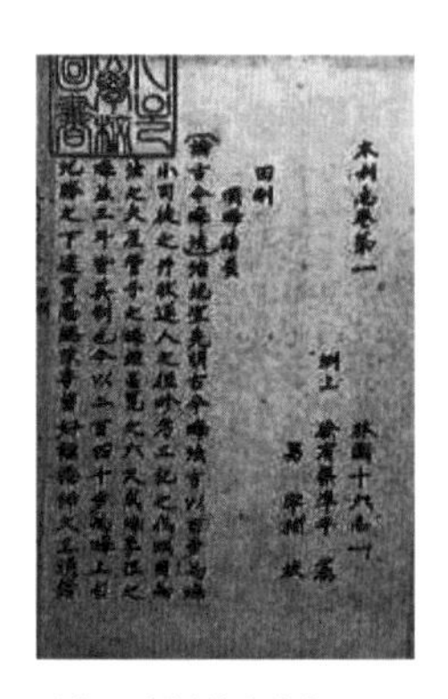

서유구의『임원경제지』

정약용과 먼 인척으로 동일한 사건으로 동시에 유배당하여 김해에 있었던 이학규는 정약용의「탐진농가」에 대응해서「강창농가(江滄農歌)」를 지었습니다. 여기에 보면 농가에 그해 좋은 일이 있어 좋은 논을 새로 샀다는 대목이 등장합니다.

> 메벼는 꽃이 피고 풀들은 무성한데,
> 거두어 갈무리하기 좋은 늦가을 하늘
> 농가는 그해에 마침 좋은 일 있었는지,
> 강창(江滄)에 있는 좋은 논을 새로 샀다네
> 몹시 가물어 모내기를 못하고 직파를 하지만,
> 비록 논을 빌려서라도 강창에 살리라
> 가을 되면 바로 매미 소리와 함께 익어 가고,
> 무성한 벼가 바람 앞에서 멀리까지 향내 보내리

모내기로 노동력을 덜게 된 농민은 경작지 규모를 늘려 광작에 나섰습니다. 일부 농민은 광작을 통해 부농층으로 성장하였지만, 경작지를 얻지 못해 도시로 나가 영세 상인이 되거나 임노동자[16]로 전락하는 농민도 많았습니다. 한편 도시 인구가 늘어나고 상품 유통이 활발해지면서 자급자족적인 농업에서 벗어나 상업적 농업이 발달했습니다. 쌀의 상품화가 진행되어 장시[17]에서는 쌀 거래가 크게 늘었습니다. 도시 근교의 농민 중에는 시장에 판매할 목적으로 상품 작물을 재배하는 경우도 많았습니다. 인삼, 면화, 모시, 담배, 채소 등의 상품 작물은 벼농사보다 높은 소득을 올릴 수 있었기 때문에 이를 재배하여 부농층으로 성장하는 농민도 있었습니다.

• • •

16 賃勞動者, 노동력을 제공하는 대가로 임금을 받아 살아가는 근로자.

17 場市, 조선 시대에 보통 5일마다 열리던 사설 시장.

〈타작〉(김홍도 작)

상품 작물의 재배에 대해 정약용은『경세유표(經世遺表)』에서 "밭에 심는 곡식은 그 땅에 알맞아야 한다. … 대개 그 종류는 9가지 곡식만은 아니다. 모시, 삼, 참외, 오이와 온갖 채소, 온갖 약초를 심어 농사를 잘 지으면 한 이랑 밭에서 얻는 이익은 헤아릴 수 없이 크다. 도성 안팎과 번화한 큰 도시의 파, 마늘, 배추, 오이밭은 10묘[18]의 땅에서 얻은 수확이 수만 냥을 헤아리게 된다."고 적었습니다.

• • •

**18** 畝(이랑 무, 이랑 묘), 밭의 면적을 재는 단위로 고려까지는 약 154제곱미터, 조선 시대에는 약 259제곱미터. 100묘가 1경(頃)이다. (한국민족문화대백과사전)

## 채소의 재배

먼 옛날 농경 생활을 하기 이전에 사람들은 산과 들에서 야생 식물의 잎과 열매, 뿌리를 채취하여 먹었습니다. 농사를 짓기 시작하면서 맛있고 잘 자라는 식물을 골라서 집 가까이에 심어 먹었으니, 이것이 채소 재배의 시작입니다. 『삼국사기』「고구려본기」에 의하면 주몽은 고구려 건국 직후 비류수에 채소 잎이 떠내려오는 것을 보고 그 상류에 사람이 살고 있음을 알았다고 합니다. 이는 일찍부터 사람들이 채소를 먹었다는 사실을 말합니다.

채소라는 말은 한자로 菜蔬라고 쓰고, 우리말로 남새, 푸성귀, 나물과 유사한 뜻으로 쓰입니다. 나물은 먹을 수 있는 풀이나 나뭇잎을 총칭하고, 남새는 기른 나물을 뜻하는데 채마(菜麻)라고도 합니다. 푸성귀는 가꾸어 기르거나 저절로 난 온갖 나물을 일컫는 말입니다.

조선 후기 이옥(李鈺)은 『백운필(白雲筆)』(1803년)에서 "채소는 채마밭에 심는 것뿐만 아니라, 무릇 산과 들판에 자생하여 자라는 것도 모두 채소이다. 그러므로 매년 봄이 늦고 비가 충분히 내린 뒤에 온갖 풀이 싹을 틔우면 연초록과 짙푸른 것 가운데 먹을 수 없는 것이 드물다."고 하였습니다. 채소는 중국에서는 소채(蔬菜)라 하고, 일본에서는 야채(野菜)로 씁니다. 그런데 야채란 말은 우리 옛 문헌에

〈나물 캐는 여인〉 (윤두서 작)

서도 많이 써 왔습니다. 채소는 원칙적으로 신선한 상태로 이용되며, 주로 부식 또는 간식으로 쓰이는 수목 이외의 재배 식물로 정의되고 있습니다.

고려 시대엔 어떤 채소가 있었을까요? 고려 무인정권 시대의 문인인 이규보의 문집『동국이상국집(東國李相國集)』에는 오이, 가지, 무, 파, 아욱, 박, 참외, 순채, 토란 등 여러 종류의 채소 이름이 보입니다. 이 채소들은 간식이나 반찬으로 먹은 듯합니다.

**한복판을 가르면 물 뜨는 바가지요**
**속만 파내면 술 담는 표주박**
**너무 크면 무거워 떨어질까 근심인데**
**애동이로 있을 때 쪄 먹어도 좋으리**
**_이규보, 「가포육영(家圃六詠)」 중 '박'**

고려 말의 문신인 이색의 시에는 「임동년(任同年)[19]이 농원의 각종 채소를 보내 주었기에 우스개로 절구를 짓다」라는 게 있고, 다른 시에는 "남새밭 채소는 두둑에 겨우 싹이 돋고 / 들판의 보리는 공중에 푸른 빛을 띠울 때"라는 구절이 있습니다.

한편, 고려 후기 편찬된 것으로 알려진『향약구급방』에서도 연근 · 도라지 · 토란 · 아욱 · 상추 · 무 · 배추 · 우엉 같은 채소를 찾을 수 있습니다. 또 국가 제사인 원구제 친사[20]의 제사상에는 미

• • •

19 동년은 같은 해에 과거에 급제한 동기로 서로 형제같이 지냈다.

20 親祀, 임금이 친히 제사 지내는 것.

나리 · 죽순 · 무 등이 올랐으며, 고려 말 공양왕 2년에 행해진 제사상에도 채소가 포함되어 있습니다. 여기서 당시 채소가 식품, 선물, 약재, 제수 등 다양한 용도로 널리 쓰였음을 알 수 있습니다.

그러면 당시에는 채소를 어떻게 심어서 먹었을까요? 물론 농촌의 경우는 지금과 마찬가지로 집 주변의 텃밭이나 곡물을 심고 남은 작은 땅 혹은 논둑과 밭둑에도 채소를 심었을 것입니다. 그렇게 심은 채소는 판매용이라기보다는 자급자족용이었을 것입니다.

채소의 전문적인 재배와 판매는 조선 시대 이후 더욱 늘어납니다. 서울 주변에는 땔나무와 채소 판매로 생활하는 사람들이 상당수 있었으며, 『조선왕조실록』에서 이에 따른 여러 문제들을 찾을 수 있습니다. 성현의 『용재총화』를 보면 채소를 자급자족하는 단계에서 더 나아가 땅에 맞는 채소를 대규모로 경작해 이익을 얻었다고 합니다. 지금의 동대문 밖 왕십리에서는 무청 · 나복(蘿蔔: 무) · 백채(白菜: 배추)를, 청파와 노원에서는 토란을, 경기 삭녕에서는 총채(蔥菜: 파)를, 충청도에서는 마늘을, 전라도에서는 생강을 즐겨 심었다고 합니다. 이런 재배 식물은 식단을 풍성하게 유지시켜 주는 중요한 부식 재료로 다양하게 활용되었습니다.

한편, '콜럼버스의 교환'에 따라 신대륙에서 전해진 감자 · 옥수수 · 강낭콩 · 고추 · 호박 등의 식재료는 100여 년의 적응 기간을 거쳐 18세기에 비로소 조선 사람들의 식탁 위에 올랐다고 합니다.

18세기 사람 우하영(禹夏永, 1741~1812)은 『천일록(千一錄)』에서 "미나리 2마지기를 심으면 벼 10마지기 심어서 얻는 이익을 올릴 수 있고, 채소 2마지기를 심으면 보리 10마지기를 심어 수확하는 것과 같은 이익을 올릴 수 있다."고 적었습니다. 정약용 역시 "서울 안팎의 파밭, 마늘밭, 배추밭, 오이밭에서는 상지상답(上之上畓)의

〈어물장수〉(신윤복 작)

허균

벼농사에 비해 10배 이상의 이익이 있다."고 했습니다. 한양의 성문 밖에서 재배된 농산물은 성안 시장으로 들어와 큰돈이 되었습니다. 그런 탓에 "동부의 채소(東部菜), 칠패의 생선(七牌魚)"이라는 말이 있었습니다.

특히 조선 후기 수박과 참외의 판매는 계속 확대되었는데, 19세기에는 채소전과 과물전이 수박과 참외 판매권을 놓고 갈등을 벌이기도 할 정도로 채소의 유통이 활발하게 전개되었습니다. 수박과 참외는 채소이면서 과일 같은 성격을 가지고 있어 과채류로 분류합니다. 토마토 또한 과채류의 하나로 19세기 말 미국에서는 토마토가 과일과 채소 중 어디에 속하는지를 두고 법정 다툼을 벌인 적도 있었습니다.

채소는 오래전부터 곡물을 보완하는 주요한 부식으로, 입맛을 돋우는 양념으로, 출출할 때 먹는 간식으로, 불편한 몸을 다스리는 약재로 널리 쓰였습니다. 『홍길동전』을 지은 허균은 『한정록(閑情錄)』(1618년)에서 "곡식이 여물지 않아 굶주림은 기(饑)라 하고 채소가 여물지 않아 굶주림을 근(饉)이라 한다."라 하여 기근이라 할 때는 곡식과 채소가 모두 성숙하지 못하여 굶주리는 때를 뜻한다고 밝혔습니다.

또, 홍만선이 지은 『산림경제』(1643년) 「치포」에서도 "곡식이 잘 되지 않는 것을 기(饑)라 하고 채소가 잘 되지 않는 것을 근(饉)이라 하니 오곡 이외에는 채소가 또한 중요하다."고 하였을 만큼 채소도 곡식과 대등할 정도로 없어서는 안 될 필수품으로 여겼습니다. 이런 점은 지금도 마찬가지여서, 최근에는 소위 웰빙 식품으로 유기농 채소가 비싼 값으로 팔리고 있습니다.

# 2
# 텃밭의 모습과 의미

## 공터에서 가꾼 채소

요즘도 채소를 기르기 위해 집 주변에 채마밭 가꾸는 것을 쉽게 볼 수 있는데, 이런 모습은 오래전부터 있어 왔습니다. 채소는 필수 식품일 뿐 아니라 흉년에는 구황 식품이 되기도 하였습니다. 따라서 예로부터 도시와 농촌을 막론하고 집 근처에 공터가 있으면 채소밭으로 만들었으며, 곡물을 심고 남은 땅이나 논과 밭의 경계가 되는 두둑에도 채소를 심었습니다.

불교를 국교로 정했던 고려 시대에는 대부분 채식을 했습니다. 물론 귀족들은 육류를 즐겼고, 백성들도 해산물과 가금류는 먹었지만 조선 시대와 비교하자면 육류 섭취량은 떨어질 수밖에 없었습니다. 어쨌든 채식 위주의 식단이었기에 고려인들에게 채소는 매우 중요한 식품일 수밖에 없었습니다. 또 흉년에는 구황 식품의 역할도 했기 때문에 고려 시대에는 집 근처에 공터만 있으면 텃밭(채소밭)을 만들곤 했습니다.

『고려사』「후비열전」에 이러한 내용이 나옵니다. 궁예 집권 말기에 반란을 모의하기 위해 홍유, 배현경 등이 왕건의 집을 찾습니다. 왕건은 혹시나 밖에서 엿들을까 봐 부인(뒤의 신혜왕후)에게 텃밭에 가서 새로 열린 오이를 따 오라고 부탁합니다. 하지만 부인은 나가는 척하면서 숨어서 엿듣다가 왕건에게 "의거를 일으켜 포악한 군주를 교체하는 일은 예로부터 있어 왔다."며 손수 갑옷을 가져다 왕건에게 입혀 주며 거사를 부추깁니다. 이로써 고려가 탄생된 것입니다. 이를 보면, 당시 왕건의 집에도 텃밭이 있었고 오이를 심어 먹었던 것을 알 수 있습니다.

저도 귀한 채소나 꽃의 씨앗을 구하면 키워 본 다음에 주위에 나누어 주곤 합니다만, 800여 년 전에도 채소의 씨앗을 선물하곤 했습니다. 이규보의 시 중에는 채소 씨앗을 보내 준 친구에게 감사의 뜻을 나타낸 시도 있습니다. 이처럼 당시의 사람들도 서로 씨앗을 주고받으면서 텃밭을 일구어 채소를 심곤 했습니다. 그뿐만 아니라 채소 재배를 위해서 좋은 땅을 구했다는 기록이 있을 정도이니 텃밭은 무척 소중했던 모양입니다. 이규보는 자기 집 땅이 척박해서 새로 비옥한 땅을 얻어서 채소를 심었다고 합니다.

한편, 절에서도 채소를 많이 심었는데 그 가운데 일부는 유통되었습니다. 고려 시대에 절에서 마늘이나 파 같은 채소를 키운 다음, 일반인들에게 판매하는 일이 많아서 비판받기도 했습니다. 특히 불가에서는 오신채(五辛菜)라 하여 '마늘, 파, 부추, 달래, 무릇'은 먹기를 금하고 있는 채소들이었기 때문입니다.

공터에 채소밭을 만드는 현상은 조선 시대에 들어와 더 늘어난 듯합니다. 태종 때인 1411년 6월에는 도성인 한양이 좁으니 채소밭을 만들지 말라고 하였지만 도성 내의 채소밭을 막을 수는 없었습니다. 또 1420년(세종 2년) 5월에는 전구서(典廏署)[21] 안의 양을 키우는 마당에 채소를 심어 문제가 되기도 하였고, 중종 때에는 궁궐 내에 있는 15곳의 채소밭이 문제시되었지만 결국 묵인되었습니다. 이렇듯 조선 시대 한양의 도심 가운데 빈터가 생기면 채소를 심곤 하였는데, 이는 오늘날의 모습과 크게 다르지 않습니다.

한편 관청에도 채소밭이 딸려 있었는데, 그중 사포서(司圃署), 침장고(沈藏庫)의 채소밭에서는 대개 왕실과 제사에 소용되는 채소를 생산하였습니다. 또 서울의 사부학당(四部學堂)에도 채소밭이 내려졌으며, 훈련원이나 성균관에도 채소밭이 있어 유생[22]과 군인들의 먹을거리를 충당했습니다. 관청에서 개인 땅을 빼앗아 채소밭을 만드는 경우도 있었습니다. 그만큼 당시 생활에서 채소가 차지하는 비중이 컸기 때문입니다.

조정에서도 채소의 재배와 보관에 대해 큰 관심을 기울였습니다. 흉년에 대비하여 무를 심을 것을 권장하거나 서리가 내리기 전에 채소를 거두어 겨울에 대비하라는 교서를 내리기도 하였습니다. 1593년(선조 26년) 12월에는 중국에 가는 사은사 일행에게 채소 씨앗을 구입해 오도록 하기도 하였습니다.

민간에서는 집 안에 있는 원(園), 후원(後園), 포(圃: 채소밭) 등에서

• • •

21 가축의 사육과 축산물을 제공하는 일을 맡아 보던 관서.

22 유교를 신봉하고 이를 본업으로 하는 사람으로 중국에서는 유자(儒者)라 한다. 우리나라에서는 불교를 신봉하는 자를 불자(佛者), 유교를 신봉하는 자를 유생(儒生)이라 하며 여러 종류가 있다. 무위무관(無位無官)의 백수(白首)를 유학(幼學)이라 하고, 백수이면서도 학덕이 뛰어나 유림의 모범이 되는 자를 처사(處士)라 한다. 또, 향교(鄕校)에 입학한 자를 교생(校生)이라 하고, 소과(小科)에 합격한 자를 생원 또는 진사라 한다. 대과(大科)에 급제, 관직에 있는 자도 넓은 의미에서 유생의 하나다. (한국민족문화대백과사전)

채소를 직접 키웠으며, 노비들의 몸값을 산채(山菜)와 채소로 받기도 했습니다. 이문건의 『묵재일기(默齋日記)』에는 집 뒤편에 채마밭을 만들어 노비에게 경작시킨 기록[23]이 있으며, 박한광·박주대의 『저상일월(渚上日月)』에서도 후원과 집 밖에 채마밭을 만들고 파와 가지 등의 채소를 키웠다고 나옵니다.[24]

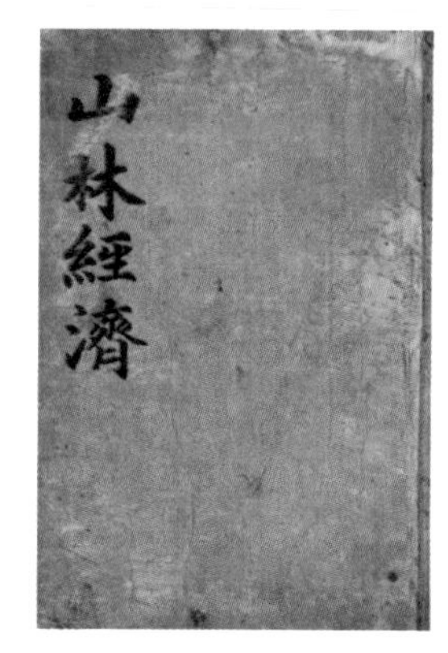


홍만선의 『산림경제』

"채소를 심고 거두는 것은 생활을 풍족하게 하는 것이니 실생활에 유익하다."고 서유구가 「예원지인(藝園誌引)」에서 말한 것처럼, 조선 시대 사람들은 자신의 집에서 직접 각종 채소를 길러 먹었습니다. 곡물과 달리 채소는 주택 가까운 곳에 포전(圃田)을 두고, 시비 관리는 필요한 대로 하되 재배는 편리하게 하여 수시로 일용할 채소를 조달했습니다.

『산림경제』에도 "주택 좌우로 포전을 만들고 일용할 먹거리를 얻는다."고 했습니다. 채소를 기르는 밭이 집 가까이에 마련됨으로써 손이 자주 가고 공을 들여야 하는 특수재배법이 쉽게 시도될 수 있었습니다. 그 결과 얻어진 것이 겨울철의 연화재배법(軟化栽培法)이었고, 그 가운데서도 배추의 황아법(黃芽法)이나 무의 양아법(養芽法)은 독창적인 재배 요령으로 자리를 굳힌 듯합니다. 황아법과 양아법은 3부의 작물 설명에서 다루겠습니다.

• • •

23 1551년 2월 18일, 약간 흐렸다. 종들로 하여금 채마밭에 똥을 운반하여 올렸다. (이문건 지음, 김인규 옮김, 『역주 묵재일기 ②』, 민속원, 2018.)

24 1836년 3월 10일, 1849년 7월 1일 등.

## 겨울에도 꽃과 채소를

근 600년 전인 조선 초기의 한양에는 겨울에도 꽃과 채소를 가꾸던 온실이 있었습니다. 이는 온돌방이 보급되면서 온돌의 원리를 다양하게 활용하였기 때문입니다. 온실은 서양에서 유래한 것으로 많이 알려져 있지만, 우리나라에서는 이미 조선 초기에 온돌 난방을 응용한 온실을 만들어 이용했습니다.

세종 때인 1428년에는 따뜻한 지역에서 자라는 귤나무를 강화도에 옮겨 심고 잘 살 수 있는지를 시험했습니다. 해당 지역 수령은 추운 계절을 넘기기 위해 가을에 집을 짓고 담을 쌓고 온돌을 만들어서 귤나무를 보호했으며, 봄이 되면 다시 이를 철거했습니다. 추운 겨울을 나기 위해 일종의 온실을 만든 것입니다. 그런데 봄과 가을에 온실을 설치하고 철거하는 과정에 백성을 동원하자 원성이 높아졌습니다. 그뿐만 아니라 귤나무의 높이가 거의 3미터나 되어서 이를 집 안에 넣으려면 집의 높이도 그만큼 높아야 했습니다. 이 때문에 집을 짓는 데 들어가는 목재 준비에도 상당한 곤란을 겪었다고 합니다. 이런 폐단들이 제기되어 조정에서 시험 재배의 폐지를 논의하기에 이른 것입니다.

한편, 세종~세조대에 의관[25]으로 활약했던 전순의(全循義)가 쓴 『산가요록(山家要錄)』(1450년)에는 일상 생활에 필요한 기술들이 많이 수록되어 있습니다. 여기에는 채소 · 과일 · 생선 · 고기 등의 저장법뿐 아니라 겨울에 채소를 구하기 어려운 점을 고려하여 '동

• • •

25 醫官, 조선 시대에 내의원에 속하여 의술에 종사하던 벼슬아치.

복원한 조선시대 온실(세미원)

절양채(冬節養菜)', 즉 '겨울철 채소 기르기'까지 적어 놓았습니다. 그런데 내용을 들여다보면 온돌의 원리를 이용해 온실을 만드는 방법입니다.

"집을 짓는데, 삼면을 막고 종이를 발라 기름칠을 한다. 남쪽에는 살창을 달고 종이를 발라 기름칠을 한다. 구들을 놓되 연기가 새지 않게 하고, 온돌 위에 45센티미터 높이로 흙을 깔면 봄 채소를 심을 수 있다. 밤에는 따뜻하게 하여 바람이 들어오지 못하게 하고, 날씨가 몹시 추우면 반드시 두꺼운 멍석으로 창을 덮어 주고, 날씨가 풀리면 철거한다. 날마다 이슬처럼 물을 뿌려 주어 방 안이 항상 따뜻하고 촉촉하게 하여 흙이 마르지 않게 한다. 또한 담 밖에 광을 만들어 벽 안쪽에 솥을 걸고 아침저녁으로 불을 때서 솥의 수증기로 방을 훈훈하게 해 준다."

이 온실은 바닥에 구들을 놓고 불을 지펴서 식물 뿌리 부분의 온도를 25도 정도로 유지하는 한편, 햇볕이 기름을 입힌 한지를 통해 온실 내로 들어와 실내 바닥 및 황토 벽체에 흡수되도록 했습니다. 이렇게 흡수된 열은 복사열로 바뀌면서 한지를 통해 밖으로 나가지 못하므로 실내 온도가 상승하는 효과를 얻은 것입니다. 한마디로 이 온실은 지중(地中)과 공중(空中)의 이중으로 가온(加溫)하고 습도까지 조절하는 첨단 온실이었습니다. 이런 온실이 있었기에 조선 초기 왕실에서는 한겨울의 눈 속에서도 신선한 채소와 아름다운 꽃을 즐길 수 있었습니다.

조선 초기에 만들어진 이 온실은 난방온실의 효시로 알려진 독일 하이델베르크 온실(1619년)보다 무려 170년이나 앞선 것입니다. 독일의 온실은 석탄을 때는 난로와 스팀으로 온도와 습도를 조절했지만, 식물의 지상부와 뿌리 부분의 온도 차가 커 잘 자라지 않고 마르는 한편, 결로 현상이 생기는 문제가 있었습니다. 이에 비해 조선의 온실은 바닥의 온도도 높여 주고 채광과 통풍이 좋은 한지창으로 습도를 조절해 겨울에도 채소를 생산할 수 있었습니다.

조선 왕실에서 온실을 갖추어 채소와 꽃을 가꾸었다는 기록이 있지만 이처럼 실제 온실을 만드는 과정을 정리한 문헌은 지금까지 『산가요록』이 유일합니다. 하지만 이런 온실 제작 기술이 언제까지 전해졌는지에 대해서는 알 수 없습니다. 『산가요록』의 기록을 전문가들의 고증을 거쳐 2002년 남양주시 서울종합촬영소에 조선의 온실을 복원해 시험 가동하기도 했습니다. 또, 2006년에는 양수리 세미원의 석창원 실내 공간에 새롭게 복원해 놓았습니다.

조선 시대에는 땅속에 움집을 짓고 겨울에도 채소를 재배했다는 기록이 여럿 나옵니다. 연산군은 1505년 7월에 "신감채(辛甘菜)[26] 따위 여러 가지 채소를 장원서(掌苑署) · 사포서(司圃署)로 하여금 흙집을 쌓고 겨울내 기르게 하라."고 명하였습니다.

채소가 귀한 한겨울에는 푸른 채소가 뇌물로 사용되기도 했습니다. 광해군 때 '잡채판서'로 알려진 이충은 한겨울에 움집 속에서 키운 채소를 왕에게 바쳐 호조판서가 되었다 합니다. 1619년에는 임금이 이충의 집에서 가져온 채소를 기다렸다가 식사를 했다는 기록이 있을 정도입니다. 오늘날 잡채(雜菜)는 당면이 주가 되지만 당시에는 다양한 채소가 주재료이기에 채소 공급이 수월했던 이충이 잡채 요리로 광해군의 환심을 산 것으로 추측됩니다.

온실이나 움집에서는 겨울에 채소만이 아니라 꽃을 키우기도 했습니다. 강희안의 『양화소록』(1474년)에도 토우(土宇: 움집)라 하여 온실과 유사한 내용이 들어 있습니다.

> **"무릇 움집(土宇)을 만들 때는 햇볕이 잘 드는 높고 건조한 곳을 가려서 흙을 쌓는다. 남쪽으로 창문을 내되 좁지 않게 하여 내놓고 들여놓음을 편리하게 하고, 또 지기(地氣)를 통하게 한다. 너무 일찍 거두어 저장하지 말고 반드시 서리가 두세 번 내린 뒤에 거두어들이는 것이 좋다. 날씨가 따스할 때는 창문을 닫지 말고 혹심한 추위가 올 때는 짚을 두껍게 덮어서 얼지 않게 한다. 입춘이 지난 뒤에는 늘 덮어 두거나 창문을**

• • •

26 승검초. 산지에서 나며 뿌리는 당귀(當歸)라 하여 한약재로 쓰이고, 잎은 가루를 만들어서 떡, 강정, 다시 등에 향미(香味)를 돕기 위해 섞어 사용한다.

**닫아 두거나 하지 않는다. 한식이 지나면 내놓는다."**

장원서에서 겨울철에 키운 화분이나 꽃을 올린 기록도 더러 있습니다. 성종 때인 1471년 11월 장원서에서 영산홍(映山紅) 한 분을 올리니 "겨울에 꽃이 핀 것은 인위(人爲)에서 나온 것이고 내가 꽃을 좋아하지 않으니, 금후로는 올리지 말도록 하라."는 기록이 있습니다. 이 영산홍은 연산군이 좋아해 연산홍이라고도 합니다. 『연산군일기』에는 1505년에 영산홍 1만 그루를 후원에 심으라 하고, 다음 해에는 영산홍은 그늘에서 잘 사니 땅에 심을 때는 먼저 땅을 파고 또 움막을 지어 추위에 부딪쳐도 말라 죽는 일이 없게 하라고 세세히 지시하곤 했습니다.

또, 중종 때인 1509년 1월에 장원서에서 입춘의 절화(節花)를 올리니, "동지 · 입춘의 절화는 다만 대비전에만 올리고, 대전과 중궁전에는 들이지 말라. 나는 화훼(花卉)를 좋아하지 않는다." 하였습니다. 연산군은 꽃을 좋아했지만, 그 아버지인 성종과 이복동생인 중종은 꽃을 좋아하지 않는다고 언급한 것입니다.

『산가요록』에서 기술한 조선의 온실은 국보인 〈동궐도〉에서도 확인할 수 있습니다. 국보 제249-1호(고려대학교 박물관), 제249-2호(동아대학교 석당박물관)로 지정된 〈동궐도〉는 1828~1830년 사이에 그려진 것으로 추정되는데, 여기에는 창사루(蒼笥樓)라는 건물이 들어 있습니다.

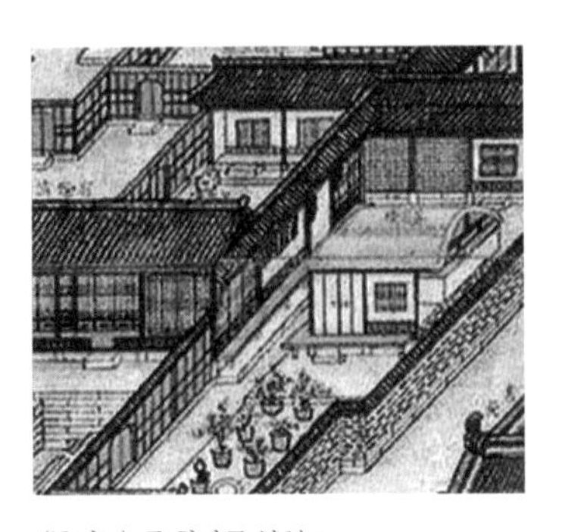
〈동궐도〉 중 창사루 부분 1

〈동궐도〉에 그려진 창사루는 반 타원 형태의 지붕, 창살

〈동궐도〉 중 창사루 부분 2 (문화유산채널)

이 없는 문과 툇마루가 있는 초가 온실입니다. 이 온실은 실내 온도를 데워 주기 위해 벽장이라는 가온 시설을 갖춘 독특한 목조건물입니다. 〈동궐도〉에는 실내 장식용으로 보이는 붉은 꽃이 핀 화분이 창사루 뜰에 놓여 있습니다. 창사루는 노지에서 키우던 꽃나무를 겨울에 실내에서 일찍 꽃을 피워 임금과 웃전에 진상하는 기능을 한 것으로 추정됩니다. 짚을 얹은 소박한 지붕에 툇마루를 갖추고 나무 기둥과 흰색 벽으로 마감한 창사루 앞마당에 놓인 분홍 꽃나무를 심은 일곱 개의 화분은, 「창사루 사영」의 "난간 밖의 땅에 꽃을 심으니, 봄비가 작은 동산 속에 내리네(種花欄外地 春雨小園中)"의 회화적 표현처럼 보인다고 합니다.[27]

• • •

27 「蒼筒樓」, 『경헌집』 권5. 손명희, 「회화를 통해본 효명세자의 삶」, 『문예군주를 꿈꾼 왕세자, 효명』, 국립고궁박물관 특별전 강연자료, 2019.7.11.

## 텃밭을 가리키는 말들

곡물이든 채소이든 농사를 짓기 위해서는 토지, 즉 농지가 있어야 합니다. 이 농지를 가리키는 말로 옛 문헌에는 여러 표현이 등장합니다. 대표적인 게 전장(田莊)으로 개인이 소유한 논밭, 즉 농지를 가리키지만 농지와 농업경영에 필요한 부속 건물을 함께 지칭하기도 했습니다. 전장은 삼국 시대 초부터 보이기 시작하는데, 왕이 하사하거나, 권세가들이 권력을 이용해 땅을 개척하거나, 농민의 토지를 강제로 빼앗아 만들어진 경우도 있었습니다.

전장에는 경작지와 초채지도 있었습니다. 경작지는 작물의 종류에 따라 주식인 곡물을 주로 심는 전답과 채소나 과실수가 있는 채마밭인 원(園)으로 나누어집니다. 곡물을 심는 전답은 논(水田)과 밭(旱田)으로 나누어지며 고려 시대에도 논보다 밭이 많았습니다. 초채지는 땔나무를 구하던 곳으로 시지(柴地)라고도 합니다.

이 전장과 비슷한 의미로 전원(田園), 별서(別墅), 별업(別業), 전사(田舍), 전려(田廬), 농장(農莊)이 쓰이기도 했습니다. 그렇지만 전원은 채소밭 혹은 단순한 경작지로, 별서와 전려는 가옥 또는 토지와 가옥의 총칭으로 쓰이는 등 문맥에 따라 다른 의미로 사용되기도 했습니다.

전원이 채소밭이라는 의미로 사용된 사례는, '전원(田園)의 오이나 과실을 몰래 가져가는 것을 금하는 법령'과 이규보가 이웃인 양각교에게 준 시에서 확인할 수 있습니다. 이규보는 그와의 친분을 강조하면서 "약포에 물 줄 때는 항상 같은 우물을 사용하고, 오이를 모종할 때는 원(園)을 함께 사용하려 하네."라고 하였습니다.

조선 시대 선비들의 사례는 훨씬 많지만, 고려 시대의 사대부들도 다수의 전장을 소유하고 있었습니다. 이규보는 개성의 동교와 서교, 근곡촌에 전장을 두고 있었고, 고려 후기 이색은 개성 부근, 덕수, 면주, 장단, 광주 등지에 전장을 두고 있었습니다. 또한, 충렬왕 때 권신이었던 김방경은 전국에 전원을 두고 있었으며, 문극겸도 노비를 보내 많은 전원을 지배하였습니다.

〈경작도〉(김홍도 작)(삼성미술관리움 소장)

비단 선비들뿐만 아니라 왕자도 전장을 소유했습니다. 조선 시대에 들어와 정종(定宗)의 열 번째 아들인 덕천군[28]은 가난한 백성을 돕고, 왕자의 신분임에도 공주에 전장을 두고 몸소 농사를 지었다는 기록도 남아 있습니다.

## 골짜기를 밭으로

조선 시대에 가난한 농민들은 농사지을 만한 땅이 있으면 토질의 좋고 나쁨을 가리지 않았습니다. 자갈밭도 마다하지 않았고, 면적의 크기도 따지지 않았습니다. 개간이 늘면서 산골짜기까지 밭으로 변해 갔습니다. 산골의 나무가 무성한 곳에 불을 놓아 화전

• • •

28 德泉君, 이름은 이후생(李厚生, 1397~1465).

(火田)을 일구기도 하고, 묵혔다가 다시 경작하는 산전(山田)도 행해졌습니다.

유재건이 지은 『이향견문록(里鄕見聞錄)』(1862년)에는 중인층을 비롯해 다양한 신분층 인물들의 행적이 수록되어 있습니다. 이 가운데 골짜기를 개간해 밭으로 만든 승려인 덕천(德川)의 이야기가 있어 소개합니다.

덕천 향교 근처에 빈 골짜기가 있는데, 골짜기 안에는 모두 쓸모없는 나무와 울퉁불퉁한 돌로 차 있어 한 자 한 치의 기름진 땅도 없는 것 같았습니다. 어느 날 스님 한 분이 와서 말했습니다.

"골짜기를 개간하여 밭으로 만들기를 원하옵니다. 삼 년 동안 경작한 후에 법에 따라 세를 내겠사오니 땅을 빌릴 수 있겠습니까?

향교에서 "좋소이다."라고 답했습니다.

다음 날 아침, 그는 두어 말의 떡을 싸고 도끼 한 자루를 들고 왔습니다. 오자마자 떡을 다 먹어 치우고 물을 다 마시고는, 골짜기 안으로 들어가 손으로는 나무를 뽑거나 베고, 발로는 돌을 차 아래로 굴렸습니다. 해가 중천에 오기도 전에 무성한 수풀과 돌 비탈이 벌써 평평해졌습니다.

또 다음 날은 한 손으로 두 개의 보습을 미는데 언덕에서부터 봉우리까지 상하종횡으로 움직여 수십 수백 묘를 일구었습니다. 거기에 그는 곡식 여러 섬을 뿌린 다음 초가집을 짓고 살았습니다. 가을에 곡식 천오륙백 곡(斛)을 거두었는데 올해에 그처럼 하고, 그다음 해에도, 또 그다음 해에도 그렇게 하여, 쌓아 둔 곡식이 삼천여 곡에 달했습니다.

하루는 스님이 향교에 와서 이렇게 말했습니다.

"불자가 밭을 갈면서 공부할 수는 없습니다. 소승은 이만 돌아갈까 하옵니다. 일궈 놓은 밭은 향교에 바치겠습니다."

다음 날 본 읍과 주변 읍·동 가까운 고을에 사는 백성 삼천여 호를 불러 가가호호(家家戶戶) 한 섬씩 나누어 주고, 스님은 표연히 떠나가 버렸다고 합니다.

유재건의 『이향견문록』

## 농사 잘 짓는 방법

『이옥전집』에 나오는 글입니다.

전장(田莊)을 가지고 농사짓는 한 양반이 영남에서 아이종을 구하여 데리고 가려 하였습니다. 그런데 종의 아비가 안타까워하면서 간청합니다.

"소인의 자식은 남들만 못합니다. 제 자식놈에게 무슨 일을 시키실지 감히 여쭙니다."

"농사를 짓게 할 것이다."

"몇 해 동안인지 감히 여쭙습니다."

"열 번 수확하면 돌려보내겠다."

종의 아비가 말하였습니다.

"소인의 자식은 남들만 못합니다. 이 봄가을로 배토(培土)하고 김매는 일에 상전댁에 걱정을 끼칠까 두렵사오니, 청컨대 소인이 함께 가겠습니다."

상전댁에 도착해서 전지(田地)를 떼어서 스무 말의 곡식 심을 땅을 달라고 하자, 상전은 밭으로 가서 모래가 섞이고 소금기가 밴 거친 땅을 골라 줍니다. 종의 아비는 억새풀을 엮어 키를 만들어 말 · 소 · 개의 똥을 주워 모으고, 그 이랑을 두 촌(寸)쯤 높여서 가을부터 봄까지 무릇 열두 번 밭을 갈았는데, 동지 전에 세 번 우수(雨水) 후에 아홉 번이었습니다. 보습이 흙에 들어가기를 한 자 하고도 다섯 치가 될 정도로 땅을 깊이 골고루 갈았습니다. 유월 달에 때맞추어 비가 내리자 모를 옮겨 심었는데, 모와 모 사이의 거리가 일곱 치쯤 되게 하고, 뿌리를 내리자 세 번 김을 매었습니다.

모가 논두렁 위로 솟아 나오자 짚을 엮어 새끼줄을 꼬고 새끼줄로 짜서 그물을 만들어 그것을 들어 올려 모에 씌웠는데, 모에 이삭이 맺히자 이삭이 모두 그물눈 속에서 나왔습니다. 이삭이 패어 덥수룩하게 자라나 모나게 되고, 모나게 된 것이 윤기가 나고, 윤기 나는 것이 형태가 잡히고 형태를 이룬 것이 여물고, 여문 것이 단단해져서, 그물 위로 높이 석 자가 나온 것이 모두 벼였습니다. 서리가 내리기 전에 논의 물을 빼내고, 서리가 내리자 베어서 타작하고 키질하여 말질해 보니 벼가 삼백 석에 달했습니다. 이웃 사람이 헤아려 보니 그 논에서 십오 년간 수확할 물량이었습니다.

종의 아비는 상전에게 청합니다.

"처음 소인의 자식이 올 때에 어르신께서 명하시길, '열 번 수확하고서 너의 자식을 돌려보내겠다.'라고 하셨습니다. 그런데 지금 십 년 하고도 오 년의 수확을 하였으니, 감히 데려가기를 청합니다."

이에 상전은 허락하였고, 종의 아비는 자식을 데리고 집으로 돌아가다가 그 논을 지나면서 말했습니다.

"내년에는 이 논에 농사를 짓지 말아야 할 것이다. 반드시 수확이 없을 것이다."

과연 그러하였다 합니다.

이 내용은 이옥의 『백운필』 가운데 「부종법과 이종법」을 기술한 부분의 뒤쪽에도 간략히 나옵니다.

> "또 전에 들으니, 영남의 종으로서 농사를 경영하는 자가 있었다. 갈고 매기를 매우 부지런히 하여 가을에서 여름이 되기까지 무려 열두 번이나 갈아 주고 인분을 뿌렸으며, 세 치 정도 자라나자 일찌감치 모를 옮겨 심었다. 추수를 함에 한 말을 심은 땅에서 삼백 말을 거두었다. 하등전(下等田)의 십오년치 수확에 해당하는 것이었다. 그러므로 부지런히 갈아 주는 자는 나락이 많고, 부지런히 김매기 하는 자는 쌀이 많은 것이다. 자주 갈아 주고, 자주 김매기 하는 것이 농사짓는 근본인가 보다."

이 글은 농작물을 길러 내는 땅의 힘인 땅심(地力)을 이야기하고 있습니다. 지력이 고갈되어 다음 해에는 수확이 없었던 것입니다. 지력과 관련해, "석회를 쓰는 집안은 아버지는 부자가 되지만 아들은 거지가 된다."는 말도 있을 정도입니다.

## 원림형 채마밭

채마밭 혹은 남새밭으로 불렸는데, 전문적인 농부가 경작하는 채마밭보다는 훨씬 작은 규모였습니다. 보통 선비들이 자신의 거처에 차려 놓은 원림형 채마밭은 자급자족하려는 의도였고, 조경에서는 원림의 한 요소로서, 안빈낙도의 수련장으로서의 의미가 있었습니다. 우리의 원림형 채마밭에는 그 채마밭에서 일구고자 했던 선비 정신이 배어 있습니다. 조선의 선비들에게 채마밭은 단순히 밭을 일궈 채소를 기르는 것만이 아니었습니다. 그들은 거기서 밭만이 아니라 마음의 밭(心田)도 일구었고, 채소만이 아니라 정신도 기르고 수확했습니다.

정연우가 번역한 『설집(說集) 2』에서 채마밭을 가꾸며 마음의 밭을 일구는 선비들의 이야기 두 편을 소개합니다. 이어서, 유배지에서 주위 사물 60가지에 대해 하나하나 쓴 선비의 글도 같이 소개합니다.

### 거친 밭을 일구기는 어려웠지만(기황전설, 起荒田說)[29]

을미년(1595년) 봄에 내가 농사에 처음 뜻을 두고, 여러 이랑의 밭을 장만하였다. 신벌리에 소재하는데 좋은 밭이라 하였다. 오곡을 심어도 마땅하지 않음이 없고, 습하지도 건조하지도 않아, 곡식을 거두어들이는 것이 늘 많았다 하였다. 그런데 주인이 농사일을 못하게 되어 밭이 버려진 채 오륙 년이 된다고 하였다. 나는 그 좋은 땅이 오래도록 버려져 있는 게 아까워 이것을 일구리라 마음먹었다.

• • •

29 정온(鄭蘊, 1569~1641). 광해군 때 제주에 위리안치되었다가 인조 반정 후 청요직을 역임했다. 병자호란 때 명나라와의 의리를 내세워 화의주장을 반대하고 항복이 결정되자 자결하려 했으나 목숨은 건졌다. 그 뒤 관직을 단념하고 덕유산에 들어가 조를 심어 생계를 자급하다가 세상을 떴으며, 숙종 때 영의정에 추증되었다.

〈쟁기질〉 (김홍도 작)

그리하여 굳세고 튼실한 쟁기와 농사에 노련한 인부를 찾아 소 두 마리를 먹여 가지고 갔다. 이날이 3월 16일이었다. 가서 보니 억센 풀과 가시 넝쿨이 우거져 밭 전체에 빈틈이 없었다. 그 뿌리가 마디마디 뒤엉키고 서로 얽혀서 날카로운 칼을 가지고서도 쉽게 끊을 수 없는 상황이었다. 나는 마음속으로 비용만 들고 이룸이 없을까 염려했다.

그러나, 이미 시작한 일을 그만둘 수 없어서, 쟁기를 두 마리 소의 멍에에 걸고 힘 잘 쓰는 이가 쟁기 자루를 잡고, 또 두 사람이 소의 좌우에서 각기 소의 고삐를 잡아당기게 하였다. 무딘 연장으로 단단한 돌을 뚫듯 쟁기와 땅이 서로 부딪쳐 틀어지니 어려웠다. 그렇게 한참 후에야 조금씩 쟁기밥이 일어나고 사람이 나아가기 시작했다.

쟁기 날이 향하는 곳에 요란한 소리가 나서 마치 세찬 파도 소리나 사나운 폭포 가운데 있는 듯했다. 큰 돌 작은 돌이 서로 갈리고 부딪히고, 띠뿌리가 잘리는 소리였다. 완강한 돌덩이와 딱딱하게 굳어 겹겹으로 쌓여 있던 흙이 차례로 무너지는 것이 마치 전쟁에 패한 군사들이 분한 마음으로 머리털을 세우거나 놀라 달아나는 듯했다. 그래서 엉킨 것은 풀리고 굳은 것은 깨져서, 사람이 노역을 무릅쓰고서도 수고로움을 잊게 해 차차 성공을 가져오게 할 것이다.

이런 마음을 순순히 이어 가면 좁쌀로 수레를 가득 채우고, 곡식으로 대광주리를 채우게 되어 목표에 이를 수 있을 것이니, 어찌 다행한 일이 되지 않겠는가. 내가 여기서 반성하는 바가 있다. 사람의 마음속에 각각 선량한 밭을 지니고 있지 않은 사람이 없는 것이다. 그 밭두둑이 곧 측은히 여기는 마음, 부끄러이 여기는 마음, 사양하는 마음, 옳고 그름을 분별하는 마음이다. 그것은 곡식의 종별로서는 인(仁), 의(義), 예(禮), 지(智)이다. 사심이 일어나서 밭을 일구었다면 욕심이 생겨서 고운 곡식을 해치고, 밭에서 거친 것을 몰아냈던 생생의 도리[30]는 꺼지고 말 것이다.

비록 그렇다 하더라도 그 근본은 일찍이 없었던 것이 아니다. 진실로 일으킴이 있는 자는 능히 안자(顔子: 안연)의 사물(四勿)[31]로 쾌우(快牛)를 삼고, 증자(曾子)의 삼성(三省)[32]으로 쟁기를 삼아 어려움을 극복하고 깨트리고 난 후에는 넓고 큰 땅을 가지게 될 것이다.

• • •

30 生生之理, 모든 생물이 생기고 퍼져 나가는 자연의 이치.

31 예(禮)가 아니면 보지도, 듣지도, 말하지도, 움직이지도 말라는 네 가지 가르침으로 『논어』에 나온다.

32 매일 세 번 자신을 반성하는 것.

백 묘의 밭이 묵었다 해서 어찌 고운 곡식이 나지 않을까를 걱정하는가, 진실로 이르노니 나의 밭이 이미 거칠어졌어도 힘들여 일으킬 수 없다고 한다면 이는 자기를 버리는 것이다.

그것이 황폐하면 내가 황폐해지고 그것이 일어나면 내가 일어나는 것이다. 아! 저 밭이 황폐하더라도 사람일 수 있지만, 마음의 밭이 황폐하면 금수일 뿐이다. 이제나 뒤에나, 내가 밭을 일구는 데 선후가 있음을 알았으므로, 설(說)을 지었으니 밭을 일구는 사람에게 이득이 있기를 기다리노라.

### 채마밭 가꾸는 일은 즐거움의 연속(치포설, 治圃說 小作)[33]

나는 본래 채마밭에 씨 뿌리고 심는 일을 즐겨한다. 밭이나 들녘에 나가 논밭을 갈고, 김매는 것을 보면 기쁜 마음이 일고 달려가 함께 일하고 싶은데도 그럴 수 없었다. 하루는 우연히 서재의 동쪽편 담장 밖에 가서 보니, 그 땅이 두둑했지만 여위어 있었다. 드디어 삽을 들고 밭이랑을 일구었다. 밖을 막으려고 울을 치는데, 모두 땅의 모양에 따라서 하였다. 더러운 것을 치워 통하게 하고 무성한 풀을 베어 냈다.

사방을 둘러싸 울타리 삼아 나무를 심고 파종을 하려는데 어떤 객이 다가와 말한다. "어떤 꽃은 고와서 즐길 만하고, 어떤 풀은 귀해서 볼만하니 거칠게 다루지 마십시오." 내가 웃으면서 답하기를, "고운 것은 눈을 사치스럽게 하고, 귀한 것은 관심을 갖게 하지

• • •

33 서종태(徐宗泰, 1652~1719), 숙종 원년에 생원시에 장원 급제하고, 5년 뒤 문과 별시에 급제해 『현종실록』 편찬에 참여했다. 인현왕후가 폐위되자 소를 올리고 은퇴했다가, 인현왕후 복위 후 관직에 다시 나와 점차 주요 관직을 거쳐 영의정까지 역임했다.

만, 그것이 화려하다고 해서 무슨 실속이 있습니까? 나는 곱고 귀한 것을 좋아하지 않는 것은 아니지만, 내가 좋아하는 것을 하겠습니다." 하였다.

여러 하인들에게 물어 구획을 정하되, 높은 데는 밭으로 하고 낮은 곳은 논으로 만들었다. 파종할 때에 벼는 사무(四畝)로 하고, 조는 이경(二頃)으로 하고, 들깨는 일경(一頃)으로 하고, 콩은 이미 심은 밭두둑이나 논둑에 늘어 심는다. 목화는 이경, 박은 몇 포기만 심고, 동과(冬瓜)는 다섯 포기만 심고, 오이는 이경으로 한다. 겨자는 일경을 심었다. 모두 종류가 열 가지쯤 되지만, 경(頃)의 넓이가 겨우 각각 수 보에 지나지 않았다. 여러 날이 지나서 비가 쏟아졌고, 때맞추어 온화한 바람이 불어오니, 그 줄기가 굳세어지고, 그 잎이 퍼졌다. 괭이나 호미질도 해 주지 않았는데도, 모두 무성하게 자라났다. 나는 즐거워 술잔을 들고 밭의 왼쪽에 앉아, 도연명의 시를 외우면서, 공이 없는데도 즐거움을 누린다는 생각이 들었다.

### 포용의 뜰과 원망하지 않는 밭

1519년 기묘사화로 조광조와 함께 숙청된 신진 사대부들이 있습니다. 이들 가운데는 기준(奇遵, 1492~1521)도 있습니다. 그는 열일곱 때부터 열 살이 많은 조광조를 따랐고, 벼슬이 정4품인 홍문관 응교(應敎)에 이르렀습니다. 기묘사화로 충청도 아산으로 유배되었으며, 다시 함경도 온성으로 옮겨져 위리안치[34]되었다가, 그

• • •

34 圍籬安置, 죄인이 달아나지 못하도록 가시로 울타리로 만들고 그 안에 가두는 형벌.

곳에서 사약[35]을 받았는데 나이가 서른이었습니다. 그는 위리안치된 좁은 곳에서 죽음만을 기다리다가 마음을 가다듬고 주위의 사물 60가지를 관찰하고 그것을 통해 자신을 성찰했습니다. 이렇게 해서 남은 글들이 『육십명(六十銘)』[36]인데 이 중 뜰과 텃밭을 다룬 글을 소개합니다.

**이로움으로 만물을 길러 줘도 / 재능을 자랑하지 않는다 / 두터움으로 만물을 포용해도 / 공덕을 떠벌리지 않는다 / 군자가 그것을 보고서 / 두텁고 후하게 거듭 삼가며 / 평탄하고 조용하게 처신한다**

**_「포용의 뜰(從容庭)」**

기준이 유배된 그곳에는 가시 울타리 안으로 둘레가 서너 자쯤 되는 작은 땅이 있었습니다. 그는 이 땅을 뜰로 삼아 '포용의 뜰(從容之庭)'이라 하였습니다. '종용'이란, 원래 편안하고 조용하게 자연에 맡겨 억지로 무엇을 하려고 애쓰지 않는다는 뜻이며, 우리말 '조용하다'의 어원이라고 합니다.

그가 쓴 글에서 '종용'은 '포용(包容)을 따르는(從)' 것이라 하였는데, 이는 '대지의 포용'을 따르는 것입니다. 이 뜰은 둘레가 1미터 남짓한 자그마한 땅에 불과하지만, 울타리 밖으로 드넓은 대지와

• • •

35 한국민족문화대백과사전에서는 "온성으로 이배되었다. 어머니상을 당해 고향에 돌아갔다가 1521년 송사련(宋祀連)의 무고로 신사무옥(辛巳誣獄)이 터져 다시 유배지에 가서 교살되었다.", "1545년(인종 1) 신원되어 이조판서에 추증되었다." 고 한다.

36 기준 지음, 남현희 옮김, 『조선 선비, 일상의 사물들에게 말을 걸다』, 문자향, 2009.

이어집니다. 대지는 두터운 지반으로 세상의 만물을 감싸고, 온갖 생명이 자라는 터전이 되어 주지만, 결코 자기의 재능과 공덕을 떠벌리며 자랑하는 일이 없습니다. 이처럼 두터운 대지의 덕을 군자가 보고서, 넉넉한 가슴으로 사물을 보듬어 안고 몸가짐과 마음가짐을 조용하게 하는 데 힘을 씁니다.

**비에 적셔지지도 못하고 / 햇볕에 쬐어지지도 못하니 / 하늘은 대체 무슨 마음인가? (이는 하늘 탓이 아니요) / 텃밭이 외진 곳을 자처한 탓 / 씨앗을 깊이 심고 / 물을 듬뿍 주어서 / 나의 정성을 다할 따름이니 / 말라 죽은들 어찌 한탄하랴**

_「원망하지 않는 밭(不怨田)」

위리안치된 기준도 그 안에서 작은 텃밭을 가꾸고자 하였습니다. 그는 흙을 30센티미터가 채 안되게 모아 텃밭으로 만들고 '원망하지 않는 밭(不怨之田)'이라 하였습니다. 그러나 그 밭은 가시 울타리가 처마와 가깝게 지붕 위로 높이 솟아 있어, 해가 떠도 햇볕이 제대로 들지 않고, 비가 내려도 빗물에 푹 젖을 리도 없습니다. 그래도 이런 열악한 땅에 씨앗을 묻고 물을 듬뿍 뿌리는 등 정성을 다하며, 하늘(또는 자기를 이런 곳에 유배 보낸 임금)을 원망하지 않습니다. 스스로가 초래한 일이거니 하며, 자기 자신을 성찰함으로써 마음의 평정심을 찾고자 합니다. 그저 자기에게 주어진 현실을 겸허히 받아들이고, 자기가 할 수 있는 일에 최선을 다할 뿐입니다.

## 상상 속의 정원과 텃밭

18세기 들어 한양에는 꽃을 키우고 정원을 가꾸는 일이 크게 유행했습니다. 그렇지만 경제적 여건 등으로 정원을 가꿀 형편이 안 되는 경우에는 상상 속의 정원을 가꾸며 글로 남기기도 했습니다. 이 가운데 유경종(柳慶種, 1714~1784)의 「의원지(意園誌)」가 대표적입니다.

그는 "의원(意園)은 마음속에 만든 원림(園林)"이라 하며, 마음을 두지 않고서 원림만 가진 자보다는 원림을 소유하지는 못했지만 마음을 두는 자가 더 낫다고 합니다. 그의 글은 이어집니다.

> **"원림은 너비가 몇 무(畝)이고, 길이가 몇 무이다. 위치와 방향, 멀고 가까움과 넓고 좁음을 따지지 않고 내 몸이 가는 곳을 따라 원림이 있다. 산봉우리와 고개가 있고, 시냇물과 골짜기, 폭포와 개천이 있으며, 밭이 있고, 채소밭이 있고, 울타리와 담장과 문을 갖추어 놓았다. 누각이 있고, 당(堂)이 있고, 서늘한 마루, 따뜻한 방, 안채, 사랑채, 행랑채, 별채가 있고, 정자가 있고 대(臺)가 있으며, 단(壇)과 뜰이 있다."**

나무 종류로는 소나무를 비롯해, 버드나무, 대나무, 매화, 살구, 복숭아, 오얏 등 서른 가지를 심고, 채소로는 "오이, 호박, 파, 생강, 마늘, 토란, 순무, 겨자, 아욱, 가지, 부추, 배추 따위"가 있다 합니다. "봄에는 꽃, 여름에는 폭포, 가을에는 단풍, 겨울에는 눈이 개고 비 오고 흐리고 맑음에 따라 모양은 달라도 이른바 아름다운 풍경에 그윽한 멋 아닌 것이 없다. 바람이 불면 시원하도록 끌어들이고, 날이 추우면 따뜻한 햇볕을 맞이한다. 아침이면 꽃에 물을 주고 저녁이면 오이밭에 김을 맨다. 새벽에는 산을 구경하기가 알맞고, 밤에는 달을 감상하기가 알맞으며, 낮에는 책을 읽고 글씨 연습하기 좋다. 틈이 나면 거문고를 연주하고, 차를 달이고, 그림을 보고, 바둑을 구경한다."[37]고 썼습니다.

이러한 상상 속의 정원인 의원은 사람에 따라 심원(心園), 오유원(烏有園), 장취원(將就園), 오로원(吾老園) 등으로도 불렸습니다.

다산 정약용은 이 의원의 개념을 확장한 상상의 논인 부전(浮田)에 대해 이야기하고 있습니다. 그가 지은 「제서호부전도(題西湖浮田圖)」[38]의 앞과 뒷부분입니다.

**아랫논은 물이 많아 비만 오면 늘 괴롭고 / 고지대는 건조해서 가물면 야단인데 / 서호의 부전(浮田)은 두 쪽 다 걱정 없이 / 해마다 수확 많아 큰 창고가 가득하지 / 나무 엮어 떼 만들고 대오리로 바를 틀고 / 그 위에다 흙을 슬슬 한 자쯤 신는 거야 / 쟁기 써레 이용하여 봄에 땅도 고를 것 없이 / 씨앗통만 들고 가서 올벼 씨만 뿌리면 되지 / 물 많을 땐 높이 뜨고 물이 줄면 내려앉고 / 벼 뿌리가 언제나 수면에 닿아 있으니까 / 호되게 가물어도 두레박 소리 안 들리고 / 깊은 방죽 찾아가서 영제[39] 올릴 것도 없어 / … / 내가 이 그림을 농부에**

• • •

37 안대회·이현일 편역, 『한국산문선 7 – 코끼리 보고서』, 민음사, 2017. pp. 245~247. 유경종, 「마음속의 원림(意園誌)」.

38 이 시는 1807년 가을에 〈서호부전도〉라는 그림을 보고 쓴 것이다.

39 수해(水害)·한재(旱災)·여역(癘疫) 등을 물리치기 위하여 산천의 신에게 비는 제사.

게 펴 보이니 / 마음 비워 듣지 않고 냉소만 하네 그려 / 민둥 산 어디에다 도끼를 댈 것이며 / 수렁일 뿐 깊고 맑게 고인 물도 없다 하네 / 땅 있으면 갈아먹고 없으면 그만이지 / 예로부터 만사가 지력으로 다 됐던가 / 만인이 속수무책 귀신 도움만 바라면서 / 용을 몰고 짐승 잡아 산신령께 빌기만 하네

다산은 〈서호부전도〉라는 그림을 농부에게 보여 주고 의견을 구한 듯합니다만, 농부는 땅이 있으면 갈아먹고 없으면 그만이라는 식으로 냉소를 보였나 봅니다. 그런데 다산은 근 10년 전 정조 임금께 올렸던 「성지(聖旨)에 부응하여 농정(農政)을 논하는 소」[40]에서 '부전법'을 거론한 적이 있었습니다.

"또 물이 고인 땅과 큰 못에 부전법(浮田法)을 행하게 하면 농토가 없는 자도 농사를 지을 수 있습니다. 그 법은 나무를 얽어매어 떼를 만들고, 그 위에 거름을 싣고 벼를 심어 수면에 띄워서, 물을 따라 올라갔다 내려왔다 하게 하는 것이니, 이렇게 하면 벼가 가뭄이나 장마로 인한 재해를 받지 않습니다. 그러나 영(令)이 처음 행하여지면 반드시 사람들이 보고는 비웃으면서 달아날 것입니다."

이를 보면 다산은 부전에 대해 오랫동안 마음에 둔 듯합니다. 여기에 나오는 물 위에 떠 있는 부전은 흙 재배와 수경 재배의 중간

• • •

40 한국고전종합DB / 고전번역서 / 『다산시문집』 제9권 / 소(疏).

형태로, 3부의 옥수수 부분에 나오는 아즈텍족의 치남파스와 비슷해 흥미를 자아냅니다.

다산과 가까웠던 이학규의 글에도 의원이 등장합니다. 대구에 살며 글씨에 능하고 산수화를 잘 그린 정영갑입니다. 이학규는 열다섯 된 어린아이의 산수도를 보고 의원의 전답 또한 날이 갈수록 이름나고 귀해질 것이라고 썼습니다.

"대구에 사는 어린아이 정영갑은 대대로 학문을 이어 온 유학자의 집에서 자랐다. 본래 서적을 좋아하고, 초서와 혜서에도 능하였으며, 산수 그림은 더욱 잘 그렸다. 때때로 나에게 소품의 산수화 십여 폭을 보내 주었다. 구성이 빼어나고, 자연스러운 정취가 넘쳐나니, 앞서 말한 마음 바깥의 마음을 쓴 것이다. 그러므로 가슴속에서 구상한 것은 천만 번 쓴다 하더라도 고갈되지 않을 것이다. 이에 나는 이 어린아이가 상상 속의 정원인 의원(意園)을 아는 자임을 알겠다. 의(意)는 다른 무엇이 아니다. 이 어린아이는 어려서부터 명성이 있었는데, 지금 나이가 열다섯이다. 의지는 날이 갈수록 더욱 굳세고 더욱 넓어지리니, 의원(意園)의 전답 또한 날이 갈수록 더욱 이름나고 귀해질 것이다. 이것은 내가 감히 의논할 바가 아니다."

# 3
# 채마밭을 가꾸고 노래한 선비들

조선 시대에 관리로 진출한 선비들은 관직에 나아가고 물러나기를 반복하며 살았습니다. 그들은 관리가 되면 녹봉을 받아 생계를 꾸리지만, 관직에서 물러난 뒤에는 직접 농사를 지어 생계를 꾸리는 경우도 많았습니다.

예컨대 조선 후기의 실학자 서유구도 관직에 나아가 일했지만, 정조가 세상은 뜬 뒤 숙부가 옥사에 연루되어 유배를 가자, 관직을 버리고 십수 년간 농사를 지으며 살았습니다. 그는 『임원경제지』「본리지(本利志)」의 서문에서 "무릇 사람이 세상을 살아가는 데에는 벼슬하거나 집에 들어앉아 있는 두 가지 길이 있다. 벼슬할 때는 세상을 구제하고 백성에게 베푸는 것에 힘써야 하고, 벼슬하지 않을 때는 힘써 일하여 먹고 살면서 뜻을 기르는 데 힘써야 한다."고 말했습니다. 그리고 10여 년 뒤에 쓴 『행포지(杏浦志)』의 서문에서는 농업에 힘쓰는 이유를 다음과 같이 들었습니다.

**"내가 일찍이 세상을 경영하는 경세학(經世學)에 종사한 적이**

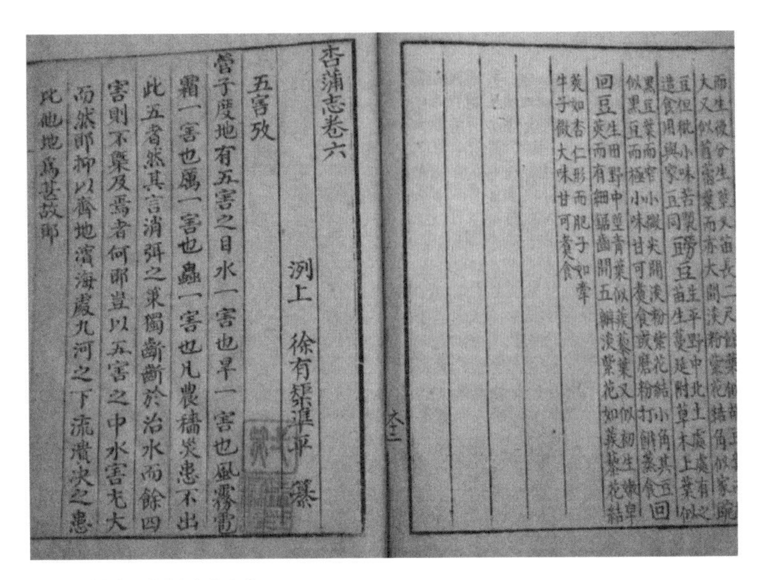
杏蒲志卷六

洌上 徐有榘準平 纂

五害攷

管子度地有五害之目水一害也旱一害也風霧雹霜一害也厲一害也蟲一害也凡農穡災患不出此五者然其言消弭之策獨斷斷於治水而餘四害則不槩及焉者何耶豈以五害之中水害尤大而然耶抑以齊地濱海處九河之下流潰決之患比他地爲甚故耶

서유구의 『행포지』(실학박물관)

있었다. 그런데 처사(處士)가 궁리하고 짐작하여 내놓은 말은 흙으로 끓인 국일 뿐이요 종이로 만든 떡일 뿐이라, 아무리 잘한들 무슨 보탬이 되겠는가? 그리하여 그 학문에 실망하고 범승지와 가사협[41]의 작물을 심고 가꾸는 농업 기술에 전념하게 되었다. 오늘날 앉아서 이야기하다가 일어나 시행할 만한 실용의 사업은 오로지 이것밖에 없고, 하늘과 땅이 나를 먹여 살려 준 은혜를 조금이나마 갚을 수 있는 사업도 여기에 있지 저기에 있지 않다고 주제넘게 생각해 왔다. 아! 내가 어찌 그만둘 수 있겠는가!

무릇 하루라도 늦춰서는 안 될 임무를 온 세상이 모두 천시하

---

41 범승지는 『범승지서』를, 가사협은 『제민요술』이란 농서를 지었다.

**고 즐겨하지 않은 나머지, 한 명이 밭 갈아 백 명이 먹고, 십 년 동안 아홉 번 가뭄이 든다. 저 도랑과 골짜기에 죽어 나뒹구는 백성들이 무슨 죄인가? 그렇다면 이 책의 저술이 또 농촌에서 직접 농사짓는 선비만을 위한 것이랴?"**

그렇지만, 관료의 녹봉으로 대가족을 부양할 수 있는 사람은 극히 일부에 지나지 않았고, 대부분은 시골에 있는 집안 소유 농장에서 농사를 지어 가족을 부양했습니다. 조선 시대 양반 관료가 걸핏하면 사직서를 내고 고향으로 내려간 까닭은 정치가 자신의 뜻과 맞지 않아서인 것도 있겠지만, 가족 부양이라는 경제적인 이유도 있었습니다.[42]

〈자리 짜기〉 (몰락한 양반 가족의 모습, 김홍도 작)

• • •

42 정창권, 『조선의 살림하는 남자들』, 돌베개, 2021. p. 41.

녹봉을 받지 못하는 몰락 양반이나 시골 양반들은 전적으로 농사를 지어 가족을 부양할 수밖에 없었습니다. 그들은 항상 농사일을 걱정했는데, 특히 날씨 변화에 따른 농사 형편을 많이 걱정했습니다. 비가 너무 와도 걱정이요, 너무 오지 않아도 걱정이었지요.

퇴계 이황이 아들에게 보낸 편지에는 집안 살림을 걱정하는 내용이 곳곳에 나타납니다.

> **"잇따른 비로 인하여 파종과 기와 굽는 일이 모두 늦춰졌다고 하니 유감스럽고 유감스럽구나."**
> **"보리와 밀이 아직 여물지 않았는데, 날이 저물 기미가 있으니 더욱 근심이 되는구나."**[43]

예로부터 농사에는 다섯 가지 재해가 있다고 했습니다. 홍수가 하나이고, 가뭄이 하나이고, 바람 · 안개 · 우박 · 서리가 하나이고, 병이 하나이고, 벌레가 하나로, 무릇 농사의 재해와 근심은 이 다섯 가지에서 벗어나지 않는다고 합니다.

한국민족문화대백과사전에 의하면, 선비의 사전적 정의는 '학식과 인품을 갖춘 사람에 대한 호칭으로 특히 유교 이념을 구현하는 인격체 또는 신분 계층을 가리키는 유교 용어'라고 합니다. 연암 박지원은 '양반'을 정의하여 "양반은 사족(士族)의 존칭이다."라고 하고, 또한 "양반이란 명칭이 많아서 독서하면 사(士)라 하고, 벼슬하면 대부(大夫)라 하고, 덕이 있으면 군자(君子)라 하는데, 무관(武

• • •

43 김병일, 『퇴계처럼』, 글항아리, 2012.

官)은 서쪽에 서고 문관(文官)은 동쪽에 서게 되어 양반이라 하였다." 했습니다. 연암의 제자인 박제가의 저서에도 양반이 사족(士族), 사대부(士大夫), 사(士), 유(儒) 등으로 기록되어 나온다고 합니다.[44]

이황 동상

그 뒤의 다산 정약용은 "조정에서 벼슬하는 사람을 사(士)라 하고, 들에서 밭 가는 사람을 농(農)이라 한다. 양반의 후손으로 한양에서 먼 지방에 살면서 벼슬이 몇 대 끊기면, 오직 농사짓는 일만으로 노인을 봉양하고 자식들을 키워야 한다."고 했습니다.

이처럼 양반이나 선비란 말은 혼용되는 경우가 많았습니다. 이 점을 염두에 두고 선비들이 어떻게 채마밭을 가꾸고 노래했는지 알아보겠습니다.

## 이규보의 별서와 채마밭

이규보(1168~1241)의 서교초당은 선친이 개성의 서쪽 성곽 밖

• • •

44 손용택, 『조선의 학자, 땅을 말하다』, 한국학술정보(주), 2009.

에 가지고 있던 별장으로, 이규보가 물려받았습니다. 계곡이 깊고 경치가 아름다워 별천지 같았습니다. 씨 뿌려 식량을 거둘 만한 텃밭과 누에를 쳐서 옷을 마련할 만한 뽕나무, 먹을 물이 충분한 샘, 땔감을 자급할 수 있는 나무들, 이들 모두 이규보의 뜻에 흡족하여 '사가(四可)' 라 이름 지었습니다.

이규보가 젊었을 때 서교의 초당에 놀러가 읊은 시로, 「아버지의 별업 서교초당에서 놀다」가 있습니다. 그는 해가 지자 농막인 전려(田廬)로 돌아와 하루를 묵었는데, 이때 그가 묵은 전려는 토지에 부속된 가옥이었습니다.

**달이 밝아서야 농막(田廬)에 돌아오는데 / 취하여 노래 부르니 이웃 마을을 들썩이누나 / 상쾌해라 이 농가의 즐거움이여 / 이제부터 나도 농촌으로 돌아가야지 / … / 힘써야지 창포며 살구 농사까지도 / 때맞추어 갈이하고 거두어들이기를**

이규보는 이 서교초당에 있는 집을 사가재(四可齋)라 이름 지었습니다. 이를 보면 서교에 있던 별업에는 경작지와 뽕나무밭, 땔나무를 채집할 수 있는 숲, 샘물 등이 갖추어져 있었음을 알 수 있습니다. 그뿐만 아니라 위 시에서 보듯이 살구 · 창포 농사도 지었습니다. 또 다른 경작지인 채마밭에는 오이 · 창포 등을 심었으며, 과수원에는 살구 · 배 · 복숭아 등 여러 가지 과일과 뽕나무를 심었습니다. 특히 비단을 생산하는 데 필요하였던 뽕나무는 채마밭에서 재배되었던 대표적 작물이었습니다.

다음은 이규보가 비슷한 시기에 지었던 「초당이소원기(草堂二小園記)」란 글입니다. 그다지 크지 않은 밭에 난 풀을 하인들에게 뽑

이규보

도록 시켜도 잘 되지 않아 직접 손질하였다는 내용입니다. 당시 집안이 한미하기는 했지만 생계를 걱정할 정도는 아니었던 것으로 보입니다.

"성 동쪽 초당에 상원(上園)과 하원(下園)이 있는데, 상원은 가로와 세로가 모두 30보나 되고 하원은 세로와 가로가 겨우 10보쯤 되는데, 보(步)는 예전에 밭을 계산하던 방법이다. 여름마다 오뉴월에는 무성한 풀이 다투어 자라나서 사람의 허리에 이르러도 오히려 베지 않았다. 집에는 키 작은 종 셋과 파리한 아이 종 다섯이 있는데, 이것을 보고 부끄럽게 생각하여 무딘 호미 하나를 가지고 서로 번갈아 가며 풀을 매다가 겨우 3~4보쯤 가서 걷어치운다. 열흘쯤 지난 다음에 또 다른 곳에 난 풀을 매는데, 풀이 전에 맸던 곳에 다시 나서 우북하게 된다. 또 열흘이 된 다음에 다시 우북한 것을 매면 풀이 또 뒤에 맺던 곳에 나서 더욱 우북하게 무성해진다.

이와 같이 하여 마침내는 다 없애지 못하였으니, 이것은 내가 일을 감독하는 것이 해이하고 종들이 힘쓰는 것이 게을렀기 때문이다. 마침내는 용서하여, 꾸짖지 않고 스스로 아래쪽에 있는 작은 꽃밭을 손질하여 보니, 작은 꽃밭은 힘쓸 만하였다. 그러므로 게으른 종들은 내버려 두고 몸소 손질해서 죽은 나무의 썩은 가지는 찍어서 버리고 낮은 곳은 보태고 높은 곳은 깎아서 바둑판처럼 평평하게 만들었다."

이규보가 텃밭을 가꾸면서 오이 · 가지 · 무 · 파 · 아욱 · 박 등 여섯 가지 채소를 읊은 「가포육영(家圃六詠)」이란 시가 있는데, 그 중에서 무를 노래한 부분입니다.

절여 두면 여름에도 좋은 반찬이요
김장 담가 겨우내 먹을 수도 있구나
땅 밑에 자리 잡은 큼직한 뿌리여
드는 칼로 쪼개 보니 연한 배 같구나

이 시는 몽고의 침입으로 강화도에 도읍이 있을 때 지은 것으로 보이는데, 당시 관리들이 집 주변의 텃밭에서 채소를 심어서 먹었던 사실을 알 수 있습니다. 여기에 나오는 소금에 절인 김치는 우리나라 문헌에 김치가 처음 등장하는 사례로, 일본의 위키피디어 김치 항목에도 나와 있습니다.

또 이규보가 여러 가지 채소의 씨앗을 보내 준 이수(李需)에게 보낸 시가 남아 있어 흥미롭습니다. 이규보는 그 시에서 "채마밭에 뿌릴 씨 군후(君侯)께 얻었으니, / 많은 종류 얻게 되어 나의 뜻과 정히 맞네 / 파밭에 대공 솟기 애타게 기다리고, / 오이 넝쿨도 시렁에 곧 뻗으리니 / 이제부터 부지런히 호미 쥐기 즐길거나"라고 읊었습니다. 그러고는 이 시에 "우리 집의 흙은 본시 토박하기에 요새 단 곳을 구했더니 조금은 기름졌다."고 주를 달아 놓았습니다. 여기서 채소 씨앗이 좋은 선물이었음을 확인할 수 있으며, 좋은 땅을 찾은 사실도 알 수 있습니다. 이처럼 당시 관료들은 씨앗을 주고받으며 집 주변의 공터에 채소를 심었던 듯합니다.

또 만년에 지은 시에서는 "늙어 채소 가꾸는 일 역시 마음에 맞네"라 하여 직접 채소를 키웠음을 알 수 있습니다.

> **배나 대추만 귀하게 여기지 마오 / 늙어 채소 가꾸는 일 역시 마음에 맞네 / 모쪼록 이랑의 채소에 무성한 줄기가 / 마을 앞 누런 벼처럼 늘어지기 바라네 / 생업에 서툴러서 비록 부끄럽긴 하지마는 / 일을 싫어하는 종 역시 어리석구나 / 땅이 메말라 가꿀 수 없으면 / 시드는 모종에 샘물을 끌어 적시우리**

시와 거문고, 술을 좋아해 삼혹호(三酷好) 선생이라 불렸던 이규보가 술에 곁들인 안주로는 소채(蔬菜)와 물고기 회(魚膾)가 보입니다. 「어부를 보고 지은 시 네 수」에서는 "술 있다면야 안주 걱정 무에 하리, 여울가 물고기 회 쳐 오면 된다네"라 하였고, 「7월 25일 선법사 주지가 전별연을 열어 나를 초대하고 시를 청하다」에서는 "채마밭의 소채와 들나물도 술에 곁들일 만하네"라고 하였습니다. 이규보는 직접 채마밭을 일구었던 만큼 키운 채소를 반찬과 안주로 즐겨 들었음을 알 수 있습니다.

## 이곡의 채마밭

이곡(李穀, 1298~1351)은 고려 말의 문신이자 학자로 대학자인 이색의 부친입니다. 당시는 중앙 관료의 동요와 변천 속에 지방 향리층의 자제들이 과거를 통하여 대거 중앙으로 진출하는 시대였습니다. 그는 이십 세에 거자과(擧子科)에 합격하였고, 삼 년 뒤에는 다시 수재과(秀才科)에 합격했습니다.

그 뒤 원나라에 들어가 정동행성(征東行省)의 향시에 수석 합격했던 그는 삼십육 세 때에 연경(燕京: 지금의 북경)에서 열린 전시(殿試)에서 차석으로 급제하였습니다. 이때 지은 글을 보고 시험관들이 감탄해 재상들의 건의로 원나라 한림국사원(翰林國史院) 검열관에 임명되었습니다. 그는 원나라 문인들과 교유하며 이름을 떨쳤고, 황제에게 건의하여 고려에서 처녀를 징발하던 것을 중지하도록 했습니다. 이후 원나라와 고려를 오가며 벼슬을 지냈습니다.

高麗國奉常大夫典理摠郞寶文閣直提學
知製敎李君墓表
有元至元六年庚辰十月嗣王府斷事官僉議評理
李公命其門生征東行省員外郞李穀曰子早與吾
兒遊知其爲人宜爲表其墓又曰人孰不愛其
子而吾之愛甚故其亡也哀之過嗚呼穀其尙忍爲
之辭乎君諱達尊字天覺系出雞林李氏故臨海君
李公瑄之孫今永嘉君權公溥之外孫上黨君白公
頤正之壻內外皆奕世門閥凡稽道德文章必先三

이곡의 『가정집』

그가 쓴 『가정집(稼亭集)』은 고려 시대의 많지 않은 문집인 동시에 우리나라 고문헌으로서도 역사적 가치가 높은 것이 특색입니다. 고려와 원의 두 나라에서 관리로 활동했던 이곡의 글은 섬세한 관찰과 묘사로 다양한 생활상을 후세에 전하고 있어, 두 나라의 문화와 사회상을 살피는 데 중요한 자료가 되고 있습니다.

이곡이 원나라에서 벼슬살이를 하면서 채마밭을 가꾸었던 내용이 가정집의 「소포기(小圃記)」란 글에 자세히 나와 있어 당시의 모습을 엿볼 수 있습니다.

"경사(京師)의 복전방(福田坊)에 집을 빌렸는데, 거기에 빈 땅이 있어 이를 일구어서 자그마한 채마밭을 만들었다. 세로 7.5미터, 가로는 2.5미터의 땅에 8~9개의 고랑을 만들고는, 채소 몇 가지를 앞뒤로 때에 맞게 번갈아 심으니, 절임이 떨어져도 보충하기에 충분하였다. 첫해에는 비가 오고 볕이 나는 것이 때에 맞았기 때문에, 아침에 떡잎이 돋고 저녁에 새 잎이 나오면서 잎사귀는 윤기가 돌고 뿌리는 통통하게 살쪘는데, 매일 캐어 먹어도 남으므로 이웃 사람에게 나누어 주기까지 하였다.

2년째 되는 해에는 봄과 여름에 조금 가물어서 항아리로 물을 길어다 열심히 부어 주었지만, 씨를 뿌려도 싹이 트지 않고 싹이 터도 잎이 나오지 않고 잎이 나와도 넓게 퍼지지 않으며, 그마저도 벌레가 거의 다 갉아 먹었으니, 뿌리나 줄기가 통통해지기를 감히 기대할 수나 있겠는가. 그러다가 얼마 지나지 않아서는 장맛비가 내리기 시작해서 가을 늦게야 개었는데, 흙탕물에 빠지고 진흙과 모래를 뒤집어쓰는가 하면 담장의 흙이 무너지면서 땅을 덮어 버려, 지난해와 비교하면 겨우 반절 정도에 지나지 않았다. 그리고 3년째 되는 해에는 가뭄과 늦장마가 모두 심해서 채마밭에서 캐 먹은 것이 또 지난해의 반절의 반에 불과하였다.

내가 일찍이 나의 작고 가까운 채마밭으로 천하의 작황을 추측해 보면서, 천하의 이익이 태반은 손상을 당했으리라 생각하였다. 그런데 과연 흉년이 들어 겨울철에 먹을 것이 떨어지자 하남(河南)과 하북(河北)의 많은 백성들이 유랑하며 옮겨 다녔고, 또 도적 떼가 출몰하였으므로 군대를 보냈으나 막을 수가 없었다. 그러다가 이듬해 봄이 되자 굶주린 백성들이 구름처럼 모여들어 도성 안팎에서 울부짖으며 먹을 것을 구걸하였는데, 땅에 엎어지고 넘어져서 일어나지 못하는 자들이 서로 줄을 이었다.

이에 조정이 노심초사하고 분주히 움직여, 구제할 대책을 세우며 하지 않는 일이 없었다. 나라의 창고를 열어 백성을 돕고 죽을 쑤어서 먹이기까지 하였지만 죽는 자가 이미 절반을 넘었고, 흉년으로 인해 물가가 또 뛰어올라서 쌀 한 말 값이 8~9천이나 되었다.

그런데 지금 또 봄이 끝날 무렵부터 하지 때까지 비가 내리지 않고 있다. 그래서 나의 채마밭에 심은 채소를 보면 지난해와 같은 모습을 하고 있는데, 이제라도 비가 와 줄지 어쩔지 모르겠다. 풍문으로 듣건대, 재상이 직접 사찰에 가서 기우제를 지낸다 하니, 반드시 비를 내리게 해 줄 것이라고 생각한다. 하지만 나의 조그마한 채마밭으로 헤아려 보면 역시 때가 이미 늦었다. 문을 나서지 않고도 천하의 일을 안다고 하였는데, 이 말은 참으로 거짓이 아니다. 지금은 1345년 5월 17일이다."

원나라에서 관리 생활하던 이곡도 퇴근하고 나서는 일상적인 생활을 해야 했습니다. 그는 자신이 빌려서 살던 집의 한 귀퉁이에 작은 채소밭을 만들어 반찬거리를 마련했습니다. 날이 가물때는 항아리로 물을 길어 부어 주는 등 채마밭을 돌보고, 수확이 많으면 이웃에 나눠 주기도 하였습니다. 이처럼 자세한 묘사를 통해 당시의 생활상을 보여 주는 흥미로운 내용이 『가정집』 곳곳에 실려 있습니다.

그는 공터에 오이를 심고 가꾸며 고국으로 돌아갈 날을 기다리곤 했습니다.

> **세 든 집에 몇 길 깊이 우물도 하나 없어**
> **공터에 오이 심으려니 남몰래 속이 상해**
> **돌아갈 날 손꼽으며 가을 덩굴 기다리는 마음이여**[45]
> **솔 심어 그늘을 기다리는 것과는 비교도 안 되지만**
>
> **당시에 농사 계획한 뜻 깊기도 하였는데**
> **초심이 잘못되어 만년에 그만 시서(詩書)로세**
> **행화촌**[46] **너머엔 하마 쟁기질하기 좋은 봄비**
> **암비둘기의 급한 외침에 하늘이 바로 흐려지네**
>
> **_「소원(小園)에 오이를 심고 느낀 점이 있어서」 2수**

• • •

**45** 제후(齊候)가 규구(葵丘)를 수비하는 대부(大夫)를 1년 동안 파견할 적에, 그때 마침 오이가 익을 때였으므로 이듬해 오이가 익을 때에 후임자를 보내어 교체시켜 주겠다고 약속한 급과(及瓜)의 고사가 있기 때문에 이렇게 말한 것이다.

**46** 두목(杜牧)의 시에서 유래하며, 술집을 가리킨다.

다음 글은 이곡이 정자를 짓고 그 기문을 요청한 데 대해, 1337년 9월 보름에 원나라 국자감박사 왕기(王沂)가 쓴 「가정기(稼亭記)」입니다.

"이곡은 대대로 고려의 산양(山陽)에서 살아왔다. 사는 곳에 뽕과 삼, 벼 등 곡식이 넉넉해서 손님 접대와 잔치와 제사 등의 비용을 충당할 수 있었다. 그래서 정자 이름을 가정(稼亭)이라 짓고는 나에게 기문을 청하였다.

대저 왕사(王事)[47]는 오직 농사를 제대로 짓게 하는 것을 급선무로 삼는다. 왜냐하면 제사에 올리는 기장 등의 제물이 여기에서 나오고, 생활 물자가 여기에 있기 때문이다. 그리고 선비는 벼슬하지 않은 때에는 농사를 경건하게 여기며 힘쓰고, 벼슬한 뒤에는 백성의 힘을 아끼고 농사철을 소중히 여겨야 할 것이다. 그리고 자기에게 곡록(穀祿)[48]이 돌아올 때에는 김매고 거두어들인 농부의 수고를 생각해야 할 것이요, 사람들에게 정령(政令)을 행할 때에는 논밭의 이해관계를 소홀히 하지 말아야 할 것이다.

이곡은 예부(禮部)에서 기예를 겨루고 천자의 뜰에서 책문에 응한 결과 을과(乙科)에 급제하여 한림국사원 검열관을 제수받았다. 그리고 장고휘정원(掌故徽政院)을 거쳐 정동행승상부 원외랑에 발탁되었다. 아름다운 시대를 만나 그동안 배운 실

• • •

47 임금이 나라를 위해 하는 일.

48 곡물로 주는 녹봉.

력을 발휘하면서 시종으로 들어왔다가 번방[49] 으로 나가게 되었으니, 이 또한 영광스러운 일이라 할 만하다.

그가 정자를 이름 지은 것을 보건대, 장차 밭두둑 위에서 김매는 농부나 꼴 베는 늙은이와 같이 서로 어울려 지낼 것처럼 여겨지니, 농사짓는 어려움 같은 것이야 어찌 잊은 것이 아니겠는가. 그만하면 보답할 바를 아는 사람이라고 말해도 좋을 것이다."

## 원천석의 변암 채포

운곡(耘谷) 원천석(元天錫, 1330~?)은 정몽주, 길재와 함께 고려 왕조에 대한 절의를 지킨 인물로 유명합니다. 그의 집안은 향리의 전신인 호족이었습니다. 운곡은 문장이 뛰어나고 학문이 해박하였지만, 고려 말에 정치가 문란함을 보고 원주의 치악산으로 들어가 살았습니다. 그는 6권의 야사(野史)와 2권의 시를 남겼는데, 그중 후자만이 오늘날 『운곡시사(耘谷詩史)』라는 형식으로 전해집니다.

정조 때인 1778년 안정복이 지은 『동사강목(東史綱目)』에는, "혁명이 일어날 즈음에 절의(節義)를 지킨 이들은 정몽주 · 길재 · 서견 등 여러 사람 외에, 또 이양중 · 김주 · 원천석 등 몇 사람이 있는데, 모두 지조를 지켜 굴하지 않았으니 우뚝하게 뛰어났다 할 만하다."고 하면서 원천석에 대해 자세히 기술하고 있습니다.

• • •

49 藩方, 제후의 나라로 여기에서는 고려를 말한다.

운곡은 정치가 어지러워지는 것을 보고 치악산 아래에 숨어서 몸소 농사지어 부모를 봉양하면서 살았습니다. 다른 사람에게 알려지기를 바라지 않았으나 호구조사로 군적(軍籍)에 등록되자, 과거를 보아 단번에 진사시(進士試)에 합격하였습니다. 그럼에도 역시 벼슬길에 나가고자 하는 뜻이 없었고, 이색 등 여러 사람과 잘 지냈습니다. 이방원[50]이 어려서 그에게 배운 적이 있으므로 임금이 된 뒤에 여러 번 불렀으나 나아가지 않았습니다. 왕이 직접 운곡의 집을 찾았으나 숨고 나타나지 않자, 초옥을 지키고 있는 여종을 불러 음식물을 주고 돌아갔다는 내용입니다.

원천석과 태종과의 관계는 여러 자료를 통해 확인할 수 있습니다. 1617년 광해군 때 심광세(沈光世)가 지은 『해동악부』의 기록을 보면, 태종이 왕의 자리를 세종에게 물려준 뒤 운곡을 다시 부릅니다. 운곡은 부득이 백의(白衣: 벼슬 없는 선비의 몸)로 상경해 만나게 됩니다. 상왕이 대궐 안으로 불러들여 지난날의 일을 말하고, 여러 왕자를 불러내 보이고는, "내 자손들이 어떠하오." 하고 물었습니다. 운곡이 수양대군을 가리키며, "이 아이가 몹시 조부를 닮았습니다. 아, 형제를 사랑해야 합니다." 하였답니다. 더 이상 원천석을 설득할 수 없다고 여긴 상왕은 운곡의 아들에게 현재의 풍기인 기천의 현감(基川縣監) 벼슬을 주어 스승에 대한 감사의 예를 대신했습니다.

• • •

50 고려 우왕 때인 1383년 문과에 급제했는데, 부친인 이성계가 크게 기뻐했다고 한다. 조선의 임금 가운데 유일한 과거 급제자이다.

운곡에게는 감추어 둔 책이 6권 있었는데, 고려가 망한 일들에 대한 것이었습니다. 임종 때에 유언하기를, "자손 중에 성인(聖人)이 아닌 자는 열어 보지 말라." 하였는데, 증손 대에 이르러 시제(時祭) 때에 후손들이 열어 보고는 죄를 짓게 될까 두려워 불태워 버렸습니다. 그래도 시편(詩篇)은 남은 것이 있어 세상에서 시사(詩史)라고들 합니다. 그 시의 제목 주(注)에 우왕(禑王) 이전을 '국가(國家)'라 하고, 그 이후를 '국(國)'이라 하고, 조선에 들어와서는 '신국(新國)'이라고만 하였다 합니다.

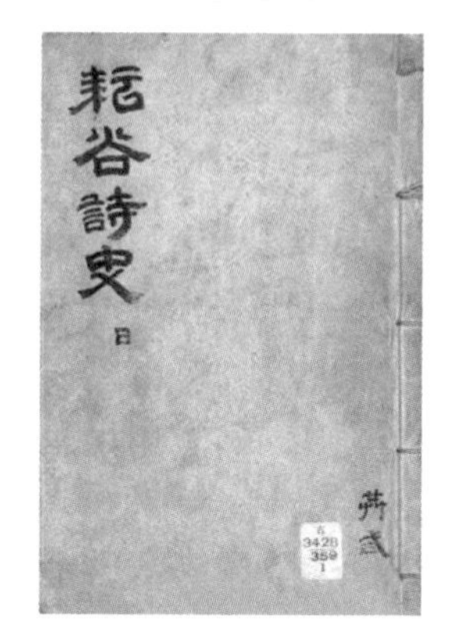

원천석의 『운곡시사』

운곡이 은거하며 살고 있었던 변암(弁巖)의 집은 치악산 자락 깊은 곳에 자리 잡고 있었습니다. 변암에는 세금이 부과되는 대략 3무(畝) 정도의 밭이 있었고, 남쪽 언덕에 개간지도 갖고 있었습니다. 북풍을 막기 위해 소나무를 심었으며 개울물을 끌어들여 농사를 지었다는 점으로 보아 이는 논(水田)이었을 것입니다. 그 넓이는 대략 1무 정도는 되었던 듯해, 전답을 합치면 최소한 4무(대략 700평) 정도로 보입니다.

그가 살았던 운곡(耘谷)은 깊고 좁은 골짜기에 가파른 지형이었습니다. 따라서 논농사보다는 밭작물 재배가 상대적으로 많은 부분을 차지했습니다. 그는 수박, 오이, 참외, 토란 등의 채소를 키웠습니다. 그의 시 가운데, "수박밭이라야 겨우 몇 이랑이건만, 줄기가 뻗어 서재를 둘러싸네.", "오이 심으려 봄 밭의 깊은 진흙을 파헤

치니.", "산언덕에 풀 베고 참외를 심었건만, 오랜 가뭄에 열매 많이 맺을 수 없었네.", "숲속의 나물과 토란도 염치를 기를 만하네." 등의 내용이 들어 있습니다.

운곡은 수박밭이 겨우 '몇 이랑'라고 표현하였으나, "쑥대밭 세 이랑에 세금은 더 무거워지니"라고 한 것으로 보아 3무로 여겨집니다. 그는 이를 '채소밭(菜圃)'이라고 했는데, 밭이 부족해 산언덕의 풀을 깎고 참외나 토란을 심기도 하였습니다. 채소밭에는 수박, 오이, 가지와 우엉 같은 채소류는 물론 콩과 같은 곡류도 재배하였습니다. 그는 농사를 지어 수확한 콩을 이용해 두부를 만들어 먹은 듯합니다.

**말 콩을 먼저 맷돌에 갈아 / 통에 가득 흰 눈 쌓이면 물과 섞는다네 / 흔들어 즙을 내면 거품이 사라지고 / 걸러서 거품 가라앉히면 찌끼가 갑절 많아지네 / 솥 안에 엉키면 우유처럼 진해지고 / 소반에 가득 담으면 구슬빛이 되네**

_「두부」

운곡은 여러 작물을 재배했는데 "동릉(東陵)을 향해 오이 심기를 배우려 했지만, 재주 없음을 스스로 탄식했네."라며, 오이 재배가 어려웠다고 합니다. 그는 스스로 손수 쟁기질을 하는가 하면 밭을 갈고 김도 맸습니다. 그러나 나이 들어 병든 뒤에는 이러한 일을 할 수가 없어서 안타까워합니다.

**김매는 이 늙은이 한평생 가여워라 / 겉치레 꾸미려는 마음 없었지 / 때때로 얼근히 취해 시나 읊으면 / 십 리의 산과 시**

내가 동정하는 빛이었지 / … / 김매는 늙은이가 늙어 가면서 병이 많아 / 귀밑머리도 드문드문 세어졌지만, / 산을 마주하는 그 신세 유유해서 / 흰 구름 밝은 달을 한가롭게 즐기네 / … / 김매는 늙은이가 올해 농사라곤 / 논밭 한 이랑도 갈지 않았네 / 원래 내 배는 텅 비어 있어 / 채울 물건도 없고 보전할 물건도 없네 / 김매는 늙은이가 김매지 않아 / 가라지[51]만 어지럽게 우거져 있네 / 하늘이 인물을 경계하지 않아 / 세속 교화시킬 현량이 아주 없구나 / … / 김매는 늙은이가 권세와 이익을 생각지 않아 / 홀로 즐겁다가 불평하기도 하네 / 본성에 따라 천성을 즐기는 일이야 어찌하랴만 / 가진 것은 한 바구니 밥과 한 바가지 국뿐이라네 / …

_「김매는 늙은이의 노래(耘老吟)」 일부

조선 중기의 문신인 성여신(成汝信)이 말년에 지은 「동방제현찬(東方諸賢贊)」(1632년)에는 최치원, 정몽주, 길재, 원천석 등 스무 분을 찬미하는 글이 실려 있습니다. 이 중 운곡에 대해 쓴 「원진사찬(元進士贊)」을 보면 다음과 같습니다.

몸이 쇠미한 말세를 만나서 / 기미를 보고 자취를 감췄네 / 몸소 농사지어 어버이 봉양하며 / 오로지 숨는 데에 뜻을 두었네 / 자기 이름이 군적에 오르자 / 시를 지어 자신을 위로했네 / 한 번 진사가 된 뒤에는 / 초야에 물러나 한가히 지냈네 /

• • •

51 볏과의 한해살이풀.

**사물에 의탁해 회포를 일으키고 / 시대를 상심하며 개탄하였네 / 영국(詠菊)[52] 한 수를 읊어 / 자신을 도연명에게 견주었네 / 탕왕이 이윤을 초빙하듯 빈번했으나 / 굳센 의지 영화를 좇지 않았네 / 임금의 행차 친히 이르자 / 담장을 넘어서 피하였네 / 세속을 떠나 초연히 은거하여 / 한 점의 누도 없이 끊어 버렸네 / 청풍이 천년토록 전해져 / 그 의리를 빛나게 하네**

## 양성지의 대포곡 별서

양성지(梁誠之, 1415~1482)는 여섯 살에 독서를 시작하여 아홉 살에 글을 지을 줄 알았습니다. 1441년(세종 23년) 진사와 생원 시험에 모두 합격하고, 문과에도 차석으로 급제해 세종 24년 집현전 부수찬(副修撰)에 임명되었습니다. 여러 차례 승진하여 집현전 직제학(直提學)에 이르렀으니 집현전의 핵심적인 신진문사라 할 수 있습니다. 그 후 단종 복위사건으로 박팽년 등이 주살되자, 사람들은 양성지가 근심하고 두려워하는 것을 보고 반드시 그들과 공모했을 것이라 여겼습니다.

그러나 세조는 그가 무관함을 직접 보증할 정도로 그를 아꼈고, '해동의 제갈량'이라고까지 했습니다. 세조는 방현령(房玄齡)이 당

• • •

52 「영국(詠菊)」의 시 전문은 다음과 같다. "동쪽 울타리의 고운 국화가 첫 서리를 견뎌, 중양절 지난 뒤에 노란 꽃을 피웠네. 금 꽃송이 어여쁘건만 술친구가 없어, 꽃떨기 감돌며 부질없이 차가운 향기만 맡네. 사흘 밤 내린 서리가 꽃떨기를 덮었는데, 두 빛깔로 활짝 피어 자색 황색이 섞였네. 꽃 따서 저녁상 차리던 그 사람은 멀리 떠나, 바람결에 흩어지는 맑은 향기를 홀로 사랑하네."

나라 태종을 배반하였다고 고발한 자가 있었을 때, 태종이 바로 고발한 자의 목을 벤 일을 거론하면서 적극적으로 양성지를 비호하였습니다. 집현전이 없어진 뒤, 1463년(세조 9년) 양성지는 홍문관을 설치하도록 건의하여 윤허를 받고 홍문관 제학(提學)이 되었습니다. 이후 이조판서와 대사헌, 공조판서 등 주요 관직을 역임하였습니다.

양성지가 조정에서 벼슬살이하며 살았던 곳은 오늘날 서울시 중구 인현동인데, 노년이 되자 그는 물러나며 통진(通津)의 대포곡(大浦谷: 오늘날 김포시 양촌면 대촌리)에 별서를 마련합니다. 그는 원래 재산이 그리 많지 않았습니다. 일찍 부모를 잃었으나 고향으로 모시지 못하고, 부친은 경기도 양지(陽智)에, 모친은 강원도 횡성(橫城)에 장사 지낼 정도였습니다. 훗날 양성지의 아들 양원이 양지현감으로, 양수가 횡성현감으로 나가고 나서야 비로소 돌아가신 부모의 산소를 돌볼 수 있게 되었다고 합니다. 양성지는 부모와 함께 살지 못한 것을 원통히 여겨 네 아들과 가까운 곳에 살았는데, 그곳이 바로 대포곡입니다.

『성종실록』에 따르면 양성지는 청렴하지 못하였다고 합니다. 그는 전교서(典校署)의 제조(提調)로 있던 근 30년 동안 서책을 팔아서 마음대로 썼습니다. 그래서인지 통진에 작은 전토(田土)조차 없었던 그가 1479년(성종 10년)에는 큰 농장을 열 수 있었습니다. 양성지가 경영한 대포곡 별서의 모습은 다음 서거정의 글에 잘 묘사되어 있습니다.

**"통진의 수안(守安)은 바닷가로 땅이 비옥하고 산수가 아름다**

우며 물고기와 쌀 생산이 풍성하다. 우리 좌주(座主)[53] 양성지의 별서가 그곳에 있다. 셋째 아들 양찬이 함께 살고 있다. 별서 오른편에 마을의 사당이 있고, 사당의 서쪽에 동그스름한 작은 봉우리가 있는데 첫째 아들인 양원이 사는 곳이다. 둘째 아들 양수는 차유현 북쪽 골짜기 오른편에 살고 넷째 아들 양호는 그 왼편에 산다.

별서의 경치는 매우 빼어나다. 북쪽에는 소나무 언덕이 있어 사시사철 한가지 빛깔이다. 남쪽으로 큰 바다가 있어 천 리 먼 곳까지 바라다보인다. 공은 밭 수백 경(頃)을 소유하여 연간 수입이 천 섬을 헤아린다. 조운선과 상선이 문밖에 정박하고, 물고기나 게를 잡는 배의 불빛이 순채와 연꽃이 심어진 못에 어른거린다. 그 경치가 더할 나위 없이 좋고 즐거움 또한 끝이 없으니, 참으로 경기 지방의 낙토(樂土)라 할 만하다. 공의 자손들이 대대로 이어 가야 할 가보라 하겠다. 더구나 별서와 서울의 거리가 겨우 70리이니, 공이 휴일이면 말을 몰아 거기에 갔고 또 늘그막에 물러나 살 곳으로 삼았다."

서거정은 양성지의 제자로 그를 가장 잘 이해해 준 사람이었습니다. 양성지가 벼슬에서 물러나 대포곡으로 가게 된 것은 부정 축재 혐의 때문이었습니다. 공조판서로 있던 양성지는 1479년 부정 축재 의혹으로 탄핵을 받았습니다. 그가 도성을 떠나 통진으로 물러나게 되었을 때, 서거정은 시를 지어 주며 위로하였습니다.

• • •

53 과거의 급제자가 시관(試官)을 이르던 말로 평생 스승으로 모셨다.

## 서거정의 여러 별서

서거정(徐居正, 1420~1488)은 25세에 관직에 오른 이후 69세의 나이로 생애를 마칠 때까지 화려한 관직 생활로 일관하였습니다. 네 번이나 현량과(賢良科)에 급제하여 45년간 다섯 임금을 섬겼고, 23년간 대제학을 지낸 대문호로 23차에 걸쳐 과거 시험을 관장해 많은 인재를 뽑았습니다. "열 정승이 대제학 하나만 못하다."는 말이 있을 정도로 문치주의(文治主義)를 표방했던 조선 시대에서도 경이로운 기록이라 합니다.

서거정은 어릴 때부터 재주가 뛰어나 6세에 독서하고 시를 지을 줄 알아서, 신동이라 불렸습니다. 8세 때 외조부인 권근이 시제(詩題)와 운자(韻字)를 내자 다섯 걸음 안에 시를 지었고, 자형인 최항에게도 배웠습니다. 19세에 진사과와 생원과에 잇달아 합격하였고, 25세에 문과에 급제하여 사재감 직장(司宰監直長)에 제수되었다가 얼마 후 집현전 박사가 되었습니다. 33세에 수양대군을 따라 명나라에 종사관으로 가다가 모친상을 당해 중간에 돌아왔습니다.

서거정의 생애에 있어서 가장 큰 사건은 34세에 일어난 계유정난이었습니다. 그는 절의를 지키는 사육신과 생육신을 따르지 않고 계유정난의 주역인 한명회 · 신숙주 · 권람 편에 서게 됩니다. 이후 서거정은 세조의 총애를 받아 승승장구하며 성종 때까지 『동국여지승람』, 『동문선』, 『경국대전』 등 국가의 편찬 사업에 주도적으로 참여하였습니다. 대제학, 대사헌, 형조판서, 이조판서, 좌참찬, 좌찬성 등을 거쳤으며, 1476에는 원접사(遠接使)가 되어 중국 사신을 맞이했는데 시를 서로 주고받으며 부르는 수창(酬唱)을 잘해 칭송받았습니다.

이러한 사실은 후대의 기록으로도 확인되고 있습니다. 바로 이종휘(李種徽, 1731~1797)가 쓴 「대제학의 계보(文衡錄序)」라는 글입니다.

**"명나라가 전성기였을 때 사신이 오면 대제학이 그들을 맞이하여 한강 가 여러 정자에서 시 짓고 술 마시는 놀이를 베풀고 손님과 주인이 번갈아 시문을 수창하여 화려한 시첩이 휘황찬란했다. 기순(祈順)과 당고(唐皐) 등이 왔을 때 서거정과 이행(李荇) 등이 왕성한 문장 솜씨를 빛냈는데 명종과 선조의 시대에는 더욱 성대했다."[54]**

오랫동안 벼슬자리에 있었던 서거정은 경제적으로나 정신적으로 매우 여유 있고 풍요로운 삶을 누렸습니다. 그는 남산 아래에 집 한 채와 도성 근교에 여러 개의 별서를 가지고 있었습니다. 남산의 집에는 정정정(亭亭亭) 또는 정우당(靜友堂)이라 이름한 정자와 동산 그리고 채소밭을 함께 갖추고 있었지요. 도성 근교의 별서에도 정자는 물론 일정한 전장(田莊)을 두고 노비를 거느리고 있었습니다.

별서의 이름은 임진에 있었던 임진촌서(臨津村墅)와 양주에 있었던 토산촌서, 그리고 광주(廣州) 일대에 있던 광주촌서 · 광릉촌서 · 광진촌서 · 제부촌서 · 몽촌별서 등입니다. 이 별서들은 서거

• • •

**54** 안대회·이현일 편역, 『한국산문선 7 - 코끼리 보고서』, 민음사, 2017, p. 141. 이종휘, 「대제학의 계보(文衡錄序)」.

정에게 관직 생활에서 오는 스트레스를 해소하고 정신적 여유를 찾게 해 주는 쉼터이기도 했습니다. 따라서 관직에 있으면서도 틈만 나면 이들 별서를 찾아 한가롭게 지냈습니다. 더욱이 이 별서들은 서거정에게 물질적인 풍요와 함께 풍류를 즐기고 시상(詩想)을 떠올리며 시를 쓸 수 있는 여건을 제공하기도 했습니다.

그는 6살에 시를 지었을 정도로 시에 천재적인 자질을 갖추고 있었고, 특히 빠른 시간 내에 시를 짓는 데 탁월하였습니다. 중국의 사신들도 서거정과 시를 주거니 받거니 하면서, "참으로 기재(奇才)다. 우리 같은 사람은 밤새도록 짜내어도 겨우 한두 편을 지을까 말까 하는데, 공은 서서 이야기하는 사이에 주옥같은 시를 짓는다. 더군다나 어떠한 소재와 상황이 주어져도 자유자재로 시를 짓는 필법을 지녔다."고 극찬하였습니다.

서거정에게 시를 짓는 일은 일상생활 중에 빼놓을 수 없는 중요한 일이었던 듯합니다. 그는 "한 수의 시 읊고 또 읊으니 / 종일토록 시 읊는 것 외에 할 일이 없네 / 지금까지 지은 시 만 수가 되니 / 죽는 날에야 읊지 않을 것을 잘 아네."라고 토로한 시까지 남기고 있습니다.

서거정의 시문집인 『사가집(四佳集)』에는 꽃과 채소, 과일 등을 읊은 영물시(詠物詩)가 많이 담겨 있습니다. 채소 종류만 하더라도 오이, 가지, 수박, 참외, 배추, 생강, 파, 시금치, 순채가 있으며, 과일 종류에는 밤, 감, 삼색도[55], 포도, 석류가 있습니다. 꽃의 종류는 훨씬 많아 장미, 작약, 모란, 배꽃, 해당, 동백, 배롱나무, 옥

• • •

55 三色桃, 한 나무에서 세 가지 색깔의 꽃이 피는 복숭아.

서거정의『사가집』

매, 국화, 백일홍, 금전화[56], 옥잠화, 연꽃, 철쭉, 목련, 치자 등이 있습니다.

채소 종류를 읊은 시들은 3부에서 소개하기로 하고, 여기에서는 서거정이 촌서를 읊은 시들을 소개합니다.

**불암산 기슭이며 풍양 고을 서쪽으로 / 두 이랑 묵정밭에 초가집이 나직하니 / 긴 여름엔 어린애와 함께 순채[57]를 취하고 / 깊은 가을엔 내처(來妻)[58]와 더불어 밥도 줍노라 / 나는 좋은 술에다 흰 쌀밥을 좋아하는데 / 남들은 꽃게가 누런 닭보다 낫다 하누나 / 금년에도 이 홍취를 다시 저버렸는지라 / 타향살이 구월에 생각이 더욱 헷갈리네**

**_「양주(楊州)의 촌서(村墅)를 생각하다」**

미식가로도 알려진 서거정은 음식에 대한 애정을 시로 표현한 것도 많은데, 그는 순채국 · 붕어회 · 게 · 닭고기 등도 좋아했습니다. 닭을 삶아 동네 노인과 술을 양껏 퍼 마시기도 하고, 친구가 찾아오자 닭을 쪄 먹고 남긴 시도 있습니다. 위의 시에서 "남들은 꽃

• • •

56 金錢花, 꽃의 작고 동그란 모양이 동전을 닮아 붙여진 이름으로 요즘에는 금불초라 한다. (홍희창, 『이규보의 화원을 거닐다』, 책과나무, 2020, p. 34).

57 순나물이라고도 하며, 연못에서 자라는 수련과의 여러해살이 물풀.

58 춘추시대 초(楚)나라의 효자로 명성이 높았던 노래자(老萊子)의 아내. 그녀는 일찍이 노래자에게 출사(出仕)하지 말 것을 간절히 권하여 부부가 함께 강남(江南)에 은거했으므로, 현처(賢妻)의 뜻으로 쓰인다.

게가 누런 닭보다 낫다 하누나" 했지만, 그 자신도 게라면 게장이든 찐 게든 참 좋아했다 합니다.

다음은 「촌장(村莊)에 제(題)하다」란 제목의 시입니다.

> 그윽한 생활이 참으로 뜻에 맞아라 / 다행히 여기에 좋은 산수가 있네 / 죽이든 밥이든 쌀은 사 와야 하지만 / 땔나무와 채소는 돈 주고 안 산다오 / 사립은 날마다 닫아 놓고 있는데 / 띳집은 해마다 허물어지는구나 / 열 식구의 생계가 하도 막연하니 / 맘속으로 혼자 애처로울 뿐이네 /일마다 그지없이 어려운 가운데 / 봄바람은 또 내 집에 이르렀네 / 비가 오면 뽕나무 옮겨 심기 좋고 / 날이 개면 보리밭 북돋기도 좋지 / 여자 종은 새 겹옷 기울 줄도 알고 / 남자 종은 도롱이 때울 줄도 아네 / 동문에 심을 오이 종자도 있으니 / 이런 흥취가 정히 그 어떠한고

## 강희맹의 금양 별업

강희맹(姜希孟, 1424~1483)은 『양화소록(養花小錄)』을 지은 강희안의 동생으로 세종 임금은 그의 이모부가 됩니다. 그는 1447년 별시문과에 장원 급제하여 벼슬을 시작합니다. 이종사촌인 수양대군이 왕위에 오르자 공신이 되었고 세조의 총애를 받았습니다. 예조판서, 형조판서, 병조판서 등 육경(六卿)의 지위를 두루 거치고 좌찬성(左贊成)에 올랐다가 병환으로 조용히 세상을 떠납니다.

강희맹이 가장 사랑한 땅은 금양(衿陽)이었습니다. 금양과 인연

을 맺게 된 것은 그곳에 처가가 있었기 때문입니다. 강희맹의 아들 강구손은 금양에 있는 별업인 만송강(萬松岡)의 유래와 그곳에서 농부로 살았던 강희맹을 이렇게 회상하고 있습니다.

"외증조부 집안은 성대한 문벌로 이름을 떨쳤지만 산업에 힘쓰지 않아 밭이 백 무(畝)에 지나지 않았다. 게다가 토지가 비옥하지도 않아 농사를 지어도 곡식이 남지 않았다. 그저 선영에 있는 소나무와 뽕나무가 나무꾼의 도끼에 찍히지 않도록 하였을 뿐이다. 이곳이 이른바 만송강이라는 곳이다.

부친께서는 관직을 물러나 농부의 차림으로 한가로이 시골 노인들과 농사 이야기를 주고받았다. 씨뿌리고 김매는 시기와 방법, 건조하거나 습한 땅에 알맞은 농법 등 농사짓는 이치에 밝으셨다. 또 농요(農謠)를 채집하여 가사(歌詞)를 지었는데, 논밭에서 힘써 일하여 일 년 내내 부지런히 고생하는 모습과 뜻을 다 드러내었다. 「농부와의 대화(農者對)」나 「파종에 적합한 것(種穀宜)」 등의 노래는 벼슬에 나아가고 물러나는 기미를 살피는 뜻이 은연중에 담겨 있으니, 비단 농가의 지침이 되는 데 그치지 않을 것이다.

아, 아버님께서는 일찍 재상의 반열에 올라 묘당(廟堂)에 거처하였지만 논밭에 마음을 두지 않은 적이 없었고 농사짓는 일도 잘 알고 계셨으니 이 책을 지은 뜻이 어찌 작다고 하겠는가? 옛날 당나라 이위공(李衛公)은 평천십리장(平泉十里莊)을 자손들에게 물려주며 훈계하기를, '꽃 하나 돌 하나라도 감히 남에게 주는 이가 있으면 내 자손이 아니다.'라고 하였다. 사람들 중에 전원과 저택을 소유하여 자손을 위한 계책으로 삼는 자라면 누군들 대대로 지켜 영원히 전해지기를 바라지 않겠는가? 그러나 선조의 뜻을 잘 이어받아 남의 소유가 되지 않도록 하는 이는 드물다. 이 별업은 외증조부로부터 부친에 이르기까지 3대 내리 재상을 지낸 뒤 물러난 곳이다. 나 역시 불초하나 대부의 반열에 올랐으니 비록 선인들의 땅을 파며 농사를 지은 것에는 필적할 수 없으나, 다만 기꺼이 씨 뿌리고 추수하는 일에 힘쓸 것이다."

강희맹이 금양 별업에서 지은 책이 바로 조선 초기의 대표적인 농서(農書)인 『금양잡록(衿陽雜錄)』입니다. 이 책은 그가 농촌에서 생활하면서 얻은 체험을 바탕으로 저술한 것인데, 농가 이야기를 다음과 같이 적고 있습니다.

"금양현 동쪽에 금산(衿山)이 있는데 서북쪽은 한강에 접해 있어 수재와 한재가 반반이라 척박한 땅은 많고 비옥한 땅은 적다. 물가에 가까운 논밭은 가뭄이 들면 농작물이 시들고 수해가 나면 농작물이 잠기어 십분의 일밖에 수확하지 못하므로 백성들이 곡물을 비축할 수 없고 비용이 많이 든다. 논갈이를 할 때면 사람을 고용하여야 하는데 밥때 다섯 그릇을 차려야 일을 하고 그렇지 않으면 피곤하다며 일을 하려고 하지 않는다. 다섯 그릇이란 밥 세 그릇과 국 한 그릇, 김치 한 그릇인데, 사람마다 다섯 그릇씩 차려주면 삽

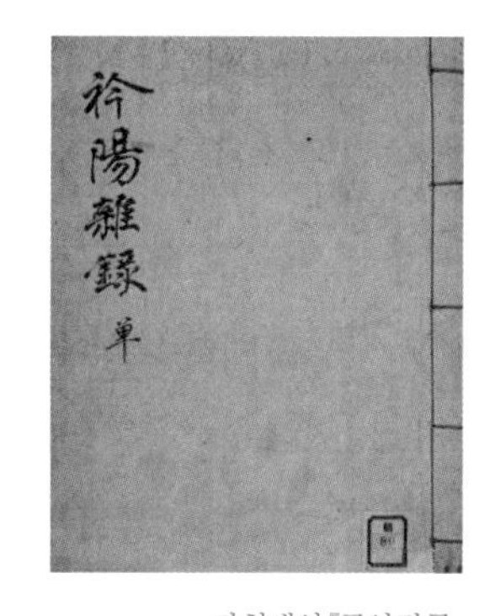

강희맹의 『금양잡록』

시간에 먹어 치운다. 욕심이 많은 이가 먼저 먹어 치우면 곁에 덜 먹은 이는 자신의 음식을 덜어 주기도 하는데, 가장 욕심이 많은 사람은 다섯 그릇의 밥을 다 먹을 정도다. 이 때문에 겨울에 접어들면 곧 수확한 것이 바닥나서 가을 파리처럼 굶주리게 된다. 논갈이를 그리 빨리 하지 않고 3월 보름경에 하는데, 소가 없는 농가는 인부 9명을 사서 쟁기를 끌어야만 소 한 마리의 힘을 감당하여 하루에 이삼십 마지기를 갈 수 있다."

강희맹은 농구(農謳) 14장의 발문에서, "금양에 농장이 있었으므로 자주 그곳을 왕래하면서 직접 나무를 심고 곡식을 파종하는 등 여러 일을 다 시험해 본 후에야 농사짓는 일에 대해 조금 알게 되었다."고 적었습니다.

그 후 강희맹은 1475년(성종 6년)에 쉰이 넘은 나이로 다시 금양으로 물러나 소일거리로 정원을 가꾸고 채소를 심었습니다. 마침 가뭄이 심하여 비가 오지 않다가 4월 16일이 되어서야 비로소 비가 내렸습니다. 농사를 짓기에는 넉넉하지 않았지만 채소를 키우는 데는 큰 도움이 되었습니다. 이에 그림에도 능하였던 강희맹은 〈추포도(秋圃圖)〉를 그려 금양현감에게 주었습니다. 『동문선』에는 이러한 경과를 적은 긴 제목의 시가 전합니다.

조그마한 금양 땅 / 늘그막에 누추한 초막을 지었다 / 늙어 한가하니 씨 뿌리는 일에 탐닉하고 / 봄이 오니 오이와 채소의 김을 맨다네 / 가뭄 들어 흙을 축축하게 적시지는 못해도 / 싹이 터서 움이 자라기에는 넉넉하겠네 / 오늘 아침 비가 뿌렸

**으니 / 인자한 정사 베풀었음을 알겠구나**

금양 별업의 밭은 백 무, 즉 일경(一頃)이 못 되는 작은 규모였습니다. 그러나 농장 안에는 소나무를 위시하여 많은 나무가 있었으므로 강희맹 스스로 '소나무가 많은 언덕'이라는 뜻으로 '만송강'이라고 하였습니다. 그리고 이를 자신의 아호(雅號)로 이용하기도 하였습니다. 이처럼 농장인 별업 안에는 경작지 이외에도 산림이 부속되어 있었으므로, 전체 별업의 실제 크기는 2~3경은 되었을 가능성도 있습니다.

『금양잡록』은 개인적으로 저술한 최초의 백과사전식 농서로 그가 직접 농사를 체험하며 편찬한 것입니다. 80품종에 달하는 작물의 특성과 재배법, 풍해, 토양 선택 문제 등을 다루고, 곡물의 이름을 이두와 한글로 표기하여 농민들이 익히기 쉽게 했습니다.

## 이행의 유배지 텃밭

이행(李荇, 1478~1534)은 열여덟에 소년 급제하였고, 1500년에 명나라를 다녀왔습니다. 1504년(연산군 10년) 봄에 홍문관 부응교[59]로 있으면서 폐비 윤씨의 복위를 반대해 일어난 갑자사화(甲子士禍)로 유배되었습니다. 이때 지기인 권달수가 자신이 주모자임을

• • •

59 여러 자료에 응교로 나와 있으나, 『연산군일기』 10년 4월 7일 기록에 "부응교 이행은 장 60대를 때려 충주에 부처하고…" 로 나와 있다.

내세워 스스로 죽임을 당하였기에 이행은 목숨을 건졌습니다. 그는 충주에 유배되었다가, 다시 함안으로 정배[60]되었습니다. 1506년 2월에 거제도로 이배(移配)되어 위리안치되어 200일을 머물렀다가, 9월에 중종반정으로 유배에서 풀려났습니다. 이후 순탄한 관직의 길을 거쳐 좌의정까지 지내던 중 권신 김안로의 전횡을 논박하다가 평안도 함종으로 유배되어 그곳에서 병으로 삶을 마쳤습니다.

1504년, 이행은 곤장 60대를 맞고 유배지인 충주로 갔습니다. 이때 지은 시가「충주에 들어가서」입니다.

> **이미 충주 땅에 들어섰으니 / 나의 행차 또한 더디지 않구나 / 평생에 무슨 잘못 저질렀관데 / 오늘 이러한 지경에 이르렀느뇨 / 상처의 피는 옷을 붉게 적시고 / 창자엔 우렛소리 전대는 비었구나 / 처자식들도 팽개쳐 두어야 할 터 / 끝내 어버이 은혜 보답할 길 없어라**

그는 충주에서 유배 생활을 하는 동안 채마밭을 가꾸었습니다. 상추와 오이 등 여러 채소를 심어 놓고 자라는 모습을 살펴 가며 낙으로 삼았습니다. 그러고는 유배된 몸이라 목숨의 유지마저 불확실한 가운데에서도 언제가 될지 기약조차 없는 미래를 꿈꾸었습

• • •

60 定配. 죄인을 지방이나 섬으로 보내 정해진 기간 동안 그 지역 내에서 감시를 받으며 생활하게 하던 형벌.

니다. 농부가 아닌 선비가 된 것을 후회하기도 하면서[61] 전원에 돌아가 논밭을 김맬 날을 기다렸습니다. 아래 시 두 편은 충주에서의 유배 생활 당시에 지은 시들을 모은 「적거록(謫居錄)」에 연이어 등장합니다.

무의 꽃은 이미 저물었고 / 비를 맞은 상추는 살이 올랐구나 / 진흙 속 파릇파릇한 미나리는 / 물 밖으로 향긋한 줄기가 솟아났구나 / 동쪽 밭두둑에는 오이를 가득 심었으니 / 뻗은 덩굴이 갈 곳이 없는데 / 좌우로 나쁜 나무들이 많으니 / 부디 조심하여 기대지 말아라

_「채소밭을 매며(理蔬)」

날씨가 오래 찌는 듯 무더우니 / 사람들 말하길 비 올 징조라 하네 / 가뭄으로 비를 호소하는 참인데 / 하늘이 묵묵히 불쌍히 여기었구나 / 바람과 우레를 장히도 불러 와서 / 우주의 티끌을 깨끗이 씻어 내도다 / 전원에 돌아가고픈 맘 금치 못하노니 / 은거해 논밭의 김맬 날은 그 언제런고

_「반가운 비」

이행은 분이 덜 풀린 폭군 연산군의 지시로 1504년 12월에 곤장 100대를 맞고 종(관노)의 신분으로 떨어졌습니다. 유배지도 함

• • •

61 평생에 잘못하여 괜히 선비가 됐나니 / 진작에 농부가 못 된 것을 후회하노라 / … / 높은 관직 많은 녹봉은 쾌락을 주지만 / 영화는 본래 우환을 동반하게 마련이라 / 흘러간 과거는 후회해도 소용없느니 / 하늘 우러러 통곡하매 눈물도 말랐구나 _「후회를 적다」

안으로 옮겼다가 다시 거제도로 위리안치되었습니다. 맡은 일이 염소를 치는 일이었는데 같이 데리고 간 하인에게 시키고 거제로 유배 온 선비들과 사귀었습니다. 1506년 8월 하순에 다시 압송하여 죽도록 곤장을 치라는 명을 받았는데, 9월 초에 중종 반정이 일어나 구사일생으로 목숨을 건지고 관직에 복귀했습니다. 그가 거제에서 지은 시들을 모은「해도록(海島錄)」에는 맑은 날씨를 기뻐하며, 가뭄으로 고통받는 백성들을 걱정하는 마음이 들어 있습니다.

**궁향(窮鄕)이라 기쁜 일 하나 없더니 / 오늘 저녁에야 쾌청한 날씨 만났군 / 띳집에 빗물 샌다 어찌 근심하랴 / 산중의 샘물 맑음을 절로 느끼노라 / 아이놈 불러서 채소밭 매게 하고 / 지팡이 짚고 농부에게 말을 건넨다 / 귀거래의 흥이 끝없이 일어나는데 / 때로는 오히려 탁영[62]을 노래하노라**

_「맑은 날씨가 기뻐」

**봄비 내려 농사 권면할 적엔 / 좋은 논밭 많이들 버려두더니 / 여름에는 가뭄으로 이어지니 / 이 어이 하늘의 뜻이 아니리요 / 하늘이여 다시 조금 유념해 주오 / 백성이 죄다 죽을까 걱정이라오 / 백성들이 만약 죄다 죽는다면 / 하늘인들 무슨 이득이 있으리요**

_「가뭄」

• • •

62 탁영(濯纓), 갓끈을 빤다는 뜻으로 『맹자』에 "창랑(滄浪)의 물이 맑거든 나의 갓끈을 씻고 창랑의 물이 흐리거든 나의 발을 씻는다." 하였고, 굴원(屈原)의 「어부사(漁夫辭)」에도 같은 가사가 있는데, 세속을 초탈하여 은거하려는 뜻을 담고 있다.

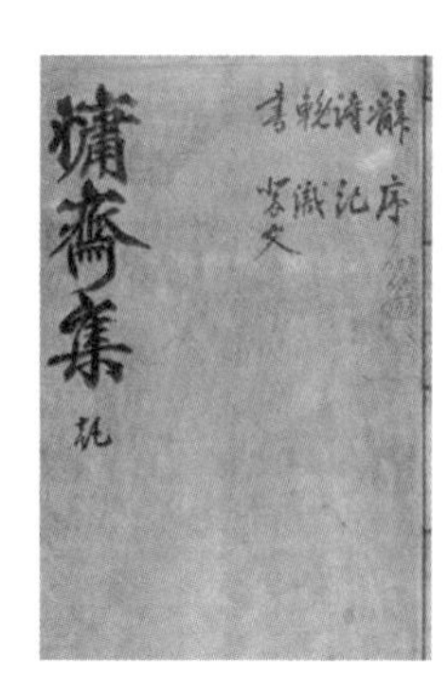

이행의 『용재집』

〈주유청강〉(신윤복 작, design.co.kr)

특히 「가뭄」이란 시에서는 가뭄이 하늘의 뜻이나 하늘에 유념해 달라 당부하면서, 백성들이 다 죽는다면 하늘인들 무슨 이득이 있는지를 따지기도 합니다. 마치 고려 시대 이규보가 「문조물(問造物: 조물주에게 묻는다)」에서, 하늘이 사람을 먼저 내고 오곡을 내어 사람을 사랑한 것 같은데 어찌 사람을 해치는 짐승과 모기들을 내었는가 하고 따져 물은 것처럼 느껴집니다.

이후 관직에 복귀해 승승장구하며 우의정이던 1521년에는 명나라 사신을 영접하게 됩니다. 당고(唐皐)와 사도(史道)라는 두 사신은 문장을 좋아하여 흥취가 일면 문득 시를 짓고 밤낮을 이으면서 시 읊기를 그치지 않았습니다. 이행은 태연히 응수하면서 곧바로 답시를 지어내는 데도 구절이 갈수록 더욱 기묘해졌습니다. 두 사신이 크게 감복한 나머지 이별할 때에 눈물을 닦으면서 차마 떠나지 못하고 아녀자처럼 슬퍼하는 모습을 보였습니다. 이때 배석한 관리들이 곁에서 직접 목격하면서 자부심이 느껴지는 듯했다고 적은 기록인 『동사집(東槎集)』을 남겼습니다.

이행은 시문에 모두 재능이 있고 글씨와 그림에도 능하였는데,

특히 그의 시는 몹시 뛰어났습니다. 홍길동전을 지은 허균은『교산시화(蛟山詩話)』에서 조선 시문의 모범으로 그를 꼽으며, "우리 나라의 시는 마땅히 이행(李荇)을 제1로 삼아야 한다."고 높게 평가하였습니다. 후대의 홍만종(洪萬宗)도『소화시평(小華詩評)』에서 그의 시를 두고 "인공(人工)으로 이룰 수 없는 천재(天才)가 있다."고 극찬했습니다.

### 박세당의 수락산 기슭 밭

박세당(朴世堂, 1629~1703)은 남원부사의 넷째 아들로 남원부 관아에서 태어났습니다. 그러나 네 살 때 공신이었던 부친이 세상을 떠나 어렵게 자랐습니다. 열 살이 되어서야 작은 형에게 배우기 시작했고, 고모부에게 가르침을 받았습니다. 열일곱에 혼인해 10년간 처가살이를 했습니다. 한창 과거 공부를 해야 할 시기에 어머니, 할머니, 셋째 형의 상을 당했고, 한동안은 과거장에 나가지 않았습니다. 그러다가 서른둘인 1660년 겨울 증광 문과에 장원 급제하면서 6품으로 관직 생활을 시작했습니다. 현종의 신임을 바탕으로 엘리트 코스를 밟았으나, 강직한 성품으로 잦은 상소와 주청[63]으로 거리낌 없이 직언해 '감언지사(敢言之士)'라는 별명을 얻기도 했습니다. 그는 마흔이던 1668년, 문신들이 달마다 글을 지어 바치는 시문을 세 차례나 일부러 제출하지 않아 관직에서 벗어났습

• • •

63 奏請, 임금에게 아뢰어 청하던 일.

니다. 그가 지은 자신의 묘지명인 「서계초수묘표(西溪樵叟墓表)」에서 그 이유를 찾는다면, 자신이 벼슬살이를 8~9년 해 보니, 재주와 힘이 모자라 세상에서 무슨 일을 하기에 부족하다는 것을 알게 되었고, 세상사도 나날이 허물어져 바로잡을 수가 없게 되었기 때문이라는 것입니다.

그는 도성에서 동쪽으로 30리 떨어진 수락산 기슭으로 들어가 살았는데, 이곳은 그의 부친이 인조반정에 공을 세워 하사받은 땅이었습니다. 박세당은 일찍부터 수락산 기슭에 내려와 살 마음이 있었습니다. 옥당에 있던 시절 지은 시에서 "훗날 세 갈래길 난 곳으로 나를 찾아오시게, 솔과 국화를 잘 심어 뜰에 가득하리니"라 하여 도연명처럼 살 마음을 나타냈습니다. 벼슬살이를 시작해 기반이 어느 정도 마련된 뒤에는 서울 외곽의 양덕방(陽德坊)에 새로 거처를 마련해 분가했습니다. 변두리라 여름이면 오이에 물을 주고 채소밭을 돌고 가을이면 낙엽을 쓸기도 했습니다. 그러나 다섯 달 뒤인 1666년 5월, 혼인한 지 21년 만에 부인 의령 남씨가 숨을 거두었고, 부인의 유해를 수락산에 묻은 그는 이때 수락산으로 들어가 살 뜻을 굳힌 듯합니다.

박세당은 수락산 서쪽 골짜기를 석천동이라 하고, 스스로 호를 서계초수(西溪樵叟)라 하였습니다. 야인(野人)이 되어 스스로의 힘으로 먹고 살고자 농사를 짓고 살기 시작한 것입니다. 이곳은 땅이 메말라 농사짓기에 적합하지 않았지만, 그는 직접 농사를 지으면서 농부들 틈에 섞여 살았습니다. 다음은 박세당이 수락산 기슭에 집을 정하고 지은 작품입니다.

**다섯 칸 새집을 짓고 나니 / 숲속의 제비와 산새도 낙성을 함**

**께하네 / 집을 끼고 그림 같은 천 겹의 산이 서 있는데 / 책상 가득 거문고처럼 샘물 하나 울려 퍼진다네 / 문 앞의 못에서는 물고기를 키울 수 있고 / 울타리 아래 밭에는 송아지 빌려 밭 갈 수 있다네 / 세상사 풍족치 못해도 숨어 사는 뜻에는 맞으니 / 남들이 내 성긴 삶을 비웃은들 어떠리**

_「새로 지은 집(新屋)」

이후에도 박세당은 여러 차례 벼슬에 임명되었지만 모두 나아가지 않았습니다. 그러나 1668년 겨울 동지사의 서장관에 임명되자, 먼 곳에 가는 일은 사양할 수 없다 하여 길을 떠나게 됩니다. 그러나 연경에서 정사, 부사와 함께 거리로 나가 관등(觀燈)을 하였다는 이유로 탄핵을 받습니다. 이후에도 벼슬을 사양하다가 어쩔 수 없이 통진현감으로 1년 남짓 관직 생활을 하고는 바로 수락산으로 돌아와 살았습니다.

그는 물가에 집을 지을 때 울타리를 치지 않고 복숭아나무, 살구나무, 배나무, 밤나무를 집 주위에 둘러 심고, 오이를 심고 밭을 개간하고 땔감을 팔아 생활하였습니다. 농사철에는 늘 밭에서 지냈으며, 가래를 메고 쟁기를 진 자들과 어울려 다녔습니다.

다음의 시 두 수에서 박세당은 시골살이를 그림처럼 보여 줍니다.

**남쪽 마을 꽃은 북쪽 마을에 이어지고 / 동쪽 밭의 오이는 서쪽 밭에 이어졌네 / 시냇물 굽이도는 곳에 봉우리가 비치는데 / 흰 구름 깊은 곳에 신선의 집이 있다네**

_「시골집(村居)」

**시냇가에 손수 심었던 복숭아나무 천 그루 / 금년에 이르러서야 처음으로 꽃을 피웠네 / 거처가 무릉과 비교하면 깊고 또 외지니 / 그 누가 이곳에 인가가 있는 줄 알리오**

**_「심어 놓은 복숭아나무가 금년에 비로소 자못 꽃을 피우다」**

오이는 진(秦)나라 멸망 뒤 소평(邵平)이 장안성 동쪽에서 키운 이래, 도연명의 국화처럼 동쪽에 심고 선비들이 은둔 생활을 하는 모습을 나타낼 때 많이 등장합니다. 복사꽃이 만발한 무릉도원은 별천지로 유토피아를 상징합니다.

1676년에 그가 저술한 『색경(穡經)』은 '농사에 관한 경서'라는 뜻입니다. 13세기 후반 원나라에서 간행된 『농상집요(農桑輯要)』 등의 농서에다가 박세당 자신의 농사 경험을 덧붙여 지은 책입니다. 이 책은 훗날 정조 임금도 높게 평가했습니다. 정조의 어록인 『일득록』에는 1799년 상(임금)이 이르기를, "예로부터 농가(農家)[64]에 속하는 사람들의 책이 매우 많았으나, 고금(古今)의 상황이 다르고 명실(名實)이 일치하지 않아 시행하는 데에 매번 원래의 의도와 맞지 않는다는 탄식이 있었다. 고(故) 판서 박세당이 일찌감치 은퇴하여 전야(田野)에서 생활을 하였는데, 그가

박세당의 『색경』

• • •

64 유가나 도가, 법가처럼 학파를 가리키는 말.

지은 『색경』은 가장 경력이 있고 가장 절실한 내용이다. 수리(水利)와 토질(土質), 파종하는 방법, 농기구의 이용 등을 그림처럼 상세히 기록해 놓아 살펴서 행할 수 있으니, 농서(農書)를 구하고자 한다면 마땅히 이 편이 으뜸이 될 것이다." 하였습니다.

박세당은 석천동에 살며 후학을 양성하였고, 1680년부터는 훗날 사문난적(斯文亂賊)의 빌미를 제공하게 되는 『사변록(思辨錄)』을 저술하였습니다. 1702년에 이경석(李景奭, 1595~1671)의 신도비명[65]을 지었습니다. 이경석은 영의정까지 지낸 원로였지만 「삼전도비문」을 지었다는 이유로 송시열에게 혹독한 비난을 받았습니다. 박세당은 비문에서 이경석을 봉황으로, 송시열을 올빼미로 비유하여 큰 파란을 일으켰습니다. 당시 송시열은 이미 죽은 뒤였으나 그의 제자들의 성토로 유배될 위기에 처했습니다. 하지만 박세당은 75세의 늙은 몸인지라 겨우 수락산으로 돌아올 수 있었습니다.

석 달 후인 1703년 8월 석천동에 있던 박세당은 병세가 악화되어 생을 마감하였고, 머물던 집 뒤쪽으로 백 수십 보 되는 곳에 묻혔습니다. 그는 차라리 외롭고 쓸쓸하게 지내며 죽을지언정, 이 세상에 맞춰 살면서 끝내 고개 숙이고 마음을 낮추지 않겠다고 자신의 묘지명에 적었던 대로 그렇게 세상을 살다가 떠났습니다.

• • •

65 神道碑銘. 왕이나 고관의 무덤 앞이나 무덤으로 가는 길목에 세워 죽은 이의 생애를 기리는 비석의 글.

## 김창업의 송계 채마밭

김창업(金昌業, 1658~1721)은 노론의 영수로 뒤에 영의정이 되는 김수항의 넷째 아들로 태어났습니다. 그의 형제들(창집, 창협, 창흡, 창즙, 창립)은 육창(六昌)으로 이름을 떨쳤습니다. 그는 1681년 진사시에 합격해 통덕랑을 지냈으나, 1689년 기사환국으로 부친이 사약을 받고 죽자 관직에의 뜻을 버리고, 시문과 학문, 그림 등을 공부했습니다. 한양의 동교 밖 송계에 별서를 크게 짓고 그곳에 금경지(禁畊地)를 개간하고 원림을 조성하며 지냈습니다.

1712년 연행사의 정사로 가는 큰형 김창집을 자제군관[66]의 자격으로 수행해 다녀와, 『노가재연행일기(老稼齋燕行日記)』를 남겼습니다. 이는 이후 연행기의 교과서로 꼽힙니다. 그는 시와 그림에 뛰어났으며, 산수와 인물화를 잘 그린 화가로도 유명합니다. 1721년 김창집 등 노론 4대신이 유배되자 울분이 겹치고 신병이 악화되어 세상을 떠났습니다.

그의 삶은 김원행이 지은 그의 행장[67]에서 "옛사람이 맑은 세상에서 임원의 즐거움을 누리는 것을 사모하여, 동쪽 교외의 송계에 나아가 밭과 집을 마련하고 나무와 꽃을 심고 못을 파고 채소밭을 일구어 늙어 죽을 계획으로 삼았다."라고 정리한 바 있습니다. 김창업은 벼슬살이와 도회지 생활을 좋아하지 않아, 송계에 동장(東莊)이라 이름 붙인 별서를 경영하며 일생을 마치고자 스스로 가재

• • •

66 외국에 보내는 사신의 자제(子弟)로 임명한 군관으로, 훗날 연암 박지원도 자제군관으로 청나라를 다녀와 『열하일기』를 지었다.

67 行狀, 죽은 사람이 평생 살아온 일을 적은 글.

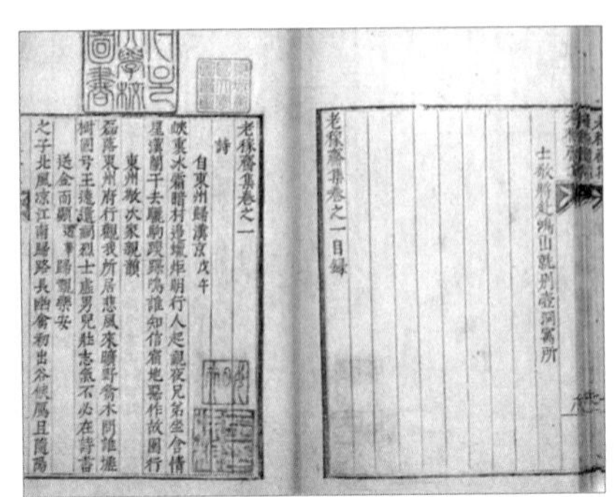

김창업의『노가재집』

(稼齋)라 호를 붙였다 합니다.

그가 세상을 뜬 다음 해인 1722년에는 그가 개간하여 소유한 사열장이 대간의 탄핵으로 폐쇄되었습니다. 그 이유는 김창업이 큰 형인 김창집의 권세를 빙자하여 별서를 동교의 밖에 크게 짓고, 10리나 되는 금경지를 개간하였으며, 백 년 동안 소나무를 키운 산을 점거하여 원림으로 만들고, 군대의 사열장을 백성에게 돌려준다는 핑계를 대고 자기 것으로 만들었다는 것이었습니다.

김창업은 자신의 집 안쪽에 마련한 채마밭에다 수많은 채소를 재배하고 여기에 대해서도 하나하나 시를 지었습니다. 김창업이 시를 지은 채소류는 마늘, 부추, 파, 염교, 쪽파, 가지, 토란, 시금치, 상추, 배추, 갓, 순무, 무, 생강, 고추, 박, 미나리, 오이, 아욱, 순채, 쑥갓, 동아, 호박, 차조기, 마와 같은 25종입니다.

김창업이 쓴 채소류 연작시는, 이규보의 시에서 보듯이 채소를 먹는 즐거움을 말하면서도 사실적인 정보를 전하는 데도 중점을 두었습니다. 다음은 김창업이 배추를 노래한 시입니다.

**한 포기가 넓적다리만큼 큰데**

**그 종자가 중국 시장에서 온 것**

**깨끗하게 푸른 옥 같은 줄기는**

**이빨로 씹으면 앙금도 없다네**

_「배추(菘)」

김창업은 중국에서 종자를 수입하여 배추를 재배하였음을 밝히면서, 배추의 특징을 읊었습니다. 배추가 조선 초기부터 시의 소재로 등장하지만, 김창업의 시에서 볼 수 있는 것과 같은 정보는 담은 적이 없습니다.

**시금치는 여러 이름이 전하는데**

**그 유래는 페르시아(波羅)에 있다지**

**우리나라에도 속칭이 있는데**

**아마도 적근(赤根)의 와전인 듯싶네**

_「시금치(菠薐)」

시금치를 소재로 한 시가 드문데, 그 유래에 대한 정보는 이 기록이 가장 앞섭니다. 김창업은 이 시의 제목 아래 "파릉, 속명 시근채(菠薐, 俗名時根菜)"라 하였습니다. 시금치는 페르시아에서 왔다 하여 파채(菠菜), 파사초(波斯草)라고도 부릅니다. 시금치는 그 유래가 페르시아에 있고 그 뿌리가 붉어 적근채라 하는데 이것이 와전되어 시금치라 하게 된 것이라 하였습니다. 김창업은 자신의 채소밭에 있는 채소를 직접 관찰하고 또 여러 자료로 정보를 얻어 이러한 시를 지었습니다.

## 이옥의 남양 채마밭

이옥(李鈺, 1760~1815)은 세종대왕의 작은형인 효령대군의 11세손으로 태어났습니다. 서자 자손의 혈통이라 미천했다가 고조부가 인조반정에 참여해 공신이 되면서 신분이 높아졌습니다. 증조부와 조부는 무과로 벼슬을 지냈지만, 부친은 진사로 관직 생활은 하지 않았습니다. 이옥은 서른한 살이던 1790년 생원시에 합격해 성균관 유생으로 있다가, 문체로 말미암아 정조 임금의 눈 밖에 나면서 큰 시련을 겪게 됩니다. 이 때문에 벼슬을 하지 않았음에도 이른바 문체반정[68]의 대표적인 희생자로서 『정조실록』과 『일성록』[69]에 몇 차례 그의 이름이 등장합니다.

1792년 10월 19일에는 글의 문체가 패관소설체(稗官小說體)로 지목되어 임금의 견책을 받고, 일과(日課)로 사륙문(四六文)만 50수를 짓게 하고 문체를 완전히 고친 뒤에야 과거에 응시할 수 있다는 처분을 받았습니다. 이날 임금은 남공철(南公轍)을 같이 거론하며 그의 벼슬을 떼었는데, 남공철의 부친이 정조의 글 스승이었습니다. 또, 대사성에게는 성균관의 시험 답지 중 조금이라도 패관잡기와 관련이 있으면 제일 낮은 점수를 주고 이름을 확인해 과거를 보지 못하도록 했습니다.

그런 다음, 곧 연경에 갈 동지 정사에게는 패관소기(稗官小記)는

• • •

68 정조가 문체에 대해 신하들과 토론하거나 주의를 주고 일부를 금지시키려 한 일. 어느 날 일어난 사건이 아니라 꽤 오랫동안 지속된 일로, 특히 정조 후반기인 1790년대에 기록이 많이 남아 있다. (표학렬, 『카페에서 읽는 조선사』, 인물과사상사, 2020.).

69 『日省錄』, 1760(영조 36)년 1월부터 1910년 8월에 걸쳐 조정과 신하에 관해 기록한 일기.

정조의 초상

물론 경서(經書)나 사기(史記)라도 당판(중국책)은 절대로 가지고 오지 말라고 엄명을 내렸습니다. 그러면서 조선의 서책은 종이가 질겨 오랫동안 두고 볼 수 있고 글자가 커서 보기에도 편리한데, 종이도 얇고 글씨도 자잘한 당판을 멀리서 구하는 이유는 누워서 보기에 편리해서이고, 경서를 누워서 보는 것이 어찌 성인의 말씀을 존숭하는 도리이겠는가 하였습니다.

닷새 뒤인 24일에는 "이옥이 지은 글은 순전히 소품(小品)의 체재를 본받고 있다. 이옥이야 한미한 일개 유생이므로 그렇게 심하게 꾸짖을 것까지야 없겠지만 … 그렇게 불경스런 문체는 엄히 금하도록 명했었다."고 합니다. 또, 남공철을 거론하며 애매하게 내버려 둘 수 없으니 질의서를 보내 진술서를 받도록 합니다.

다음 해인 1793년 10월 12일에는 시험에 뽑힌 유생들을 만나면서, 이옥에게는 "그대가 지은 것은 끝내 문체를 바꾸지 않았는데 다음에는 이렇게 하지 말라."고 또 경고했습니다. 그럼에도 이옥은 그 뒤로도 문체를 바꾸지 않고 자신의 신념을 지켜 나갔습니다. 1795에는 경과(慶科)에서도 문체가 괴이하다는 지적을 받고 과거 응시를 금지하는 '정거(停擧)'에 이어, 8월에는 지방의 군적에 편입되는 '충군(充軍)'의 명을 받게 됩니다. 처음에는 충청도 정산현(定山縣)에 배치되었다가, 다음 해 9월에는 더 멀리 경상도 삼가현(三嘉縣)으로 보내졌습니다.[70]

이듬해 (1796년) 2월의 별시(別試) 초시에서 수석을 차지했으나 계속 문체가 문제되어 끄트머리에 붙여졌고, 5월에 부친이 세상을 떠나자 아예 삼가현을 떠나 한양과 남양을 오가곤 했습니다. 그러는 동안 이옥은 과거에 붙었기 때문에 충군의 군역에서 벗어난 줄 알았는데, 직접 군역을 풀어 달라는 청원서를 올리지 않아 군적이 여전히 삼가현에 매여 있었습니다. 결국 이옥은 1799년 음력 10월에 다시 삼가현으로 끌려가다시피 내려가서 지내게 됩니다. 그는 다음 해 음력 2월 18일에 경과에 응시하기 위해 삼가 현감으로부터 휴가를 받아 길을 나섰는데, 공주에 도착할 무렵 사면 통보를 받습니다. 그런데 어떤 이유에서인지 이옥은 한양으로 가지 않고, 아예 남양 본가로 들어가 글을 지으며 여생을 보냅니다.

이옥의 집안은 상당한 재력이 있었던 것 같습니다. 집 안에는 수백 권의 장서가 있어 대여섯 살 때 글을 배우기 시작했다고 전합니다. 서울에서 생활할 때는 집 안에 함벽정(涵碧亭)이라는 정자가 있

• • •

70 이옥 저, 실시학사 고전문학연구회 역주, 『역주 이옥전집 2권』, 소명출판, 2001. pp. 105~107, 「남쪽 귀양길의 시말을 적다(追記南征始末)」.

었고, 담용정(淡容亭)이 딸린 남판서(南判書)의 구택을 구입해 살기도 하였습니다. 그의 집안이 남양 매화산 아래 정착한 것은 1781년인데 바닷물을 막아 어장을 만드는 일에 아흐레 동안 오십여 명의 공력을 투입하였으며, 수수밭을 일구는 데 여덟 명의 종복을 동원하기도 하였습니다.

그가 지은 『백운필』에는 당시 청나라의 연경에서 유통되던 책과 일본 책을 보고 인용하거나 소개한 내용도 적지 않습니다. 남양에 머물던 이옥이 외국 책을 읽을 수 있었던 것은 이종사촌인 유득공(柳得恭, 1748~1807) 덕분이었습니다. 유득공 역시 이옥처럼 서얼이었지만, 뛰어난 문인으로서 규장각의 초대 검서관(檢書官)으로 발탁되었을 뿐 아니라 세 번이나 연행사를 따라 연경에 다녀왔습니다. 이 과정에서 유득공이 귀한 서책들을 입수하여 이옥에게도 보여 준 것입니다.

이옥은 남양에서 농사를 생업으로 하면서 곡식과 채소들을 재배하고 꽃과 나무도 많이 심었습니다. 그는 경제적으로 여유 있는 삶을 누려 심미적인 취향을 어느 정도 견지할 수 있었던 것으로 보입니다. "살구나무 서너 그루를 얻어 집을 둘러 심었는데 꽃이 피면 시골집의 봄 분위기가 있다."고 하고, "근년에 국화의 품종을 구해 널리 심었으나 소가 국화를 좋아하는 까닭에 잠시라도 신경 쓰지 않으면 뜯어 먹어 버린다."는 기록에서 그러한 면모를 찾아볼 수 있습니다.

이옥은 백운필에서 「나의 채마밭」이란 제목 아래 다음과 같이 적었습니다.

이옥의 「봉성문여」

"내 집에 작은 채마밭이 있는데, 마루 앞에 바로 면해 있다. 아이종 하나가 거기에 부지런히 힘을 기울이면 밥반찬으로 나물을 마련하는 데 이바지할 수 있다. 심은 것은 파 · 마늘 · 무 · 배추 · 겨자 · 아욱 · 방아 · 상추 · 시금치 · 오이 등이다. 호박과 박은 담장 아래에 줄지어 심었다. 채마밭 가까이에 우물이 있는데 우물 아래에는 푸른 미나리를 심었고, 뜰 주변에는 가지를 심었는데, 조금 남은 땅이 있어 고추를 심었다. 이 채소들은 절여 먹을 수 있고, 국을 끓여 먹을 수 있고, 데쳐 먹을 수 있고, 생으로 먹을 수 있고, 해물이나 고기에 넣어 먹을 수 있고, 즙을 내어 먹을 수 있고, 약용으로 쓸 수도 있다."

그는 또 채마밭에 해마다 오이 육칠 십 뿌리를 심는다 했으며, 상추쌈을 먹는 방법까지 자세히 적어 놓았습니다.

이옥은 명나라의 반유룡(潘遊龍)이 엮은 사집(詞集) 취(醉)를 "이상하다. 먹은 누룩이 아니고, 책에는 술그릇이 담겨 있지 않는데 글이 어찌 나를 취하게 할 수 있는가? 장차 장독 덮개가 되고 말 것이 아닌가? 그런데 글을 읽고 또다시 읽어, 읽기를 사흘 동안 오래 했더니, 꽃이 눈에서 생겨나고 향기가 입에서 풍겨 나와, 위장 속에 있는 비릿한 피를 맑게 하고, 마음속의 쌓인 때를 씻어 내어 사람으로 하여금 정신을 즐겁게 하고 몸을 편안하게 하여, 자신도 모르게 무하유지향[71]에 들어가게 한다."고 말했습니다.

이옥이 남긴 작품들은 그의 절친한 벗 김려(金鑢)가 수습하여

• • •

**71** 無何有之鄕, 이 세상에 존재하지 않는 별천지.

『담정총서(薄庭叢書)』에 수록해 놓았으며, 그 밖에 『이언(俚諺)』, 『동상기(東床記)』, 『백운필』, 『연경(烟經)』등이 전해집니다.

## 정약용의 강진 유배지 채마밭

다산(茶山) 정약용(丁若鏞, 1762~1836)은 진주목사를 지낸 정재원의 넷째 아들로 태어났습니다. 『자산어보』를 지은 정약전이 둘째 아들이지만, 어머니가 같은 동복(同腹)의 큰형입니다. 그는 사도세자의 변고 시 벼슬을 잃은 부친이 귀향할 때 출생하여 어릴 때 자[72]가 귀농(歸農)이었습니다. 네 살 때 『천자문(千字文)』을 배우기 시작했고, 일곱 살에 오언시(五言詩)를 짓기 시작했습니다. 「산」이라는 제목의 시에 "작은 산이 큰 산을 가렸으니, 멀고 가까움이 다르기 때문"이라는 구절이 있어 부친이 그의 명석함에 놀랐다 합니다. 열 살 때 경서와 사서를 본떠 지은 글이 자기 키만큼 되었다 하니 일찍부터 천재성을 발휘한 듯합니다. 16세에 성호(星湖) 이익(李瀷)의 유고를 처음으로 읽고 평생 성호를 사숙(私淑)[73]했습니다.

스물둘에 성균관에 들어갔고 생원시에 합격했습니다. 정조 임금으로부터 실력을 인정받았지만 문과에 급제한 것은 또래에 비해 늦은 스물여덟 때였습니다. 이후 다산은 정조의 총애 속에 여러 벼슬을 거치면서 유능한 신진 관료로 촉망받았습니다. 31세 때는 수

• • •

72 字, 주로 남자가 성인이 되었을 때에 이름 외에 부르는 호칭.

73 존경하는 사람에게 직접 가르침을 받지는 않았으나, 마음속으로 그 사람의 학문을 본받아서 배우는 것.

원성 축조에 활차(滑車)를 이용함으로써 경비를 많이 절약해 임금의 신임이 더욱 두터워졌습니다.

그러나 34세 때 통정대부에 오르고 동부승지, 병조참의, 우부승지에 제수되었으나, 서학(西學: 천주교)을 신봉한다는 반대파들의 모함으로 잠시 좌천되기도 하였습니다. 36세에 반대파들의 모함이 더욱 심해지자 이른바 「자명소(自明疏)」를 올리고 사직하려 하였으나, 정조는 그를 곡산도호부사(谷山都護府使)로 내보냅니다. 그는 곡산부사로 재직한 2년여 동안 많은 선정을 베풀었으며, 이때 겪은 일선 지방관으로서의 경험이 후일 『목민심서』를 집필하는 데 크게 도움이 되었습니다.

38세에 다시 내직(동부승지, 형조참의)으로 돌아왔으나 점차 신변의 위협을 느껴 39세 되는 해 봄에는 모든 관직을 버리고 처자와 함께 낙향하였습니다. 그리고 거처하는 집을 여유당(與猶堂)이라 명명하였습니다. 그러나 그해(1800년) 6월 28일 정조의 갑작스러운 죽음과 함께 다산의 운명도 나락으로 떨어지게 됩니다.

1801년 신유사옥으로 셋째 형이 처형되고, 다산은 둘째 형인 정약전과 함께 유배를 당했습니다. 그는 2월에 경상도 포항 부근의 장기로 갔다가, 11월에는 전라도 강진으로 옮겨져 1818년이 되어서야 유배에서 벗어납니다. 다산은 57세에 해배되어 고향으로 돌아온 후에도 저술 활동을 계속하다가, 1836년 2월 자신의 결혼 60주년 기념일에 75세를 일기로 세상을 떠났습니다.

부인의 먼 친척이었던 홍길주(洪吉周)는 이 사실을 모르고 장수를 축원하는 글을 보냈는데, 늙도록 부부가 병 없이 건강하고, 세상에 보탬이 될 만한 저술이 몇 키를 넘기며, 후손이 공부에 힘써 장래가 든든하니, 이러한 세 가지 복을 갖추고서 세속의 부귀영화

정약용

까지 누린 경우는 고금에 달리 예가 없었다 했습니다. 뒤늦게 정약용의 부음을 전해 들은 홍길주는 "수만 권의 서고가 무너졌구나." 라고 그의 일생을 한마디로 정리했습니다.

정약용의 집안은 소내에 거주한 지 7대가 되었지만, 토지가 농사에 적합하지 않고 대대로 문필만을 일삼다 보니 그리 부유하지는 않았던 듯합니다.[74] 1800년 겨울에 쓴 글에서 집안의 경제 사정을 유추해 볼 수 있습니다. "백성에게 부여된 직업에 넷 있으니, 상업이 가장 넉넉하고 농업과 공업이 다음이며 가장 가난한 게 선비

• • •

74 고조 이후 삼세(三世)가 포의(布衣: 벼슬 없는 선비)였으며, 부친은 음사(蔭仕)로 진주목사를 지냈다.

이다. 문장을 만드는 도구도 넷 있으니, 벼루가 가장 오래 쓰이고 종이와 먹이 다음이고 공급하기 어려운 것이 붓이다. 가장 가난한 선비로 공급하기 어려운 붓을 구하는 방도가 있다."며, 종친들이 돈을 추렴하고 이자를 받아 붓을 대어 주는 모임인 중서사(中書社)를 만들었다 합니다.

다산이 유배를 가 있는 동안 남은 가족들은 한양 생활을 정리하고 경기도 광주의 마현(馬峴: 지금의 능내) 시골집으로 옮겨 가 살아야 했습니다. 두 아들은 한양에서 나고 자라 농사일에 관심도 없을 터이고, 시골 생활 역시 힘들 수밖에 없었을 것입니다. 그런 아들들에게 다산은 이렇게 꼼꼼히 일러 줍니다.

"시골에 살면서 과수원이나 채소밭을 가꾸지 않는다면 천하에 쓸모없는 사람이다. 나는 지난번 국상이 나서 경황이 없는 중에도 만송(蔓松) 열 그루와 향나무 두 그루를 심었다. 내가 지금까지 집에 있었다면 뽕나무가 수백 그루, 접목한 배나무가 몇 그루, 옮겨 심은 능금나무도 몇 그루 있었을 것이다. 닥나무는 밭을 이루고, 옻나무가 다른 언덕에까지 뻗쳐 있을 것이며, 석류 몇 그루와 포도는 몇 덩굴과 파초도 네댓 뿌리는 되었을 것이다. … 너희는 이런 일을 하나라도 하였느냐? 네가 국화를 심었다는 말을 들었는데, 국화 한 이랑은 가난한 선비의 몇 달 양식을 충분히 지탱할 수 있으니, 한갓 꽃구경에만 그치는 것이 아니다. 생지황, 반하(끼무릇), 길경, 천궁 따위와 쪽과 꼭두서니 등에도 모두 유의하도록 하여라.

채마밭을 가꾸는 요령은 모름지기 지극히 평평하고 반듯하게 해야 하며, 흙을 다룰 때는, 잘게 부수고 깊게 파서 분가루처럼 부드럽게 해야 한다. 씨를 뿌릴 때는 지극히 고르게 하여야 하며, 모는 아주 드물게 세워야 하는 법이다. 아욱 한 이랑, 배추 한 이랑, 무 한 이랑씩을 심고, 가지와 고추 따위도 각각 구별해서 심어야 한다. 그러나 마늘이나 파를 심는 데에 주력해야 하며, 미나리도 심을 만하다. 한여름 농사로는 오이[75]만 한 것이 없다. 비용을 절약하고 농사에 힘쓰면서 겸하여 아름다운 이름까지 얻는 것이 바로 이 일이다."

_「두 아들에게 부치노라(寄兩兒)」

다산은 과수원과 채소밭을 가꾸는 방법과 작물의 종류, 밭을 일구는 요령까지 꼼꼼히 설명하고 있습니다. 또 특용작물이라 할 국화와 각종 약초까지 심으라 합니다. 채소 종류에서도 아욱과 배추, 무, 가지와 고추, 마늘과 파에 미나리까지 골고루 심어 자급자족하도록 하는 한편, 오이 농사로 생활에 도움이 되게 했습니다.

그러면서 1810년 7월에는 두 아들에게 "지금은 내가 죄인의 명부에 올라 있어 너희들은 시골집에 숨어 살지만, 뒷날에는 오직 도성 십 리 안에서 살아야 한다고 생각한다. 만약 집안 사정이 어려워서 도성 안에 들어가 살 수 없다면, 잠시 근교에 머물면서 과일나무를 기르고 채소를 가꾸며 생계를 꾸리다가, 재산이 조금 넉넉해지면 그때 도성 안으로 들어가도 될 것이다."라고 훈계합니다.

강진에서 유배 생활을 하던 다산은 학당을 열고 제자들을 키웠습니다. 그리고 외가 쪽 인척인 윤씨 집안 제자들에게 선비가 할

• • •

75 참외로 번역한 경우도 있다.

수 있는 농업에 대해 전해 줍니다.

"조정에서 벼슬하는 사람을 사(士)라 하고, 들에서 밭 가는 사람을 농(農)이라 한다. 양반의 후손으로 한양에서 먼 지방에 살면서 벼슬이 몇 대 끊기면, 오직 농사짓는 일만으로 노인을 봉양하고 자식들을 키워야 한다. 그러나 농사란 이익이 박한 것이다. 게다가 근래에는 세금이 날로 늘어 농사를 많이 지을수록 더욱 쇠잔해지니, 반드시 원포(園圃)를 가꾸어 보충을 해야만 유지할 수 있다. 진귀한 과일나무를 심은 곳을 원(園)이라 하고, 맛 좋은 채소를 심은 곳을 포(圃)라 한다. 다만 집에서 먹으려고 하는 것만이 아니라 시장에 내다 팔아 돈을 만들기 위한 것이기도 한 것이다.
사방으로 길이 통하는 읍(邑)과 도회지 곁에 진귀한 과일나무 10 그루를 가꾸면 한 해에 엽전 50꿰미를 더 얻을 수 있고, 맛있는 채소 몇 두둑을 심으면 1년에 엽전 20꿰미를, 뽕나무 40~50주를 심어 5, 6칸의 누에를 길러 내면 또 30꿰미의 엽전을 얻을 수 있게 된다. 해마다 1백 꿰미의 엽전을 얻는다면 굶주림과 추위를 구제하기에 충분할 것이니 이는 가난한 선비들도 의당 알아야 할 것이다."

_「윤종문에게 또다시 당부한다(又爲尹惠冠贈言)」

'원'은 과수원이요, '포'는 채마밭입니다. 과일과 채소를 심고 길러 생계에 보탬이 되도록 하라고 당부한 내용입니다. 양반 체면만 따져 가만히 앉아 가족을 굶기지 말고, 원포를 경영하여 생계의 도리를 찾으라고 합니다. 시장에 내다 팔아 돈을 만들라면서 선비의 경제활동을 적극 강조합니다.

또 그는 「윤종억에게 당부한다」는 글에서 원포경영에 대해 보다 자세히 설명합니다.

> "그러므로 생계 수단으로서는 원포(園圃)와 목축(牧畜)만 한 것이 없다. 그리고 연못이나 못을 파서 물고기도 길러야 한다. 문 앞의 가장 비옥한 밭을 10여 개 두둑으로 나누어 사방을 반듯하고 또 고르게 만들고 채소를 심어 집에서 먹을 것을 공급해야 한다. 집 뒤곁의 공한지에는 진귀하고 맛 좋은 과일나무를 많이 심고, 그 가운데에는 조그마한 정자를 세워 운치가 있게 하고 도둑을 지키는 데도 이용한다.
> 또 흙을 잘 손질해 모싯대 · 지치 · 산마 같은 약초를 토질에 따라 심고, 인삼은 유독 쓰이는 곳이 많으니 법에 따라 재배하면 여러 이랑에 많이 심더라도 탈이 되지 않는다. 보리를 심는 것은 세상에서 가장 수익성이 낮다. 동백은 기름을 짜 부인들의 머리를 꾸미는 데 쓰고, 치자는 약에도 넣고 염료로도 쓰이니 아무리 많아도 못 팔 걱정은 없다.
> 만약 시장에 가까이 사는 사람이라면 복숭아 · 자두 · 매실 · 살구 · 능금 등은 모두 돈을 벌 수 있는 것이니 보리 심을 밭에다가 이런 것들을 심는다면 그 이익이 10배는 될 것이다. 그러니 자세히 살펴서 할 일이다."
>
> _「윤종억에게 당부한다(爲尹輪卿贈言)」

다산은 뽕나무를 재배해 누에를 치는 일에 관해 여러 번 강조했습니다. 큰아들에게 보낸 글에서 이렇게 적었습니다.

"살림살이를 꾀하는 방법은 밤낮으로 궁리해 봐도 뽕나무 심는 것보다 나은 것이 없구나. 이제야 제갈공명의 지혜[76]보다 나은 것이 없음을 알았다. 과일을 파는 것은 본래 깨끗한 명성을 잃지 않지만 장사일에 가깝다. 뽕나무 심는 거야 선비의 명성을 잃지도 않고 큰 장사꾼의 이익을 얻게 되니, 천하에 이런 일이 다시 있겠느냐? 남쪽 지방에 뽕나무를 365그루 심은 사람이 있어 해마다 365꿰미의 동전을 얻는다. 1년 365일에 날마다 한 꿰미씩 써서 양식으로 삼아도 평생 궁하지 않을 것이다. 아름다운 명성으로 세상을 마칠 수 있으니, 이 일을 가장 힘써 배워야 할 것이다. 그다음은 잠실(蠶室) 세 칸을 짓고 잠상(蠶床)을 7층으로 만들어라. 모두 스물 한 칸에 누에를 길러, 부녀자들을 놀고먹는 일이 없도록 하는 것도 좋은 방법이다. 올해 오디가 잘 익었으니, 너는 소홀히 여기지 말아라."

_「학연에게 주는 가계(示學淵家誡)」

큰아들이 의원(醫員)이 되었다는 소리에, 네가 의술을 빙자해 재상들과 친분을 맺어 이 아비가 죄에서 풀려나도록 도모하려는 것이냐며, 옳지도 못하고 또 할 수도 없는 일이라 하면서 쓴 편지의 끝부분입니다. '1810년 봄에 다산의 동암(東庵)에서 쓰다'고 한 뒤에 글을 추가해 아욱에 대해 적고는, "가을 채소를 뜯을 때는 반드시 5~6개의 잎을 남겨 두어야 한다. 잎을 따지 않으면 줄기가 약

• • •

76 뽕나무를 심어 생활을 영위한 지혜로, 제갈량(諸葛亮)이 후주(後主) 유선(劉禪)에게 올린 표(表)에, "성도(成都)에 뽕나무 8백 주가 있다." 하였다.

해지고 잎을 많이 남겨 두면 구밍이 커진다. 무릇 아욱을 뜯는 데는 반드시 이슬이 마른 뒤를 기다려야 한다."고 마무리했습니다.

토지를 사고 파는 것 외에 조선 시대 사람들이 재산을 모으는 방법으로 뽕나무 재배도 있었습니다. 뽕나무는 잎을 따서 누에를 쳐 명주실을 뽑을 수 있으며, 그 열매인 오디와 잎을 팔 수도 있어 여러모로 이득이 되는 작물이었습니다. 다산은 제갈공명의 지혜를 새삼 깨닫고 아들에게 편지를 써 뽕나무를 심고 양잠을 하도록 강조하고 있습니다.

> **마당을 절반 떼어 배추(菘)를 심었는데**
> **벌레가 갉아 먹어 구멍이 숭숭 났네**
> **어찌하면 훈련대(訓鍊臺) 앞 가꾸는 법 배워다가**
> **파초 같은 배추잎을 볼 수가 있을까**
> _「장기농가」 중 '배추'

평소 원포 경영의 꿈을 지녔던 다산은, 첫 유배지인 경상도 장기에서 배추를 키웠습니다. 초보 농부라 그런지 심은 배추를 벌레가 갉아 먹어 구멍이 숭숭 난 그물 배추가 되었던 모양입니다. 그는 훈련원 밭의 배추가 가장 좋다고 주를 달았습니다.

1801년 겨울 전라도 강진 땅으로 옮겨진 이후 다산은 4년째 주막집 골방[77]에 갇혀 답답하게 지냈습니다. 노파가 해 주는 밥을 먹

• • •

77 정약용은 자신이 머물던 주막집 방의 이름을 '네 가지를 마땅히 해야 할 방'이라는 뜻의 사의재(四宜齋)라 지었는데, 이 네 가지는 곧 맑고 담백한 생각과 엄숙한 용모, 과묵한 말과 신중한 행동을 말한다.

으면서도, 작은 땅뙈기라도 얻어 직접 채마밭을 일구고 싶어 했습니다. 그러던 어느 날 저녁의 일입니다.

> 주인 노파가 곁에서 한담(閑談)을 하다가 갑자기 "나으리께서는 글을 읽으셨으니 이 뜻을 아시는지요? 부모의 은혜는 다 같지만 어머니는 더욱 수고가 많습니다. 그런데 성인(聖人)의 가르침에는 아버지는 중히 여기고 어머니는 가벼이 여겨, 성씨(姓氏)는 아버지를 따르게 하고 상복도 어머니는 가볍게 입습니다. 친가 쪽은 일가라 하면서 외가 쪽은 도외시하니, 너무 치우친 것이 아닌지요?" 하고 물어 왔습니다. 그래서 제가 "아버지께서 나를 낳으셨기 때문에 옛날 책에도 아버지는 자기를 낳아 준 시초라고 하였소. 어머니의 은혜가 비록 깊지만 하늘이 만물을 내는 것 같으니 그 은혜가 더욱 무거운 것이라오."라고 답하였습니다.
>
> 그랬더니 노파가 "나으리의 말씀은 옳지 않습니다. 제가 생각해 보니, 풀과 나무로 비교하면 아버지는 종자요 어머니는 토양입니다. 종자를 땅에 뿌리는 일은 보잘것없지만 토양이 길러 내는 공은 아주 큽니다. 그러나 밤톨은 밤이 되고 볍씨는 벼가 되니 그 몸이 온전하게 이루어지는 것은 토양 때문이지만, 결국 종류가 나뉘는 것은 모두 종자에 따른 것입니다. 옛 성인이 가르침을 세우고 예(禮)를 만든 근본은 이런 까닭일 것입니다."라고 하였습니다. 저는 이 말에 크게 깨닫고 공경심이 일었습니다. 천지간의 지극히 오묘한 진리가 주막집 노파에게서 나올 줄 어찌 알았겠습니까? 매우 기특하기 그지없었습니다.

이 내용은 다산이 흑산도에 유배되어 머무는 둘째 형 정약전에게 보낸 서신에 들어 있습니다. 종자의 중요성에 대해 다산도 오래전부터 생각해 왔던 것 같습니다. 그가 벼슬살이하던 초기에 쓴 「원진사 일곱 수를 지어 아내에게 주다」라는 제목의 시에도 이런 내용이 있습니다. 다산은 집사람이 누에치기를 매우 좋아하여 서울에 살면서도 해마다 고치실을 수확하므로 이 글을 지었다고 주를 달았습니다.

> 조랑말이 준마를 낳았단 말 못 들었고
> 삽살개가 맹견을 낳은 것을 못 보았네
> 금년에 고른 종자 금싸라기 같으니
> 내년에는 고치실이 옥병(玉壺)과 다름없으리

이처럼 다산의 아내도 일찍 양잠을 했으므로, 아들에게 쓴 글에서 뽕나무를 재배해 누에를 치도록 하면서 잠실 몇 칸에 잠상 몇 층을 두라는 식으로 세세히 일러 줄 수 있었을 것입니다.

1805년 여름에 쓴 「소동파의 시에 화답한 여덟 수」에서는 당시 다산의 심정을 엿볼 수 있습니다. 먼저 서문에 이렇게 적었습니다.

> "내가 원래 채소밭 가꾸기를 좋아하는데, 타향살이하면서는 더욱 할 일이 없으므로 채소밭을 가꾸고 싶지만 땅이 좁고 힘이 못 미쳐 지금껏 못하고 있다. 그러나 늘 잊지 않고 있다. 이웃에 작은 채소밭을 가꾸는 사람이 있어 때때로 가서 보면 마음이 편안해지는 것만 보아도 천성이 그걸 좋아하고 있음을 알 만하다. 옛날 마정경(馬正卿)이 소동파에게 땅을 주어

직접 농사를 짓게 한 일이 있는데, 그때 동파가 시 8편을 남긴 일이 있었다. 지금은 시대도 그때와는 다르고 의리도 그때에 비하면 퇴색되어 그렇게 되기를 바랄 수는 없으므로 서글픈 마음에 이 시를 써 내 뜻을 나타내 본다.

1) 바닷가라서 좋은 채소는 적고 / 좋다는 것이 쑥갓 정도라네 / 허리만 굽히면 잡히는 게 고기인데 / 밭 갈고 물 대고 누가 그 짓 하겠는가 / 젊은 시절 채소 가꾸고 싶었지만 / 운명이 그래선지 뜻대로 안 되었고 / 남으로 와서나 그 소원을 풀어 / 맛 좋은 반찬 삼아 볼까 했더니만 / 알다시피 한 뙈기 밭도 없거니 / 땅에서 나는 걸 무슨 수로 얻겠는가 / 지금은 적막한 그때 그 마정경 / 그 인성 기리며 서글퍼할 뿐이네

6) 벼와 기장은 껍질을 벗겨야 하고 / 밤도 껍질을 깎아 내야 먹지만 / 채소는 통째로 먹을 수 있어 / 그 얼마나 버릴 것 없는 물건인가 / 장마도 가뭄도 그리 걱정할 것 없고 / 서리도 우박도 무서워 않는다네 / 번지[78]가 참으로 훌륭한 제자였지 / 채소 가꾸는 일 일찍 배우려 했으니 / 채소부에 빠뜨린 게 많은 / 장경악 그는 웃기는 사람이야[79] / 지난번 금곡에 살면서 / 자갈땅을 늘 일구려 했던 것은 / 행여나 좋은 운세를 만

• • •

78 번지(樊遲)는 공자의 제자로서 채마밭 가꾸는 법을 묻자, 공자는 "그것이라면 내가 그 방면에 늙은 사람만 못하니라." 하였다.

79 명나라의 장개빈(張介賓)이 쓴 『경악전서(景岳全書)』에 「본초편(本草篇)」이 있는데, 거기에 채소 종류를 다 수록하지 않고서 빠뜨린 것이 있다는 뜻이다.

나 / 님의 사랑 받을까 해서였지만 / 올가을에 채마밭만 사면 / 산 모서리에 집을 얽어 살리"

전체 여덟 수 중 첫째와 여섯 번째입니다. 비록 땅이 없어 채소를 가꾸고 있지는 못하지만, 이웃 사람의 채소밭에 가 보면 마음이 편안해지는 다산은 남쪽에 내려와 채마밭을 가꾸고 싶었지만 땅이 없음을 서글퍼했습니다. 채소는 껍질을 벗기지도 깎아 내지도 않고 통째로 먹을 수 있어서 채마밭만 사면 산 모서리에 집을 얽어 살려고도 했습니다. 다른 연에서는 누가 채마밭만 빌려준다면 그 은혜 참으로 잊기 어려우련만 하기도 하고, 채소가 먹고 싶은 뜻을 후손에게 유언으로 남겨야 하나라고도 썼습니다.

그러던 다산은 1808년 3월 16일 처음으로 귤동의 다산서옥(茶山書屋)을 찾습니다. 이곳에 열흘간 머물게 되었는데, 산속의 서옥은 몹시도 안온했습니다. 이 체류가 결국 다산으로 하여금 네 번째 거처를 귤동으로 옮기게 하는 계기가 되었습니다. 뜻밖에 다산초당에 머물게 된 다산은 기쁨을 주체할 수 없었던 듯합니다. 「다산팔경사(茶山八景詞)」만으로는 성에 안 차 다시 「다산화사(茶山花史)」 20수를 더 지었습니다.

어느 날 다산은 매화나무 아래를 산책하다가 잡초와 잡목들이 우거진 것을 보고 칼과 삽을 들고 얽혀 있는 것들을 잘라 내고 돌을 쌓아 단(壇)을 만들기 시작했습니다. 그 단을 따라 차츰차츰 아래 위로 섬돌을 쌓아 올려 아홉 계단을 만든 다음 채마밭을 만들었습니다. 그리고 거기에 있던 바위를 이용해 가산(假山)을 만들고, 샘솟는 물이 그 구멍을 통해 흐르게 했습니다. 초봄에 일을 시작하여 봄을 다 보내고 나서야 완성되었는데, 그 일은 사실 다산서옥

다산초당

주인 형제가 맡아서 했고 다산도 더러 도왔습니다. 완성 후 보는 사람들이 감탄을 하고 아주 좋다고 하여 시로써 그 기쁨을 나타내면서 팔십 운(韻)을 읊기도 했습니다.

이렇게 만든 아홉 계단의 밭에는 무와 부추, 늦파와 올배추, 쑥갓과 가지를 심고, 아욱과 겨자, 상추, 오이도 심었습니다. 특히 토란을 많이 심었는데, 다산이 토란과 쌀가루를 넣어 끓인 옥삼죽(玉糝粥)을 특별히 좋아했기 때문입니다. 빈터에는 저절로 나는 명아주와 비름나물, 구기자와 고사리, 쑥도 있었습니다. 고라니가 뜯어 먹을까 봐 가시덤불로 밭 둘레를 막고, 말이 헤집고 다니지 않도록 울타리도 더 높게 쳤습니다.

집 아래 새로이 세금 없는 밭을 일궈
층층이 자갈을 쌓고 샘물을 가두었지
금년에야 처음으로 미나리 심는 법을 배워

**성안에 가 채소 사는 돈이 들지 않는다네**

_「다산화사」 20수 중 18수

다산은 채마밭에 무, 배추, 부추, 쑥갓, 상추, 가지와 오이 등을 심고, 집 아래에도 새로 밭을 일구고 샘물을 가두어 미나리 밭을 만들었습니다. 여러 채소를 심었으니 채소 사는 돈을 많이 줄일 수도 있었고 오랫동안 품어 왔던 채소 키우는 즐거움도 맛보았겠지요.

꽃에 대한 욕심이 많았던 다산은 일찍이 서울의 명례방 시절에도 정원을 꾸며 화초를 가꾸었습니다. 다산은 초당에도 작약과 국화, 모란과 배롱나무(목백일홍), 대나무와 연을 심고, 당귀, 감탕나무, 살구나무, 포도나무들도 심어 즐겼습니다.

**국화는 꽃이 펴야 예뻐지는 게 아니라네**
**잎도 줄기도 언제든지 너무나도 예쁘다네**
**단 한 가지 제 주인이 동쪽 울타리(東籬) 연분[80]이 적기에**
**몇 그루가 쓸쓸하게 잡초 속에 있을 뿐이지**

_「다산화사」 15수

국화 그림자 아래서 시를 잘 짓는다는 이름이 높았던 다산은 「국영시서(菊影詩序)」에 이렇게 썼습니다. "국화가 여러 꽃 중에서 특

• • •

**80** 국화를 가까이할 수 있는 기회로, 도연명의 시에, "동쪽 울타리 아래서 국화를 따다가 물끄러미 남산을 바라보네(採菊東籬下 悠然見南山)" 에서 유래했다.

히 뛰어난 것이 네 가지 있다. 늦게 피는 것이 하나이고, 오래도록 견디는 것이 하나이고, 향기로운 것이 하나이고, 고우면서도 화려하지 않고 깨끗하면서도 싸늘하지 않은 것이 하나이다." 다산에게는 이 네 가지 외에도 국화를 즐기는 특별한 방법이 있었으니, 바로 국화의 그림자를 감상하는 것이었습니다.

다산은 어느 날 밤에 같이 자면서 국화를 감상하자고 윤구범 등을 초대했습니다. 마다하는 벗에게 굳이 오도록 청해 방을 정리하고 국화를 벽에서 약간 떨어지게 한 다음 촛불을 적당한 거리에 켜두어 밝혔습니다. 그랬더니 국화의 꽃과 잎이 서로 어울리고 가지와 곁가지가 정연해 마치 수묵화를 펼쳐 놓은 듯하고, 다음에는 너울너울 춤추는 듯 하늘거려 마치 달이 동녘에서 떠오를 때 나뭇가지가 서쪽 담장에 거리는 듯했습니다. 친구가 뛸 듯이 기뻐하며 손으로 무릎을 치고 감탄하면서, "기이하구나. 이것이야말로 천하의 빼어난 경치일세." 하였습니다. 감탄의 흥분이 가라앉자 다섯 친구가 술을 마시고 취하며 서로 시를 읊으며 즐겼습니다.

다산의 원포경영은 그가 아끼던 제자 황상(黃裳, 1788~1863)에 의해 완성됩니다. 황상은 다산이 강진에 유배되고 처음 가르치기 시작한 때의 제자로 다산의 아들 형제와도 오랫동안 인연을 이어 갑니다. 황상이 더벅머리이던 열다섯에 스승으로부터 받은 「제황상유인첩(題黃裳幽人帖)」(1803년)에는 다산의 채마밭을 포함한 정원상이 잘 나타나 있습니다.

**"뜰 오른편에 작은 못을 파되, 크기는 사방이 수십 보 정도로 하고, 못에는 연(蓮) 수십 포기를 심고 붕어를 기른다. 따로 대나무를 쪼개 홈통을 만들어 골짜기의 물을 끌어 못에 대고,**

넘치는 물은 담장 구멍으로 남새밭에 흘러가게 한다. 남새밭 정리는 맷돌처럼 평평하게 해서 마치 고인 물 같아야 한다. 구획을 나누고 네모지게 두둑을 만들어, 아욱과 배추, 파와 마늘 등을 종류별로 구분해서 서로 뒤섞이지 않게 한다. 모름지기 고무래를 써서 씨를 뿌린다. 싹이 터 나올 때 보면 아롱진 비단 무늬 같아야 비로소 남새밭이라 이름 붙일 수 있다. 조금 떨어진 곳에는 오이와 고구마를 심는다. 남새밭 둘레에는 해당화 수십 그루를 심어 울타리로 만든다. 매양 봄여름이 바뀌는 계절이 되면 남새밭을 둘러보는 자가 코로 향기를 맡을 수 있어야 한다.

당(堂) 뒤에는 소나무 몇 그루가 용이 휘어 감고 범이 움켜잡은 듯한 형상을 하고 있고, 소나무 밑에는 백학(白鶴) 한 쌍이 서 있다. 그리고 소나무의 동쪽으로 작은 밭 한 뙈기를 마련하여, 인삼 · 도라지 · 천궁 · 당귀 등을 심고, 소나무 북쪽에는 작은 사립문이 있어서 이곳으로 들어가면 잠실(蠶室) 3칸이 나오는데, 이곳에 잠박 7층을 설비해 두었다. 낮 차(午茶)를 마시고 잠실로 들어가 아내에게 송엽주(松葉酒) 몇 잔을 따르게 하여 마신 다음, 방서[81]를 가지고 아내에게 누에를 목욕시키고 실을 뽑는 방법을 가르쳐 주고는 서로 쳐다보고 빙긋 웃는다. 그런 다음에는 문밖에 징서[82]가 왔다는 소리가 들려도 빙그레 웃기만 하고 받아들이지 않는다."

• • •

81 方書. 누에 기르는 법을 기록한 책.

82 徵書. 조정에서 벼슬하라고 부르는 글.

〈일속산방도〉 (허련 작)

황상이 강진의 백적동으로 처자를 이끌고 들어간 것은 다산의 해배 직후인 1818년의 일이었습니다. 이후 30년간 집 짓고 땅을 일궈 농사를 지으며 일가가 살았습니다. 예순둘이던 1849년에 황상은 가족과도 떨어져 지낼 자신만의 공간을 가꿀 작정을 했고, 그래서 지은 것이 한 알의 좁쌀이란 뜻의 일속산방(一粟山房)입니다.

처음 황상은 이곳에 들어와 바위틈에 몇 칸 집을 얽고는 가시덤불을 베고 막힌 길을 뚫어 물길을 흐르게 했습니다. 이렇게 끌어온 물로 원포에 물을 주어 꽃을 가꾸고 채소를 기르며 대숲도 일구었습니다. 손님이 찾아오면 약초를 캐고 아욱을 꺾어 국을 끓여 대접했습니다. 이런 모든 배치는 예전 스승께서 써 주신 글과 한 치의 어긋남이 없도록 실천에 옮긴 결과였습니다.

1855년 8월 29일, 황상에게 보낸 다산의 큰아들 정학연의 편지에 다음 한 대목이 나옵니다.

> **"글을 받고서 일속산방이 이루어진 것을 알았소. 자못 그윽한 운치를 얻어 마침내 해묵은 소원을 이루게 되었구려."**

## 김려의 삼청동 만선와

담정(澹庭) 김려(金鑢, 1766~1822)는 노론계의 명문 집안에서 김재칠의 맏아들로 태어났습니다. 부친은 음서(蔭敍)로 관직에 진출해 현감을 지냈는데 능력 있는 지방관으로 유명했습니다. 이때부터 집안 사정이 나아져서 어릴 적 김려는 그런대로 안정된 생활을 할 수 있었습니다.

담정은 총명하고 문장에도 능했으며, 15세 때 성균관에 들어갔습니다. 당시 유행하던 패사소품체(稗史小品體)의 문장을 익혀, 16세 때는 영남의 선비까지 익힐 정도로 김려의 문체가 경향(京鄉)에 알려집니다. 성균관에서는 연륜과 학식을 갖춘 선배들이 같은 또래의 예로 대할 정도였으며, 관직 사회에서도 명성이 자자했다고 합니다.

27세 때인 1792년 3월에 사마시(司馬試)에 합격하여 성균관 생원이 됩니다. 『일성록』에는 김려가 정조 임금을 처음 만났을 때의 일이 기록되어 있습니다. 김려가 이름을 아뢰자, 임금께서 "그대의 시는 자못 금옥 소리처럼 아름다워 기뻐할 만하지만 매우 아름다운 유원명의 시에 비하면 한 걸음 양보해야 할 것이다. 그대의 용모가 또한 청수(淸秀, 맑고 수려)한 것을 보니 글이 사람을 닮았다고 할 만하다." 하였습니다. 이를 보면 담정은 시만이 아니라 용모도 준수했음을 알 수 있습니다.

그러나 아홉 달 뒤인 12월에는 생원 김려의 시권(답안지)에 대해, "칙교를 내렸는데도 어기고 소품체를 썼으며 글씨 또한 저 모양이니 몇 달의 기한을 주어 스스로 고치게 한 뒤 대사성이 지은 것을 가져다 보고 적도록 하며, 그 전에는 감히 과거에 응시하지 못하게 하라."고 엄히 질책하였습니다.

32세이던 1797년 11월 강이천의 유언비어 사건에 연루되어 조선의 최북단인 함경도 경원부로 유배를 가게 됩니다. 그런데 김려가 경원부에 도착하기 전에 개마공원 입구에 있는 부령(富寧)으로 유배지가 바뀝니다. 1798년 1월 부령에 도착했고, 그곳에서 김려는 현지 사람들과 사귀면서 저술에 몰두합니다. 김려는 첫 유배지인 함경도 부령에서 3년 넘게 살면서 한 여인을 만나게 됩니다. 그녀는 다정다감한 연인으로, 물심양면 보살펴 주는 누이로, 의협심 많은 지기로 항상 그의 곁을 지켜 줍니다. 이름은 연희(蓮姬)이고, 신분은 기생이었습니다. 담정은 연희, 영산옥(甯山玉) 등과 매화계(賣花稧)를 조직하여 친교를 맺고, 나중에는 수절하던 영산옥을 위해 부사(府使)의 잘못을 풍자한 글을 지어 필화 사건이 일어나게 됩니다.

그러다가 1801년 3월 초에 주문모가 체포되면서 다시 의금부에 끌려가 거의 죽을 정도로 매를 맞게 됩니다. 심문 결과 김려는 천주교 신자가 아니라고 밝혀졌지만, 조정에서는 4월 20일 남쪽 끝 우해(牛海)로 유배지를 바꾸었습니다. 서 있거나 앉아 있어도, 걷거나 누워도 오직 북쪽 생각뿐, 생각할수록 더욱 잊지 못하던 그는 마침내 세 들어 사는 집의 오른쪽 창문에 '생각하는 창문'이란 뜻의 '사유(思牖)'라는 편액을 달았습니다. 그리고 부령을 그리는 연가 『사유악부(思牖樂府)』를 주욱 써 내려갑니다.

김려는 1801년 12월에 쓴 자서(自序)에서 이같이 썼습니다.

**"내가 북쪽에 있을 때에는 하루도 남쪽을 생각하지 않은 적이 없는데, 마침내 남쪽으로 옮겨 오자 이제는 하루도 북쪽을 생각하지 않은 날이 없게 되었다. 생각이란 이처럼 수시로 변하는 것이지만, 그 괴로움은 갈수록 심해진다. 창문에다 사(思)라는 이름을 붙인 것은 이 때문이다. 서서도 생각하고, 앉아서도 생각하며, 걷거나 누워 있을 때에도 생각한다. 혹 잠**

시 생각하기도 하고, 혹 한참 생각하기도 한다. 혹은 생각을 하면 할수록 더욱더 못 잊게 된다. 그렇다면 나의 생각은 어떠한가? 생각으로 인해 마음에 느낌이 있으니 소리가 있을 수 없고, 소리를 좇아 운(韻)을 다니 곧 시가 되었다. 이에 시 약간 수를 깨끗이 써서 이름하기를『사유악부』라 하였다."

『사유악부』는 부령에서의 유배 생활의 체험을 악부의 형식을 빌려 표현한 연작 시집입니다. 특이하게도 290수의 시가 '문여하소사(問汝何所思), 소사북해미(所思北海湄)'로 시작합니다. 이 부분은 번역자에 따라 '묻노니 너 무엇을 생각하느냐 / 북쪽 바닷가를 생각하노라', '무얼 생각하나? / 저 북쪽 바닷가', '그대 어디를 그리워하나? / 그리운 저 북쪽 바닷가'와 같이 시작합니다.

묻노니 너 무엇을 생각하느냐 / 북쪽 바닷가를 생각하노라 / 남쪽 우리 집에 몇 이랑 밭이 있어 / 산 끼고 강을 끼어 경치도 괜찮다네 /저번 날 연희와 나, 남들 몰래 약속했지 / 도롱삿갓 사 가지고 둘이 다 농군 되어 / 나는야 가래 들고 연희는 호미 잡고 / 백 년토록 함께 살며 농사 재미 누리자고 / 사람들 꿍꿍이속 자칫하면 망상이라 / 그때 약속 빈말 되고 지난 추억 더듬을 뿐 / 어이하면 훨훨 날아 좋은 고장 찾아가서 / 마음 맞는 그 사람과 옛 약속 지켜볼꼬

_「연희와 약속했지」

김려의『사유악부』

무얼 생각하나? / 저 북쪽 바닷가 / 북방의 고운 선녀, / 부령 땅 연희와 정을 나눴지 / 빙설(氷雪) 같은 영혼에 옥처럼 고운 자태 / 붉은 입술, 하얀 이, 새까만 눈썹 / 칠흑 같은 귀밑머리 구름처럼 아름답고 / 손가락 희디희고 살결은 윤이 났지 / 뜻은 높고 기운은 정숙하여라 / 산과 같고 강과 같고 부드럽고 따뜻하며 / 우러른 듯, 수그린 듯, 몸가짐 아름답고 / 밝고 맑고 깨끗하고 공순하고 단정했지

_「부령 땅 연희」[83]

그대 어디를 그리워하나? / 그리운 저 북쪽 바닷가 / 연못에 붉게 핀 연꽃 천만 송이 / 연희 생각에 더욱 사랑스럽구나 / 마음도 같고 생각도 같고 사랑 또한 같았으니 / 한 줄기에 나란히 난 연꽃을 어찌 부러워했으랴? / 평생을 살면 즐거운 이가 원망스런 이가 되고 / 좋은 인연이 나쁜 인연이 되는 건지? / 하늘 끝과 땅 끝이 산하에 막혀서 / 죽도록 부질없이 이별가만 불러 대네 / 전생의 죄과로 이생에서 이렇게 고생하는지, / 연희야! 연희야! 너를 어찌하랴?

_「연꽃을 닮은 여인, 연희」

우해에서 그가 세 들어 살던 집은 소금을 굽는 이일대라는 사람의 집이었습니다. 그 집 앞에는 작은 연못이 있어 여름이면 연꽃으

• • •

**83** 김려는 "연희(蓮姬)의 성은 지(池) 씨, 이름은 연화(蓮華), 자는 춘심(春心), 호는 가헌(葭軒) 또는 천영루주인이다. 나는 『연희언행록』을 지은 바 있다." 고 주를 달았다.

로 가득했습니다. 담정은 연못에서 연꽃들이 하나둘 피어날 때면 연꽃을 닮은 연희가 보고파 연꽃을 보고 또 보면서 그리운 이름을 불러 댑니다. 부령에서 쓴 글의 여파로 연희는 북방의 차가운 감옥에 갇혀 있고, 담정은 남녘땅 바닷가에서 목 놓아 이별가를 부릅니다. "연희야! 연희야! 너를 어찌하랴?"

그 옛날 초한 전쟁 때, 유방(劉邦)에게 쫓겨 오강에서 절규하면서 「해하가(垓下歌)」를 부르던 항우(項羽, B.C. 232~B.C.202)의 모습이 떠오릅니다. "우희야, 우희야, 이를 어찌한단 말이냐?"

김려가 우해에 처음 왔을 때는 바닷가의 풍토에 적응하지 못해 고생을 많이 합니다. 시간이 지나면서 그는 어부들과 너나들이하며 지낼 정도로 가까워지고, 어패류도 매우 좋아하게 되었습니다. 담정은 1803년 가을에 우리나라 최초의 어보인 『우해이어보(牛海異魚譜)』를 완성합니다. 우해는 보통 진해로 많이 알려져 있는데 다른 의견도 있습니다.[84] 그는 귀양살이를 하면서 바다에 나아가 기이하고 괴상하며 놀라운 물고기들을 보고서 기록할 만한 것들을 선별해 형태 · 색채 · 성질 · 맛 등을 정리해 『우해이어보』를 썼습니다.

> **"우해(牛海)란 진해(鎭海)의 다른 이름이다. 내가 진해에 유배되어 온 지 벌써 두 해가 지났다. 집이 섬 귀퉁이에 붙어 있고 문이 큰 바다에 닿아 있어서, 어부들과 서로 너나들이로 부르**

• • •

84 제목에서 '우해(牛海)'는 당시 '진해현'의 별칭인데, 조선 시대에 진해라 불리던 지역은 오늘날의 경상남도 창원시 '진해구'가 아니라 마산 합포구 진동면 일대였다. 우해는 '우산(牛山)'이라고도 불렸다. (주영하, 『조선의 미식가들』, 휴머니스트, 2019. p.87)

며 지내면서 물고기와 조개들도 좋아하게 되었다.
세 들어 사는 주인집에는 작은 고깃배 한 척이 있었고, 제법 글을 몇 자 읽을 줄 아는 열한두 살 먹은 아이가 있었다. 매일 아침 짧은 망태를 지고 낚싯대 하나를 들고서, 아이에게는 담배와 차, 화로 따위를 들게 하였다. 배를 저어 바다로 나가면 항상 큰 파도와 무시무시한 물결 사이를 오고 갔다. 가깝게는 혹 서너댓 리, 멀게는 혹 수백 리까지 나가 하루나 이틀씩 머물다 돌아오곤 하였다. 사계절 모두 그렇게 하였다.
나는 물고기를 잡는 데는 마음을 쓰지 않고, 다만 매일 듣지 못했던 것을 듣고 매일 보지 못했던 것을 보는 것을 즐길 뿐이었다. 그런데 사람을 깜짝 놀라게 하는, 기이하고 신비한 물고기들이 이루 셀 수가 없었다. 나는 비로소 바다가 가지고 있는 것이 육지가 가지고 있는 것보다 많고, 바다 생물이 육지 생물보다 많음을 알게 되었다.
마침내 한가한 날 마음대로 붓을 움직여 써 나갔는데, 기록할 만한 물고기들의 형태와 색채, 성질, 맛 등을 채록해 나갔다. 그러나 능어, 잉어, 자가사리, 상어, 방어, 연어, 민어, 오징어처럼 누구나 다 알고 있는 어류나, 바다코끼리, 바다소, 물개, 돌고래, 바다양처럼 어류라 하기 어려운 생물들과, 아주 작고 보잘 것이 없어서 형용하기조차 어려운 생물들, 그리고 방언으로 된 이름은 있으나 무슨 뜻인지 알 수 없거나 비속하여 알기 어려운 생물들은 다 빼 버리고 기록하지 않았다. 이렇게 해서 한 권이 된 것을 다시 잘 베껴 써서『우해이어보』라 하였다.
훗날 성은을 입어 살아서 돌아가게 된다면 농부와 나무꾼과 함께 논밭에 물 대고 김매는 여가에 이곳의 풍물을 이야기함

**으로써 석양녘에 피로를 푸는 하나의 웃음거리로 삼으려 할 뿐이지, 감히 박식한 선비들에게 조금이라도 도움이 될 만한 것들이 있다고 생각하지는 않는다. 1803년 9월 29일 차가운 언덕(寒皐)의 유배객이 셋방 우소헌(雨篠軒)에서 쓰다."[85]**

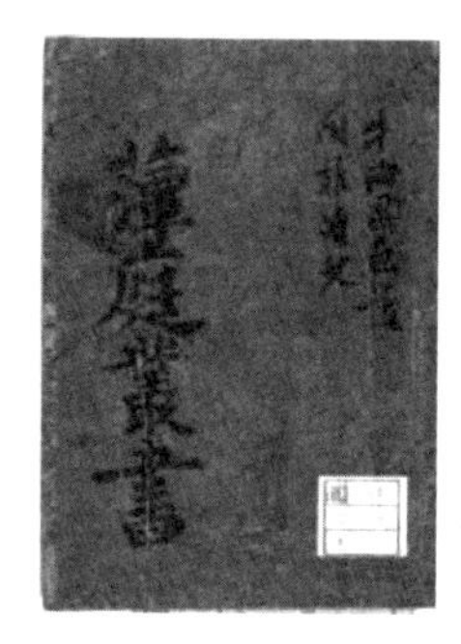

김려의『담정총서』

『우해이어보』는 정약전의『자산어보(玆山魚譜)』(1814년)와 함께 우리나라 수산 연구의 선구가 되는 어보로 평가받고 있습니다.

1806년 8월에 올린 아들 김유악의 상소로 10월에 십 년 동안의 긴 유배 생활이 끝났습니다. 그러나 그동안 집안은 완전히 몰락하여 논밭과 가옥은 모두 남의 소유가 되고 초가집 두어 칸만 남아 있었으며, 자신과 벗들의 수많은 작품들마저 없어지고 말았습니다. 담정은 유배 기간 중 돌아가신 아버지의 묘가 있는 공주로 가서 삼 년 동안 시묘살이를 합니다.

그리고 1811년 봄에 고향인 여릉에서 서울 삼청동으로 이사합니다. 소라껍질처럼 작은 집에는 제법 빈 터와 원림이 있었지만 모두 황량하게 버려 두고 가꾸지 않고 있었습니다. 집안은 매우 궁핍하여 삼순구식(三旬九食) 할[86] 정도였습니다. 담정은 매미들이 울어대는 작은 집인 만선와(萬蟬窩)에서 밭을 일구고 채소와 과일나무

• • •

**85**「藫庭遺稿」 권8, 「牛海異魚譜序」.

**86** 한 달 동안 아홉 끼니밖에 먹지 못한다는 뜻으로, 몹시 가난함을 이르는 말.

를 심습니다. 그리고 농사지으며 체험한 것을 눈에 보이는 대로 시로 읊고 종이에 적어서 상자에 던져 놓곤 합니다. 1821년에 이때 쓴 시들 중 남아 있는 것을 모아 『만선와잉고(萬蟬窩賸藁)』로 엮었습니다.

여기에는 30종의 과실, 19종의 채소, 10종의 꽃과 그리고 42종의 생활용품을 읊은 시들이 담겨 있습니다. 그가 읊은 채소를 보면, 아욱, 무, 시금치, 상추, 파, 호박, 고추, 순무, 마늘, 배추, 염교, 박, 차조기, 동아, 오이, 곰취, 부추, 가지, 쑥갓과 같이 우리네 밥상에 자주 오르는 채소들입니다. 이 중 상추를 읊은 시를 소개합니다.

**상추 씨 뿌린 지 삼십 일 / 날이 몹시도 가물었기에 / 응달 밭이 거뭇거뭇 묵어 가 / 여린 싹이 다투어 말라 갔네 / 단비가 문득 부슬부슬 내리고 / 남풍이 어지러이 불어오더니 / 온 밭에 윤기가 반들반들 / 햇살에 꽃처럼 반짝반짝하네 / 큰 잎이 울긋불긋 주름이 잡혀 / 치마를 펼친 듯 널따랗다네 / 병든 아내 손수 따다가 / 아침 밥상에 맛보라 올렸네 / 겨자즙에 생선 토막 다져 넣고 / 고추장에 생강초를 곁들이면 / 보리밥이 거칠다지만 / 꿀맛 같아 비길 데 없다네 / 척척 포개어 쌈을 사서 / 활처럼 크게 입을 벌려 먹고서 / 북쪽 창가에 배불러 쓰러지면 / 태평 시절 백성이 아니겠는가?**

_「부루(萵苣)」

상추는 『지봉유설』에서 천금채(千金菜)라고도 했는데 와국(咼國)에서 공물로 가져왔으며, 수나라 사람들이 비싼 값에 들여와 심었다고 합니다. 상추를 예전에는 부루, 한자로는 와거(萵苣)로 썼습니다. 담정은 채소의 경우에도 참고가 될 만한 내용들을 주석으로 달아 놓았습니다. "부루는 지방 말로 '불로(不老)'라고 한다. 하얀 털이 돋는 종류를 '흰 부루'라고 하는데 맛은 조금 떨어진다."

김려는 47세이던 1812년 벗 김조순의 도움으로 의금부 말단 관리로 벼슬길에 나아갑니다. 이후 정릉 참봉(靖陵參奉)과 경기전 영(慶基殿令)을 거칩니다. 그리고 1817년 10월에 연산현감(連山縣監)으로 부임합니다. 현감으로 있으면서 날마다 절구 한 수씩을 지어 그날 있었던 일들을 기록하였습니다. 관아에서 긴 밤 잠을 못 이루어 새벽닭 울음소리가 그리웠던 어느 날, 고을 사또는 사령을 시켜 암탉과 수탉 한 쌍을 사다가 영창문 동쪽에 우리를 만들어 주어 살게 합니다.

**사람을 장에 보내 닭 한 쌍 사다 놓고**
**우리 만들고 홰를 매어 툇마루 서쪽에 살게 했네**
**병석에 누운 이 몸 잠들기 어렵거니**
**이른 새벽 창 곁에서 네 울음 들으리라**
**_「닭 한 쌍을 사 오다」**

그러고는 동헌 뜰 안 빈 땅에 관노와 방자 같은 하인들을 시켜 저마다 한 구역씩 맡아 채마밭을 일구게 하고 여러 가지 남새를 심도록 했습니다. 당시 관아는 손님이 빈번히 찾아오는 곳이므로 따로 주방을 갖추고 있었습니다. "이곳에는 쌀과 식품을 관리하는 주리(廚吏) 이외에 채소를 담당하는 원두한[87]이나 음식을 만드는 칼자(刀子)가 머물러 있으면서 조리를 담당했다."[88]고 합니다.

**마당 가 채마밭 한 이랑이 되나 마나**

**장다리꽃 스러지자 겨자꽃 향기롭네**

**봄 이미 지났거니 꽃향기 찾겠다고**

**빨간 나비 노랑 벌 바삐 바삐 돌아치네**

**_「마당 안 채마밭」**

담정은 1819년 3월에 연산현감에서 물러났으며, 1821년 9월 함양군수로 재직하던 중 56세를 일기로 세상을 떠났습니다. 김려는 벗 이옥과 함께 조선 후기 대표적인 소품 작가로 평가받고 있습니다. 김려가 유배에서 돌아와 여릉의 전원에 칩거하고 있을 때, 이옥(李鈺)이 소를 타고 남양 매화동에서 찾아와 소매에서 책 한 권을 꺼내 줍니다. "제목이 향기를 토하는 먹, '묵토향(墨吐香)'이었다. 그가 이 글을 짓는 데 쓴 고심을 말하기에 내가 상자 속에 넣어 두었는데, 지금 이옥이 죽은 지 어느덧 5년이 흘렀다. 우연히 상자를 뒤지다가 원고를 찾아내니, 그가 한평생 부지런히 힘쓴 뜻이 슬펐다. 이에 베껴 써서 한 권을 만들었다."고 적었습니다.

• • •

**87** 園頭干, 밭에다 오이, 수박, 호박, 참외 등을 심어 기르는 사람.

**88** 김상보, 『조선 시대의 음식문화』, 가람기획, 2006.

## 이학규의 김해 유배지 채마밭

이학규(李學逵, 1770~1835)는 서울 황화방(黃華坊) 외가에서 유복자로 태어났습니다. 아버지는 그가 태어나기 5개월 전에 22살의 나이로 요절했습니다. 열 살이 될 때까지 외가에서 자라며 성호 이익의 조카가 되는 외할아버지인 이용휴(李用休)에게 시와 성호학파(星湖學派)의 학문을 배웠습니다. 1784년 15살에 나주 정씨와 혼인했는데, 정약용과는 10촌 관계였습니다. 그의 집안(平昌李氏)은 비록 크게 드러나지는 않았지만, 문과 급제자가 계속 나고 할아버지가 승지 벼슬을 지내는 등 명망 있는 양반 가문이었습니다. 조부 때부터 거처하였던 그의 집에는 조촐한 정원과 천여 권의 장서가 꽂힌 서가가 있었으며, 영서(嶺西) 지방에 약간의 토지를 소유하고 있었습니다.

그는 약관의 나이에 문학으로 명성을 얻어 정조의 인정을 받았습니다. 1795년에는 벼슬이 없는 선비임에도 왕의 특명으로 규장각의 도서 편찬 사업에 참여했습니다. 1797년 여름에는 원자궁(元子宮)에 내리기 위해 정조가 손수 편수한 책을 수정・보완해 칭찬을 받았고, 1799년 봄에는 왕명으로 「무이구곡도가(武夷九曲櫂歌)」를 지었습니다. 「무이구곡도가」는 처음에 주희(朱熹)가 복건성 무이산 계곡의 아홉 구비 경치를 읊은 것으로, 자연 묘사를 주로 하면서 성리학을 공부하는 단계적 과정을 내용으로 하고 있습니다.

정약용과 마찬가지로 이학규도 정조 때는 임금의 신임을 받았으나, 정조의 사후 서학인 천주교와 관련되어 큰 고초를 겪게 됩니다. 『일성록』의 기록을 보면, 1801년(순조 1년) 11월 1일에 의금부에서 죄인 이치훈, 정약전, 정약용, 이학규, 신여권을 신문하였

〈무이구곡도〉(이성길, 1592)

습니다. 다음 날 또 이치훈, 정약전에게 다시 진술을 받은 뒤에 신장(訊杖) 30도(度)를 쳤고, 정약용에게 신장 10도를 쳤습니다. 이학규와 신영권에게는 각각 신장 30도를 친 다음, 황사영과 대질하였습니다. 11월 5일에는 이치훈은 제주, 정약전은 흑산도, 정약용은 강진, 이학규는 김해, 신여권은 고성으로 모두 멀리 귀양을 보냈습니다.

한참 세월이 흐른 뒤인 1816년 정약전은 유배지에서 생을 마쳤고, 정약용은 큰아들의 사면 요청으로 석방 약속을 받고도 8년 뒤인 1818년에야 유배에서 풀려났습니다. 이학규와 신여권은 1824년 4월에 각각 아들들의 청원에 의해 석방되는 기록이『순조실록』24년(1824년) 4월 8일 기록에 등장합니다.

이학규가 남쪽인 김해로 유배 오고 10여 년 동안 눈앞에는 마음에 맞는 사람 하나 없고, 가슴속엔 마음에 드는 일 하나 없었습니다. 그는 평소 술을 좋아해 몇 잔 마시고 나면 마음속의 답답함이 조금씩 해소되어서 마음을 가라앉히고 시를 지을 수 있었습니다. 그런데 이 고을은 술값이 많이 올라서 입술을 축일 비용이 툭하면 수십 전(錢)에 이르러, 유배객이 어디에서 상평원보(常平元寶) 동전을 얻어 술 마시는 일에다가 써 버릴 수 있겠는가 하고 한탄도 합니다.

「박꽃이 피어난 집(匏花屋記)」은 이학규가 유배 10년째 되던 해에 높이가 한 길이 못 되고 넓이가 수 척에 불과한 집 한 칸을 마련하고 그 소감을 적은 글인데, 유배지에서의 궁핍한 생활이 나타나 있습니다.

"내가 사는 집은 높이가 한 길이 채 되지 않고 너비가 아홉 자가 되지 않는다. 일어나 인사하려면 갓이 걸리고, 드러누우려면 무릎을 구부려야 한다. 한여름에는 햇볕이 쏟아져 들어와 창문이 열에 달아오른다. 그래서 집을 에워싼 담장 밑에 박을 십여 뿌리 심었더니 넝쿨이 뻗어 올라가 지붕을 뒤덮었고, 그 그늘 덕을 보게 되었다. 그러나 파리와 모기가 그 컴컴한 그늘에 서식하고 뱀과 구렁이가 서늘한 습지에 도사리고 있어서 어두컴컴해진 밤이 되면 자주 일어나 등잔이나 촛불을 들고 마당을 왔다 갔다 하였다. 조용히 앉아 있자니 벌레에 물린 자리를 긁어 대느라 지치고, 벌떡 일어나 빨리 걸으면 저들에게 독하게 물릴까 겁이 났다. 걱정에 피곤이 날이 갈수록 심해지더니 병이 나서 소갈병도 생기고 우울증도 생겼다. 손님과 만나기만 하면 그 처지를 털어놓곤 하였다. 서울에서 찾아온 과객이 있어 내 하소연을 듣고서 안타까워하더니 예전에 직접 겪은 일이라며 다음과 같은 사연을 들려주었다."

1815년 열다섯 때 혼인한 동갑내기인 나주 정씨가 세상을 뜹니다. 유복자로 태어난 이학규와 양친을 여읜 정씨는 서로를 위로하고 의지하면서 살았습니다. 그러다 1801년 유배되면서 헤어진 게 마지막이 되고 맙니다. 그는 뒤에 지은 제문에서 "내가 당신과 이

별하게 되자, 당신은 한마디 말도 하지 않고 다만 머리를 숙인 채 내 옷자락을 어루만졌소. 그때 당신의 눈가에는 눈물이 어른거렸소." 하고 회상했습니다.

그러다가 1817년 겨울에 이웃 노파의 주선으로 형제도 없이 혼자 살던 진양 강씨를 만나 외로운 사람끼리 서로 의지하며 살게 됩니다. 1820년에는 김해에 온 지 20년 만에 비로소 집을 세내어 빌립니다. 그는 작은 채마밭을 장만하여 오이, 가지, 참외 등을 심기도 하고, 작은 연못을 파서 물고기를 기르고 연못을 물끄러미 바라보기도 하는 등 한적한 정취를 추구하는 모습을 보여 줍니다.

> "채마밭은 작은 집을 둘렀는데 서북향으로 좁고 길게 되어 있어 주위를 돌라치면 90보쯤 되었다. 서쪽은 흙담으로 둘렸고 북쪽은 갈대 울타리인데 담에 붙어서 감나무 한 그루가 서 있다. 또 울타리 가까이 나무 두 그루가 서 있어서 짙은 그늘이 지붕을 덮고, 울타리 끝 동쪽에 앵두나무 한 그루가 있으며, 서쪽으로는 석류나무 두 그루가 있어서 모두 열매가 익으니 아주 달다. 울타리 옆에 양하(蘘荷)[89]와 이대(美箭)[90]가 자라는데 줄기와 잎이 서로 비슷해서 높낮이로만 구분할 뿐이다. 한가한 날에 계집아이를 시켜 오이, 가지, 단박[91], 고추 등속을 심고, 조금 더운 날씨에는 삽자리를 깔고 감나무 밑 그늘에서 북쪽 갑문의 여울물 소리를 듣고 동쪽 숲의 뻐꾸기 소리를 들

• • •

89 생강과의 여러해살이 풀로 남쪽 지방에 자란다.

90 箭: 이대, 대의 종류.

91 甘瓠, 박이 익어서 박속을 먹을 수 있는 박.

으니 매우 즐겁다.”

_「작은 채마밭(記小圃)」

“작은 방의 서쪽 창문을 열면 오이 덩굴이 있다. 길이는 몇 길이 되고, 높이는 그 반 정도로, 석양빛이 내리쬐는 것을 막으려고 심은 것이다. 그 바깥에 조그만 연못을 팠는데, 가로세로가 각각 세 길쯤 된다. 부들을 둘러 심고, 개구리밥이 덮여 있다. 연못 안에다가 가물치를 길렀는데, 낚시를 드리우고 유유자적하고자 한 것이다. 해가 기울어 노을이 깃들고, 물이 맑고 바람이 잔잔할 때면 두꺼비와 맹꽁이들이 헤엄치고 잠자리들이 위아래를 날아다니며, 풀꽃이 물 속에 그림자를 비추고 조약돌이 빛을 발한다. 이때 정신을 집중하여 조용하게 바라보고 있노라면 참으로 즐겁다.”

_「작은 연못(記小池)」

그러나 즐겁고 행복하던 시간도 잠시, 둘째 부인이 딸을 낳은 지 9일 만에 세상을 떠납니다. 이학규는 윤이 엄마를 이렇게 곡합니다.

집 한편에 채소밭을 만들어 놓고 / 파, 배추, 겨자, 마늘을 가지런히 가꾸었다오 / 그때 임신한 몸으로 허리를 구부리고 일하다가 / 호미를 내려놓고 가쁜 숨을 내쉬는데 / 나를 돌아보는 얼굴빛이 보통 때와 달랐고 / 눈가에 눈물 고인 채 고개 숙여 구석을 바라보았소 / 우는 까닭을 물어보니 아이 낳는 게 걱정이라 답했다오 / … / 묵정밭이 조금 남아 있고, 집과 마당과 채마밭도 있으며 / 당신이 입던 옷가지도 남아 있으니 / 갓난아이가 크게 자라면 그걸 전해 주려고 하오 / 내가 성은을 입어 조상 무덤을 찾아가게 되면 / 당신을 여기 두지 않고 관과 함께 돌아가겠소

_「윤이 엄마, 哭允母文」

이학규는 유배 기간 중에 저술 활동에 전념했습니다. 특히 당시 강진에 유배되어 있던 정약용과 서신을 통해 빈번히 교류합니다. 이학규는 정약용에게 보낸 편지 글에서 "이 고장에는 읽은 서적이 없어 괴롭습니다. 구우의『전등신화(剪燈新話)』를 서가에 꽂아 놓는 최고의 책으로 추켜세우고, 나관중의『삼국지연의』를 베개 속에 감추어 두는 보물로 여긴답니다. 그들은 남에게 빌려줄 마음도 없으며, 나 또한 남에게 빌리고 싶지 않습니다."라며 다산이 유배지였던 강진과 자신의 유배지였던 김해의 문화적 차이에 대해 비교하였습니다. 유배 생활을 하면서도 다산은 해남 윤씨가의 장서 등 수천 권의 도서를 열람하고 제자들과 함께 자신의 저술을 정리하였지만, 이학규는 학문 활동에 필요한 기본적 서적조차 제대로 갖추지 못한 열악한 환경 속에 처해 있었던 것입니다.

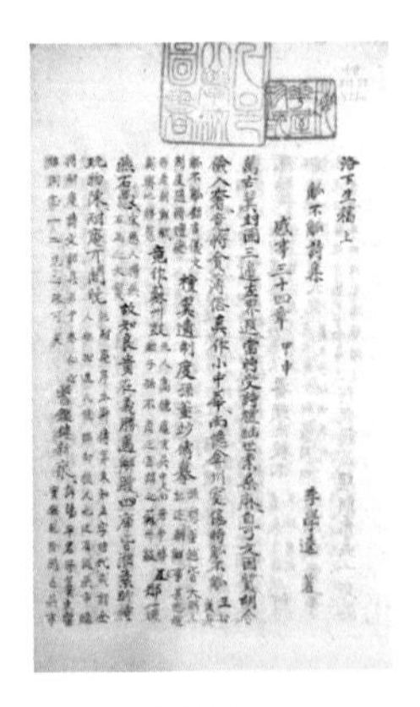
이학규의『낙하생고』

그럼에도 이학규는 우리의 역사 · 지리 · 풍속과 자연과학 등에도 상당한 관심을 기울여 이에 대해 연구하고 기록했습니다. 이학규는 유배에서 풀려난 뒤에도 인천 소래산 아래에 거주하다가 김해에 작은아들과 같이 가 사는 등 김해의 문

사와 중인층과도 계속 좋은 관계를 유지했습니다. 그 결과 김해 지역의 문화 의식과 수준을 향상시키는 데에 일정한 기여를 했다고 합니다. 만년에는 주로 신위(申緯) 및 정약용과 시와 글을 주고받으며 마음을 달랬습니다. 그러다 가세가 더욱 곤궁해져 충주 지방으로 이주해 여생을 마쳤습니다.

그는 「채포십이영답한국로(菜圃十二詠答韓菊老)」에서 부추 · 파 · 아욱 · 쑥갓 · 상추 · 근대 · 가지 · 마늘 · 고추 · 박 · 무 · 배추 같은 채소에 대해 맛과 습성 및 가꾸는 방법을 담은 시를 남겼습니다. 저서로는 『낙하생전집(洛下生全集)』과 『인수옥집(因樹屋集)』이 전합니다.

"텃밭에서 토마토를 키운다면 시중에서 파는 토마토와는 차원이 다른 토마토 고유의 맛을 즐길 수 있습니다. 판매를 위한 토마토는 익을 기미가 보이면 따서 출하해 유통과정에서 숙성이 되는 게 대부분입니다. 그러나 텃밭에서 잘 익은 토마토에는 방향(芳香)이 있고 당도도 높아 맛이 훨씬 좋습니다."

3부

# 채마밭의 작물들

# 1
# 작물의 종류

작물이라고도 부르는 재배 식물이란 단순히 인간이 재배하는 식물이라는 뜻이 아닙니다. 재배 식물은 인간이 재배 과정에 관여해 적절히 개량한 결과 야생 식물과 완전히 달라진 식물을 말합니다. 작물은 그야말로 인간에 의해 만들어진 식물입니다. 작물의 종류는 용도에 따라 크게 식량작물, 원예작물, 특용작물, 사료작물 등으로 나눌 수 있습니다. 식량작물은 다시 곡류와 콩류, 감자류로, 원예작물은 채소, 과수, 화훼로 나누어집니다. 그런데 콩류와 감자류는 채소로 분류하는 경우도 많으므로, 여기에서는 단순히 논과 채마밭에서 주로 재배했던 작물인 곡류와 채소로 나누어 이야기하고자 합니다.

## 곡류의 종류

곡(穀)은 풀 열매 중에서 사람이 얻어 양식으로 삼는 것입니다.

곡류의 종류

곡식은 전 세계에서 가장 중요한 식물 자원으로 곡식의 낱알은 전분, 단백질, 무기질, 비타민이 들어간 식량 창고와 같습니다. 우리는 이것을 바로 식용할 수도 있고, 저장할 수도 있습니다.

곡류는 크게 미곡류와 맥류, 잡곡류로 나눕니다. 미곡류(米穀類)는 우리가 주식으로 먹는 쌀이 되는 벼로 메벼와 찰벼가 있습니다. 맥류(麥類)에는 보리 · 밀 · 호밀 · 귀리 등이 있으며, 잡곡류(雜穀類)에는 옥수수 · 수수 · 조 · 기장 · 메밀 등이 있습니다.

조선 후기의 이옥은『백운필』에서 곡식의 종류에 대해 다음과 같이 기술했습니다.

**"농가에서 심는 것 중에 논에는 벼와 찰벼를 심고, 밭에는 가을보리 · 봄보리 · 겉보리 · 콩 · 팥 · 녹두 · 깨 · 검은깨 · 찰기장 · 메기장 · 기장 · 차조 · 메밀을 들 수 있으니, 모두 열세 종이다. 두 종류의 보리를 심지 않는다면 농가의 양식을**

마련할 수 없고, 겉보리를 심지 않는다면 누룩을 만들고 밀가루를 얻을 수 없다. 콩을 심지 않는다면 장을 담그고 짐승을 기를 수 없으며, 팥을 심지 않는다면 떡을 제대로 갖출 수 없고, 녹두를 심지 않는다면 가루를 취할 수 없다.
깨를 심지 않는다면 등잔불을 켤 수가 없고, 검은깨를 심지 않는다면 진미를 도울 수 없고, 찰기장 · 메기장 · 기장을 심지 않는다면 끼닛거리가 넉넉지 못할 것이다. 차조를 심지 않는다면 비를 매거나 울타리를 엮을 수 없고, 메밀을 심지 않는다면 수제비를 얻거나 다장(茶醬)을 갖출 수 없다. 이들은 모두 농가에서 하나라도 빠뜨릴 수 없는 것이다. 이외에도 완두콩과 방울보리 따위가 있는데, 또한 모두 심을 만하다."

## 채소의 분류와 가치

영어로 채소를 나타내는 vegetable은 '강하고 싱싱하며 살아 있다'는 뜻의 라틴어 베제투스(vegetus)에서 유래했습니다. 햇빛을 충분히 받고 자란 신선한 채소는 태양의 정기를 고스란히 담고 있으며, 이것을 섭취하면 태양에너지를 섭취한 것과 같은 생명의 활력을 얻게 된다는 의미입니다.

한자에서 채(菜)는 먹을 수 있는 풀로, 채소를 분류하는 기준에는 여러 가지가 있습니다. 일단 식물이라는 생물 종으로서(버섯류는 제외), 종 · 속 · 과 · 목 등의 자연분류법에 의한 분류가 있습니다. 우리가 주로 먹는 채소는 백합과, 명아주과, 겨자과, 콩과, 미나리과, 가지과, 박과, 국화과 등에 많이 속해 있습니다.

채소의 종류

그러나 식재료로서 채소를 나누는 기준은, 그 식물의 어느 부위를 주로 먹는가에 따라, 즉 이용하는 부분에 따른 분류입니다. 어떤 식물은 잎이나 줄기를 주로 먹고, 어떤 식물은 열매를, 또 어떤 식물을 뿌리를 주로 먹습니다. 이용 부분에 따라 채소를 나누면 다음과 같습니다.

먼저 엽채류(葉菜類)는 식물의 잎을 주로 먹는 채소로, 가장 많은 채소가 여기에 속합니다. 우리나라에서는 김치를 담그는 배추·갓, 생으로 먹는 상추·깻잎, 그리고 시금치·쑥갓 등을 다양하게 활용하고 있습니다.

경채류(莖菜類)는 식물의 줄기를 주로 먹는 채소로, 백합과에 속한 것이 많습니다. 양파·마늘 등과 같이 잎이 저장 기관으로 변형된 것, 꽃양배추와 같이 꽃망울을 이용하는 것, 아스파라거스·죽순과 같이 어린 줄기를 이용하는 것이 여기에 속합니다.

근채류(根菜類)는 뿌리 혹은 덩이뿌리를 주로 먹는 채소입니다.

무 · 순무 · 당근 · 우엉 등은 곧은 뿌리이며, 고구마 · 마는 뿌리의 일부가 비대해진 덩이뿌리이며, 연근 · 감자 · 생강 등은 땅속줄기가 발달한 것입니다. 탄수화물이 풍부하고 척박한 환경에서도 잘 자라며, 저장성도 좋아 구황작물로 많이 이용됩니다.

과채류(果菜類)는 열매를 주로 먹는 채소입니다. 박과인 오이, 참외, 호박, 가지과인 고추, 토마토, 가지, 콩과인 완두, 강낭콩 등이 여기에 속합니다. 딸기와 수박도 과채류에 포함됩니다.

화채류(花菜類)는 꽃봉오리나 꽃잎을 먹는 채소입니다. 아티초크, 콜리플라워, 식용국화, 브로콜리 등이 있습니다.

버섯류는 균류에 속하는 각종 버섯입니다. 송이버섯, 목이버섯, 느타리버섯, 표고버섯 등 그 종류가 매우 많습니다.

이렇듯 채소의 종류는 다양하지만 그 가치가 제대로 알려지게 된 건 그리 오래되지 않았습니다. 신대륙이 유럽에 알려진 뒤로 많은 선원들이 장기간의 항해 도중에 괴혈병으로 죽어 갈 때의 일입니다. 1768년 영국의 탐험가 제임스 쿡은 배에 채소를 잔뜩 싣고 세계 일주를 떠났는데, 그때 승선했던 선원들은 괴혈병에 걸리지 않았습니다. 그 이유는 채소에 괴혈병을 막아 주는 비타민 C가 다량으로 함유되어 있었기 때문이었습니다. 채소의 중요성을 깨닫는 계기가 된 일이지요.

오늘날에는 채소의 식품 영양학적 가치가 과학적으로 널리 입증되고 있습니다. 채소의 식품 가치는 다음의 세 가지로 요약할 수 있습니다.[92] 첫째, 채소는 비타민의 공급원입니다. 비타민은 인체

• • •

92 문원 · 정병룡 · 김기선 외, 『생활원예』, 한국방송대학교출판문화원, 2013.

에 반드시 필요한 성분인데, 사람은 비타민을 직접 만들지 못하므로 식품으로 섭취해야만 합니다. 식품 중에서 채소는 다양한 비타민을 함유하고 있어 천연 비타민의 보고라고 할 수 있습니다.

둘째, 채소는 무기질의 공급원입니다. 무기질은 철, 칼슘, 마그네슘, 칼륨 등과 같은 무기 양분을 말합니다. 채소는 인체에 필요한 각종 무기염류를 골고루 함유하고 있습니다. 사람들은 몸에 필요한 칼슘의 절반 이상을 채소를 통해 섭취하고 있습니다.

셋째, 채소는 보건적인 기능이 매우 큽니다. 채소에는 섬유소가 많으며, 이것을 충분히 섭취하면 변비와 각종 성인병을 예방할 수 있습니다. 이는 고기나 곡류에는 들어 있지 않은 비타민과 기타 특수한 기능 성분이 채소에 풍부하게 함유되어 있기 때문입니다.

# 2
# 채마밭에서 키운 작물들

## 가지에 주렁주렁 달리는 가지

**좋은 채소를 비 오는 저녁 모종했더니 / 한여름이 되자 푸릇푸릇 잘도 자랐네 / 잎사귀 밑에 푸른 옥이 주렁주렁 / 가지 사이에 붉은 옥이 매달린 듯 / 맛이 좋아 먹으면 배가 부르고 / 채국을 만들어 먹으면 숙취가 깨지 / 비록 무익한 채소라고 하지만 / 음식을 먹을 때 없어선 안 되지**

_이응희, 「가지(茄子)」

이응희(李應禧, 1579~1651)는 호가 옥담(玉潭)이며, 연산군의 이복동생인 안양군(安陽君)의 현손(玄孫: 손자의 손자)입니다. 이응희는 종실로서의 대우를 받지 못하고 평범한 향촌의 사족으로 살았습니다. 광해군 때 대과 초시에 합격하였지만 광해군의 실정을 보고 벼슬에 뜻을 접었다고 합니다. 저술이 많았으나 병자호란 때 불에 타서, 전하는 것은 『옥담유고(玉潭遺稿)』와 『옥담사집(玉潭私集)』

뿐입니다.

옥담은 비 오는 저녁에 모종을 옮겨 심어 키운 가지가 자라고 익어 가는 모습을 그립니다. 숙취 해소를 위해 가지로 채국을 만들어 먹고, 맛이 좋아 먹으면 배가 부르다 합니다. 다른 이들은 무익하다고 하지만, 그는 음식을 먹을 때 없으면 안 된다고 합니다.

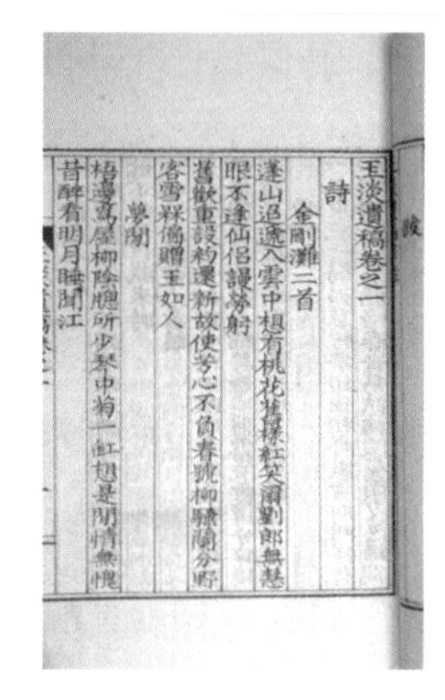
玉淡遺稿卷之一
詩
金剛灘二首
蓬山迢遞入雲中想有桃花舊採紅笑爾劉郎無慧
眼不逢仙侶謾勞躬
舊歡重設約還新故使芳心不負春桃柳驗開分野
客雪粽僑贈王如人
夢閒
梧邊高屋柳陰臨所少琴中第一紅想是閒情無愧
昔醉看明月睡聞江

이응희의 『옥담유고』

### 가지의 역사

가지는 인도에서 처음 기록된 고대 채소입니다. 아프리카 · 중국 · 근동에서도 오랜 기간 재배되어 왔으며, 5세기 중국 문헌에서도 언급되고 있습니다. 우리나라에서는 신라 시대부터 재배해 와 고려 시대 이규보의 문집에도 등장합니다. 가지에 '에그플랜트(eggplant)'라는 이름이 붙은 이유는 16세기 영국에 도입된 가지에 계란 같은 하얀 열매가 달렸기 때문입니다. 가지의 모양과 색은 매우 다양합니다. 우리나라에서는 일반적으로 길쭉한 모양이지만, 배처럼 둥근 것도 있습니다. 계란가지라 불리는 화초가지의 열매는 그야말로 계란과 꼭 닮아 만져 보지 않고는 구분하기 어려울 정도입니다. 색도 자주색과 흰색 종류에서부터, 초록, 분홍, 노랑 또 얼룩덜룩한 것들까지 다양합니다. 크기도 20~500그램까지 있습니다.

조선 후기의 실학자 한치윤(韓致奫, 1765~1814)이 지은 『해동역사(海東繹史)』「물산지(物産志)」는 중국 자료를 인용해 신라가지를 설명하고 있습니다. 당나라 때 책인 『유양잡조(酉陽雜俎)』를 인용해,

"가지에는 신라국의 종자가 있는데, 형체가 계란같이 생겼으며, 색깔이 조금 희다. 서명사(西明寺)의 현조원(玄造院) 안에 그 종자가 있다."고 했습니다.

또 송나라 때 나온 『본초연의(本草衍義)』를 인용해, "신라국에서 한 종류의 가지(茄)가 나는데, 형체가 계란(鷄子)같이 생겼다. 광택이 있으면서 엷은 자색(紫色)을 띠고 있으며, 꼭지가 길고 맛이 달다. 지금은 그 씨앗이 중국에 널리 퍼져 있어서, 채소를 가꾸는 사람들이 양지 쪽에다 심고는 두엄을 많이 주며, 소만(小滿: 5월 21일 경)을 전후해서 비싼 값을 받고 판다."고 하고 가지의 속명을 '가자(茄子)'라고 표기했습니다. 이로 미루어 신라에서 나는 가지가 당나라 때 중국에 전해져 송나라 때 널리 퍼졌으며, 계란 모양으로 색은 흰색과 자색 두 가지가 있었음을 알 수 있습니다.

이런 가지가 영국에 처음 전해졌을 때, 사람들은 가지에 독이 있다고 생각해 꺼렸습니다. 한센병처럼 치명적인 질병을 유발한다고 여긴 것입니다. 1600년대 존 파킨슨은 가지를 식초에 넣고 한 번 끓여서 먹으면 안전하다고 주장했습니다. 이후 스페인 사람들은 가지를 베렝헤나스 혹은 '사랑의 사과'라는 이름을 붙여 미 대륙으로 들여왔습니다. 가지의 다른 이름으로는 '유대인의 사과' 혹은 '미친 사과'가 있으며, 인도에서는 '브린잘'로 통합니다.

가지는 우리나라와 같이 겨울이 있는 곳에서는 1년생이지만, 열대 지방에서는 관목처럼 자라는 다년생입니다. 조선 시대 성종 때에 제주도 사람이 바다를 표류해 지금의 오키나와인 류큐국(琉球國)까지 갔다가 돌아왔습니다. 그들이 본 바로는 그곳의 가지는 줄기 높이가 3, 4척이나 되고 한번 심으면 자손 대까지 전하며, 너무 늙으면 가운데를 찍어 버리지만 또 움이 나서 열매를 맺었다고 했습니다. 조선 후기의 이옥은 『백운필』에서 가지에 대해 이렇게 기록하고 있습니다.

> "내 집이 용산(龍山)에 있을 때, 집 뒤에 조그만 땅이 있어 너비가 서너 척이고 길이는 그 배가 되었다. 거기에 인분을 뿌리고 가지(茄)를 심었는데, 가지가 아주 많이 열렸고, 스스로 씹어 보니 먹을 만하였다. 서리가 내리는 날에 이르러 가지 백여 개를 거두었다. 절여 먹고, 데쳐 먹고 난 나머지는 술을 깨게 하는 용도로 쓰기도 하고, 이웃집에 나눠 주기도 했는데, 그래도 부족하지 않았다. 가지의 색깔로는 자줏빛 가지가 있고, 흰 가지가 있고, 푸른 가지가 있고, 누런 가지가 있고, 연붉은 빛의 가지가 있다. 가지의 성질에 따라 산가지가 있고, 물가지가 있다. 산가지는 국을 끓이거나 데치거나 절이거나 구워서 먹을 수 있지만 생으로는 먹을 수 없다. 물가지는 굴젓에 섞으면 생으로 먹어도 아주 맛이 좋다."

### 가지의 재배

가지는 고추나 감자, 토마토 등이 속한 가지과(Solanaceae)의 대표 작물입니다. 일찍 심고 금방 거두는 감자와는 조금 다르지만, 조금 늦게 심어서 오랫동안 열매를 수확하고 서리가 내리기 전까지 즐길 수 있는 고추나 토마토와 생리가 매우 비슷합니다.

가지의 독특한 색깔과 풍취를 즐기는 사람이 많으며, 가정 원예의 주역이라 할 수 있을 정도로 많이 재배하고 있습니다. 생육 적온은 25~28도로 고온을 좋아하지만 30도 이상에서는 착과가 좋지 않습니다. 자기 그림자도 싫어한다고 할 정도로 햇빛을 좋아하

가지

는 만큼 햇빛이 잘 들고, 배수 상태가 좋고, 토질이 비옥해야 합니다.

가지는 텃밭에서 빼놓을 수 없는 아름다운 채소로, 보송보송한 털이 덮인 잎에는 진한 보라색의 잎맥이 선명합니다. 무엇보다 보라색 꽃에 노란 꽃술의 꽃이 예쁩니다. 가지는 파종에서 본잎이 6~7장이 되어 정식할 때까지 2개월 이상 걸리므로, 텃밭에서 몇 그루를 재배할 때는 시장에서 모종을 구입하는 것이 편리합니다. 모종은 잎의 색이 진하고, 꽃이 붙어 있으며, 마디 사이가 짧고 줄기가 튼튼한 것을 고릅니다.

박세당이 쓴 『색경』에는 "가지의 성질은 물기와 잘 어울리니 항상 물기가 촉촉하게 배도록 한다. 4~5개의 잎이 나게 되면 비 올 때에 진흙을 붙여 옮겨 심는다. 만약 날이 가물어 비가 내리지 않으면 물을 대어 촉촉이 스며들도록 하고 밤에 심는다."고 설명하고 있습니다.

곁순이 나오면 첫 번째 꽃의 아래와 위만 남기고 나머지는 전부 잘라 내 세 줄기로 키웁니다. 가지는 거름을 많이 필요로 하고 물도 좋아합니다. 6월 들어 열매가 열리기 시작하면 첫 번째와 두 번째는 일찍 따 주어 나무의 세력이 약해지지 않도록 합니다. 암술을 보고 작물의 영양 상태를 체크하는데, 암술이 수술보다 짧거나 꽃

수확한 가지(씨를 받기 위해 늦게 딴 것도 있다)

자체가 작으면 영양이 부족한 상태라는 신호이므로 비료를 줍니다.

개화 후 20일 정도 됐을 때 수확합니다. 햇볕이 잘 들게 하며 불필요한 곁순은 좀 이르다 싶게 잘라 냅니다. 열매는 미숙과가 맛이 있고, 익으면 씨앗이 생기고 육질이 단단해져 맛이 없어집니다. 미숙과를 수확하면 나무에 부담이 적어져 수확량도 많아지고 초세도 왕성해집니다. 가지는 물기가 많은 아침나절에 수확하는 게 싱싱하고 저녁 무렵에는 야물어집니다. 꼭지 윗부분을 가위로 잘라 수확합니다.

일본에서는 예로부터 "가지와 오이의 맏물을 먹으면 수명이 75일 길어진다." 할 정도로 인기가 높았습니다. 수분과 향기를 머금은 여름 채소의 싱싱함이 몸에 들어가 수명을 늘린다고 생각한 것입니다. 이 때문에 에도 시대(1603~1867) 사람들이 무리를 해서라도 맏물을 구하려고 경쟁을 해서, 막부에서는 음력 5월 이전에 출하하는 것을 금지했다고 합니다.

7월 하순경 세력이 약해져 열매를 잘 달지 않으면 가지당 잎 2장씩만을 남기고 윗부분은 잘라 줍니다. 그러면 새로운 기지가 나와 9월 이후 맛있는 가을 가지를 수확할 수 있습니다.

### 가지의 활용

가지는 꼭지의 자른 단면이 싱싱하며 가시가 뾰족하고, 진한 자주색으로 표면에 광택이 나는 것이 좋습니다. 상온에서 보관하는 것이 좋은데 바람이 들지 않는 장소에 두고, 냉장고에 보관할 때는 냉해를 입지 않도록 신문지에 싸서 비닐 봉투에 넣어 둡니다. 가지는 구워 먹어도 좋고, 절임, 튀김, 볶음으로도 이용하며, 그 밖에 여러 용도로 쓰이는 채소입니다.

가지는 기본적으로 식용이지만 약용 성분도 갖고 있습니다. 가지는 꽃 · 잎 · 줄기가 보라색입니다. 보라색을 띤 열매 껍질의 나스닌(nasnin)이라는 색소는 콜레스테롤 수치를 낮춰 동맥경화를 예방하고, 눈의 피로 개선에 도움이 됩니다. 떫은맛의 성분인 폴리페놀에는 항산화 작용이 있어, 암의 억제에 효과가 있습니다. 칼륨과 식이섬유도 놓칠 수 없지만, 찬 음식이어서 날로 많이 먹으면 설사를 할 수 있으니 조심해야 합니다.

## 인류를 기근에서 구한 감자

**자주 꽃 핀 건 자주 감자 / 파 보나 마나 자주 감자**
**하얀 꽃 핀 건 하얀 감자 / 파 보나 마나 하얀 감자**
_권태응, 「감자꽃」

권태응의 감자꽃 노래비(충정투데이)

권태응(權泰應, 1918~1951)은 일본 와세다대학 재학 중 항일운동 혐의로 퇴학당한 후 본격적으로 항일운동에 투신합니다. 형무소에 갇혔다가 폐결핵으로 풀려난 뒤 고향인 충주에서 농업에 종사했습니다. 한국전쟁 때 약을 구하지 못해 병세가 악화되어 33세의 젊은 나이로 세상을 떠났습니다. 이 시는 일제의 창씨개명에 반항하는 의도로 쓰여진 것으로, 하얀 꽃은 백의민족인 한민족을 상징한다고 합니다. 충주의 탄금대에 「감자꽃」 노래비가 세워져 있습니다.

**감자의 역사**

감자는 밀, 옥수수, 벼에 이어 재배 면적 세계 4위를 차지하는 중요한 식량작물입니다. 가지과의 여러해살이풀로 남미의 페루와 볼리비아 근처의 안데스 산맥 중 해발 4,000미터 정도의 고산지대에서 발생한 것으로 추정됩니다. 신대륙 발견으로 다른 많은 작물과 함께 스페인 사람들에 의해 유럽으로 퍼져 나가, 재배하지 않는 나라가 거의 없을 만큼 전 세계인이 사랑하는 작물이 되었습니다

감자는 추운 날씨에도 잘 성장하고 단기간에 수확이 가능해서 옥수수와 함께 잉카 사회를 유지하게 한 주요 작물이었습니다. 지금도 이 지역에는 여러 종류의 야생감자가 자생하고 있어

원주민들이 먹고 있습니다. 이곳에 기원 전후에 출현한 티와나쿠(Tiwanaku) 문화의 유적이 남아 있는데, 이 문화가 안데스 고원지대에 퍼져 잉카문화의 초석이 되었습니다.

이 티와나쿠의 고원(高原) 문화가 출현하기 위해서는 충분한 식량이 필요했는데, 그곳에 자생하고 있던 야생감자가 큰 역할을 했습니다. 이 문화가 발달한 지역에서 감자 모양의 토기와 감자를 그려 놓은 항아리가 출토되었는데, 싹이 나온 부분이 오목하게 들어간 감자의 특징이 잘 나타나 있습니다. 4000년 전에 만들어진 도자기의 파편을 보면, 수천 년간 감자를 먹으며 살아온 페루 사람들이 감자를 숭배하고 중시했음을 알 수 있습니다. 잉카 제국에서는 10월부터 11월에 걸쳐 감자를 심었는데 자랄 때는 충분한 물이 필요했습니다. 그래서 감자의 성장기에 비가 내리지 않으면 기우제를 지냈고, 그래도 비가 내리지 않으면 어린아이를 희생 제물로 바쳤다고 합니다.

잉카인들은 감자를 키우고 보존하는 데 독창적인 방법과 기술을 개발해 이용했습니다. 안데스에서는 표고에 따라 키우는 작물이 달라지는데, 높이 3,000미터 이하에서는 옥수수를, 그 이상 4,000미터까지는 감자를 키웁니다. 해발 3,800미터나 되는 티티카카 호수의 주변에서 그들은 어떻게 감자를 키웠을까요? 잉카인들은 계단식 감자밭 곁에 돌과 점토로 수카콜로스(sukakollos)라는 도랑을 파서 물을 채웠습니다. 한낮의 강한 햇살에 데워진 도랑의 물은 기온이 내려가는 밤에 열을 방출해, 서리 피해를 입지 않고 감자와

페루의 추뇨(chuño)

퀴노아(quinoa)[93] 등을 생산할 수 있었던 것입니다. 요즈음 비닐하우스에서 이용하는 축열 물주머니와 같은 원리를 오래전부터 활용한 것입니다.

잉카인들은 이렇게 키워 수확한 감자를 동결 건조시키는 방법으로 추뇨(chuño)를 만들어 저장하고 이용했습니다. 바깥에 감자가 서로 닿지 않도록 벌여 놓아 감자 알 하나하나가 바람을 잘 쐬도록 해 며칠간 둡니다. 감자는 밤에는 얼었다가 낮에는 녹는 과정을 되풀이하면, 손으로 누르기만 해도 수분이 배어 나올 만큼 부드럽고 부피가 늘어납니다. 이런 감자를 조금씩 모아 쌓은 뒤 발로 밟아 짓이기면 감자에서는 수분이 흘러나오는데, 수분이 나오지 않을 때까지 짓이긴 다음 또다시 펼쳐 널고 그대로 며칠간 둡니다. 건기

• • •

93 안데스산맥의 고원에서 자라는 곡물의 하나로, 조리가 쉽고 단백질·녹말·비타민·무기질이 풍부하여 우유에 버금간다고 한다.

의 30퍼센트 전후의 낮은 습도와 20도 이상의 극심한 기온 변화 덕분에 감자의 수분은 거의 날아갑니다. 이 과정에서 감자의 세포벽이 파괴되면서 액포의 수분과 함께 유독 성분인 솔라닌도 함께 빠져나오는 것이지요. 이렇게 만들어진 추뇨는 20년 이상을 저장할 수 있으며, 요리할 때는 물에 담가 녹여서 씁니다.

감자는 잉카인들에게 장기간 저장할 수 있는 재배 작물이자 저지대에서 나는 옥수수를 대체해 주는 식량자원이었습니다. 그 후 감자는 식량이 항상 부족했던 유럽인들에게 주식으로 이용되면서 중요성이 급속도로 부각되었습니다.

1531년 페루에 도착한 스페인인들은 고원지대에서 광대한 채소밭을 발견했습니다. 그 밭에는 원주민들이 정성을 쏟아 키우는 식물이 있었습니다. 다섯 개의 꽃받침 위에 하양 · 분홍 · 연보라의 꽃을 피우는 식물로, 약간 모가 난 듯한 초록 줄기가 솟았으며 아주 듬성듬성 심어져 있었습니다. 더욱 이상한 것은 원주민들이 각 식물 주위에 흙을 수북하게 쌓아 올린 것이었는데, 그들은 이에 대해 "최대한 많은 줄기가 흙과 결혼해야 하기 때문"이라고 설명했습니다.

감자는 1570년 전후에 스페인에 전해진 것으로 보입니다. 1573년 스페인 세비야 지방의 한 병원에서 감자를 음식으로 제공했다고 하니 당시에 이미 감자 재배가 시작된 것입니다. 유럽에는 땅속줄기 작물이 없었기 때문에, 스페인 사람들은 처음에 감자를 지하에서 자라는 트러플(truffle: 송로버섯)의 일종이라고 생각했습니다. 감자는 비타민 C가 풍부해 괴혈병을 막을 수 있고 오래 보관하는 것도 가능해 선원들에게 환영받았습니다. 유럽 각국에 보급된 시기는 나라별로 상당한 차이가 있지만, 영국에는 제법 이른 1586년에 전해졌습니다.

당시의 유럽은 세르반테스의 『돈키호테』(1605)에도 묘사되어 있듯이, "어리석음과 가난, 그리고 굶주림밖에는 아무것도 없는 땅"이었습니다. 런던식물원에 선물로 전해진 감자는 번식력이 강하고 재배가 쉬우며 배불리 먹을 수 있는 식물이었습니다. 게다가 특별한 농기구나 남자의 힘이 없이도 쉽게 대량으로 키워 낼 수 있어 열렬한 환영을 받았지요. 셰익스피어의 희곡 『윈저의 즐거운 아낙네들』(1597)에서는 "하늘이시여! 감자비(雨)나 내려 주소서!" 하고 외치는 모습이 그려지기도 하였습니다.[94] 1664년의 자료에는 모든 아일랜드 사람들이 이미 감자로 생계를 유지하고 있다고 나와 있습니다.

그러나 감자가 모든 지역에서 환영을 받은 것은 아니어, 확산에는 상당한 시간이 걸리기도 했습니다. 원주민이 "파빠(pappa)"라 부르던 감자(potato)는 유럽에서 '땅에서 나는 사과(폼므 드 테르, pomme de terre)' 등으로 불렸습니다. 처음에는 진귀한 관상용에 지나지 않았고, 또 감자의 이름이 성서에 나오지 않은 데다, 모양이 사람의 두개골과 비슷해 악마의 식물로 여겨지기도 했습니다. 17세기 중엽에도 많은 사람들이 감자를 유독한 식물이라 믿고 있었던 것입니다. 실제로 감자의 싹이나 녹색으로 변한 감자는 독성이 강해 날로 먹거나 발아한 씨감자를 먹고 죽은 사람도 있었지요. 하지만 녹색 감자는 절대 먹으면 안 된다는 사실이 알려지면서 감

• • •

94 구자옥, 『우리 농업의 역사 산책』, 이담, 2011.

프리드리히 대왕

자는 많은 음식에서 확고한 주역이 됩니다.

감자는 16세기 말에 독일에 전해졌는데, 처음에는 식량이 아닌 진기한 식물로 약초원 등에서 재배했습니다. 그런 상황을 결정적으로 바꾼 것이 바로 기근과 전쟁이었습니다. 당시 유럽 북부의 주 작물이었던 밀과 호밀은 수확량이 낮았기 때문에 기근이 빈발했습니다. 그런 이유로 유럽 각국에서는 영토 확장을 노린 전쟁이 끊이지 않았습니다.

계몽군주를 자처한 프리드리히 대왕(재위 1740~1786)은 감자 재배에 더욱 박차를 가했습니다. 그가 즉위하고 나서 전쟁이 연이어 일어나 농민의 삶이 더없이 황폐해졌기 때문입니다. 감자는 가난한 농민을 살리는 구황작물일 뿐 아니라, 전쟁의 승패를 좌우할 중요한 군용 식량이었습니다. 왕이 직접 발코니에 나와 시민들이 보는 앞에서 감자 요리를 먹었습니다. 완고하던 프로이센 사람들은 이 장면을 보고 어리둥절해졌지요. 얼마 후 그들은 감자에 대한 인식을 완전히 바꿨습니다. 감자가 그들에게 7년 전쟁의 승리를 안겨 주었기 때문입니다. 전쟁 중 오스트리아와 러시아가 곡물의 수입을 봉쇄했지만 감자를 심어 놓았던 프로이센 국민들은 굶주림을 면할 수 있었습니다.

평생을 전쟁터에서 보낸 프리드리히 대왕의 마지막 전쟁은 1778년 바이에른의 왕위 계승을 둘러싼 오스트리아와의 대립이었습니다. 이 전쟁은 '감자 전쟁'으로 알려져 있습니다. 양국의 군사가 서로 적국의 감자밭을 짓밟았기 때문이라고도 하고, 전투가 많지 않아 한가해진 병사들이 식량 확보를 위해 감자 재배에 열중했기 때문이라는 말도 있습니다. 그리하여 독일에서는 18세기 말부터 본격적인 감자 재배가 시작되었습니다.

파르망티에

**프랑스의 감자 전파자, 파르망티에**

1700년 스위스 동부 지방으로부터 감자가 수입되었을 때, 프랑스인들은 감자에 독이 있다고 생각했습니다. 농민들이 기근으로 배를 곯으며 풀뿌리나 양치류를 먹는 와중에도 감자에 대해 완강한 거부감을 보였습니다. 밀을 주식으로 삼았던 17세기 프랑스나, 호밀을 먹었던 독일에서는 사람들이 감자를 먹으면 나병에 걸린다고 믿었던 것입니다.

이런 프랑스에 감자가 널리 알려지게 된 데는 약제사 파르망티에(1737~1813)의 공이 컸습니다. 그는 7년 전쟁 때 프로이센군에 포로로 있으면서 식사로 나온 감자를 처음 먹었습니다. 파르망티에는 루이 16세(재위 1774~1792)를 설득해 감자꽃을 옷깃에 꽂게 하고, 왕비인 마리 앙투아네트의 머리도 장식했습니다. 또한 파르망티에는 매 코스마다 폼므 드 테르(pommes de terre)를 내놓은 궁전 조찬을 마련하여 궁정 미식가들의 입맛을 사로잡았습니다.

1770년, 그는 왕의 허가를 받아 파리 근교의 들판에 약 20만 제곱미터 정도의 감자밭을 조성하고, 남미에서 온 진귀한 작물이라고 소개했습니다. 낮에는 무장한 군인들로 하여금 보초를 서게 하고 밤에는 일부러 경비를 풀었지요. 주변의 농민들은 왕이 군대를 보내 감자밭을 경비하는 모습을 보면서 감자가 맛이 좋은 고가의 작물일 것이라고 믿게 되었고, 한밤중에 몰래 훔쳐 가 재배하기 시작했습니다.

이처럼 힘겹게 보급되기 시작한 감자는 프랑스 혁명기부터 나폴레옹 시대까지 심각한 기근이 이어지면서 눈 깜짝할 사이에 프랑스 전역으로 확산되었습니다. 그 시대의 사람들은 배가 너무 고팠기 때문에 더 이상 감자를 홍보할 필요도 없었습니다. 감자로 빵을 만들 수는 없었지만 감자는 평등하게 배를 채워 줬습니다.

오늘날 파리에는 그의 공적을 기리기 위해 이름 지어진 파르망티에역이 있습니다. 그곳에는 파르망티에가 농민들에게 감자를 건네주는 모습의 동상이 세워져 있습니다. 페르-라셰스에 있는 파르망티에의 무덤 주위에 한 해도 거르지 않고 감자를 심어 그의 업적을 기리고 있습니다. 또, 감자 요리에도 그의 이름이 남아 있습니다.

### 감자의 저주, 아일랜드 대기근

감자는 충분히 많은 양을 먹기만 한다면 사람에게 필요한 모든

아일랜드 〈대기근 기념비〉 동상들

영양을 공급할 수 있습니다. 감자의 열량 가치는 쌀을 제외한 모든 주곡을 능가합니다. 이는 축복인 동시에 저주이기도 했습니다. 감자는 인류를 기근에서 구했지만, 사람들을 오로지 감자에만 의존하게 만들어서 큰 위험에 빠지게도 했습니다. 1845년에서 1852년까지 아일랜드에서 발생한 대기근이 바로 감자의 부족 때문이라는 사실은 잘 알려져 있는데, 그만큼 인류는 감자에 의존하고 있었습니다.

유럽 각국이 감자에 대한 편견에 사로잡혀 있던 중에도 유일하게 감자를 좋아하는 나라가 있었습니다. 영국의 서쪽에 위치한 아일랜드는 일본의 홋카이도와 비슷한 면적의 소국으로 감자 때문에 큰 재난을 겪었습니다. 16세기 말에 아일랜드에 도입된 감자는 17세기에 재배 작물로 정착했으며, 18세기에는 주식으로 이용하는 사람도 많았지요. 아일랜드는 북위 50도를 넘는 고위도 지방으로,

기온이 낮아 작물의 생육에 적합한 부식토가 부족했습니다. 그러나 감자는 이런 토양과 기후에서도 잘 자랐습니다.

1536년 영국의 헨리 8세가 아일랜드 정복에 나선 이래 아일랜드는 영국의 식민지나 다름없는 상태였습니다. 영국 국교회 신자가 아니면 공직을 맡지 못하도록 하는 법이 엄연히 존재했고, 영국 항구를 통해서만 다른 나라로 양모를 수출할 수 있었습니다. "17세기에는 잉글랜드 내전에서 승리한 올리버 크롬웰이 아일랜드를 침공해 4만 명의 아일랜드인을 내쫓고 그들의 토지를 병사들에게 나누어 주었다고"[95] 합니다. 땅을 빼앗긴 아일랜드인들은 소작농이 되는 수밖에 없었고요.

조나단 스위프트는 『걸리버 여행기』의 제3부에서 '날아다니는 섬 라퓨타'로 당시 아일랜드를 지배하고 착취하던 영국을 풍자했습니다. 그는 나아가 「겸손한 제안」(1729)에서 훨씬 거친 표현을 사용하며 흉작에 신음하는 아일랜드의 곤경은 나 몰라라 하는 영국에 대한 적대감을 노골적으로 담아냈습니다.

> **"아일랜드에서 수출품은 감자뿐이고 감자도 지금 흉작이니, 갓 낳은 아기를 잉글랜드에 수출하는 게 어떻겠나. 진미를 좋아하는 귀족들에게 이만한 고기가 없을 텐데, 이렇게만 되면 아일랜드 빈민들의 식량 문제가 해결되고, 그와 동시에 아일랜드 놈들을 죽이고 싶어 하는 영국의 문제도 해결된다."**

• • •

**95** 사토 마사루 지음, 신정원 옮김, 『흐름을 꿰뚫는 세계사 독해』, 위즈덤하우스, 2016, p. 143.

감자가 아일랜드에 도입된 이래 100년 남짓한 동안 아일랜드인이라고 하면 누구나 "감자를 좋아한다."고 할 만큼 자주 먹게 되었습니다. 18세기 중반에 아일랜드를 여행한 한 인물은 "이곳은 일년 중 10개월을 감자와 우유만 먹고 나머지 2개월은 감자와 소금만 먹는다."고 기록했습니다. 감자는 영양 균형이 뛰어난 데다 비타민과 미네랄도 풍부해, 우유를 조금 마셔 주면 영양을 충분히 섭취할 수 있습니다. 아일랜드에서 감자 재배가 널리 확대되면서 인구도 크게 늘어, 1754년에 320만 명이었던 인구가 1845년에는 약 820만 명으로 크게 증가했습니다.

그 후 아일랜드에는 예상치 못한 비극이 닥칩니다. 1845년 8월 영국의 남부에서 시작된 감자 역병이 순식간에 확산되어 그해 감자 생산은 반으로 줄었습니다. 먼저 잎에 반점이 번지다 검게 변하고 결국 줄기와 덩이줄기까지 괴사해 악취를 풍기는 감자 역병은 해를 넘겨도 사라지지 않았습니다. 오히려 이듬해인 1846년에는 피해가 더 커졌습니다. 영국의 역사학자인 라파엘 샐러먼은 가톨릭 신부가 목격한 당시 상황을 다음과 같이 기록했습니다.

> **"1846년 7월 27일, 코크에서 말을 타고 더블린까지 갔다. 8월 3일 되돌아오는 길에 보았던 바로 그곳이 썩어 가는 감자 줄기로 뒤덮인 것을 보았다. 농민들은 감자밭에 주저앉아 탄식하며 울부짖고 있었다. 먹을 것이 없어졌기 때문이다."**

감자의 9할이 역병에 걸린 가운데 극심한 겨울 한파가 닥쳤습니다. 11월에는 폭설이 덮치고, 사람들은 풀을 태워 가며 간신히 추위를 견뎠습니다. 1847년에는 옥수수 농사가 풍년을 기록했지만 옥수수는 모두 영국으로 수출되었습니다. 1848년 또다시 심각한 기근이 찾아와 굶어 죽는 사람이 속출했습니다. 그야말로 '대기근'의 참상이었지요. 하지만 실제로는 먹을 것이 없어서 굶어 죽는 사람보다 병에 걸려 죽는 사람이 더 많았습니다. 온갖 질병이 영양 부족으로 체력이 약해진 사람들을 덮쳤지요. 1851년이 되어서야 겨우 수그러들지만 그때까지 '대기근'으로 100만 명이 목숨을 잃었습니다.

또, 약 200만 명에 달하는 사람들이 고국인 아일랜드를 포기하고 나라를 떠났습니다. 그것은 이민이라기보다는 난민이었지요. 그들은 악명 높은 '관선(棺船, coffin ship)'에 몸을 싣고 신세계로 향했지만, 30퍼센트 정도는 목적지에 닿기도 전에 배 안에서 목숨을 잃었습니다. 그들이 향한 새로운 세계는 영어가 통하는 영국, 미국, 캐나다, 오스트리아, 뉴질랜드 등이었습니다. 미국의 케네디 대통령도 1848년 아일랜드에서 미국으로 이주한 난민의 후손이었습니다. 미국의 대통령 중에는 아일랜드계가 더러 있는데, 레이건 대통령과 현재의 바이든 대통령도[96] 여기에 속합니다.

1936년에 에드워드 번야드는 "불운한 나라에 기근과 재난이 덮쳤을 때 아일랜드인은 성조기 아래로 몸을 피했다. 그곳에서 그들은 지금과 같은 결과를 초래한 대영제국을 향해 꺼져 가는 증오심을 되살렸다."라는 글을 남겼습니다.

1997년 토니 블레어(Tony Blair) 영국 총리는 북아일랜드를 방문해 19세기 영국인의 착취로 수많은 아일랜드인이 굶어 죽은 대기근에 대해 "한때 세계에서 가장 부유하고 가장 강력했던 국가의 한편에서 일백만 명이나 되는 사람이 목숨을 잃었다는 사실은, 그때의 잘못을 되새기는 우리에게 지금도 큰 슬픔을 안겨 줍니다. 당시

런던에 들어앉은 위정자들은 농사의 실패가 엄청난 비극을 불러일으키는 와중에도 사태를 수수방관하며 국민을 저버렸습니다."라며 사과했습니다.

### 조선에 전해진 구황식품, 감자

이처럼 나라별로 다양한 역사를 가진 감자는 고구마보다 다소 늦은 19세기 전반에 우리나라에 들어왔습니다. 조선 시대에 감자는 북저(北藷) 또는 마령서(馬鈴薯)라고 불렀습니다. 북저는 남저(南藷)인 고구마에 대응하는 명칭입니다. 감자와 고구마는 생긴 모양이 비슷해 이름도 공유했지만 전혀 다른 작물입니다. 감자는 가지과로 줄기가 살찐 것이며, 고구마는 메꽃과로 뿌리가 살찐 것입니다.

감자의 유입에 관해서는 크게 북방 유입설과 남방 유입설로 나눌 수 있습니다. 하나는 이규경[97]의 『오주연문장전산고(五洲衍文長箋散稿)』에 소개되고 있는데, 1824년에서 1825년 사이에 두만강을 넘어 북쪽 국경을 통해 들어왔다는 것입니다. 인삼을 캐려고 국경을 넘어온 청나라 사람들이 산속에 감자를 심어서 먹다가 제 나라로 돌아가면서 남겨놓고 갔다는 것이지요. 잎은 순무 같고 뿌리는

• • •

**96** 39년 만에 英 여왕 다시 만난 바이든, 고개 숙이지 않은 까닭은. "바이든 대통령은 엘리자베스 여왕을 만났을 때 고개를 숙이지 않았는데, CNN은 아일랜드계 미국인이었던 모친의 조언을 따른 것이라고 보도했다. 아일랜드는 약 800년간 영국의 식민 지배를 받았고, 영국의 수탈을 피해 미국으로 이민한 아일랜드인이 많다. 그래서 바이든 대통령이 1982년 상원의원 신분으로 처음 엘리자베스 여왕을 만나게 됐을 때, 모친이 '여왕에게 고개를 숙이지 말라' 고 했다는 것이다." (2021.6.15. 조선일보)

**97** 李圭景(1788~1856), 조선 후기의 실학자로, 정조 때 검서관으로 활약했다. 그가 지은 『오주연문장전산고』는 역사·철학·천문·종교·풍수·농업·의학·풍습 등 다양한 내용을 망라한 일종의 백과사전이다.

이규경의『오주연문장전산고』

토란 같은데 무엇인지 알 수 없지만 옮겨 심어도 잘 살았다 합니다. 이후 청나라 상인에게 물어보니 북방 감저라는 것으로 좋은 식량이 된다고 하였습니다. 그는 또 북쪽에서 유입됐다는 다른 설도 제시했는데, 함경도 명천의 김씨가 연경(燕京)에 갔다가 가져온 것이 시초라는 것입니다.

감자의 유입에 관해 또 다른 설을 기록한 책으로는 김창한(金昌漢)의『원저보(圓藷譜)』가 있습니다. 김창한은 1832년 영국의 상선이 전라북도 해안에서 약 1개월간 머물렀는데, 그때 선교사가 김창한의 아버지에게 씨감자를 주면서 재배법도 가르쳐 주었다고 합니다. 그는 아버지가 감자 재배법을 습득해 전파시킨 내력과 재배법을 편집해 1862년에『원저보』를 세상에 내놓았습니다.[98]

이처럼 감자는 북쪽에서 전래되었다는 설과 영국 상선에 의해 남쪽에서 전래되었다는 설이 있습니다. 따라서 감자는 유입 경로를 각각 달리해 전파되었음을 알 수 있습니다.

이규경은 감자가 재배된 지 20여 년이 지난 시점에서 감자의 보급에 대해 자세히 언급했습니다. 조선에서 감자 재배에 대한 반응은 매우 좋았던 것 같습니다. 그 때문에 감자 재배지가 널리 확대되고 고구마는 쇠하게 될 것이라는 우려가 나올 수밖에 없었지요.

• • •

98 농사로 포털사이트 / 농업기술길잡이 31 / 감자

특히 감자는 북쪽에서 사방에 퍼져 생산하지 못할 곳이 없었고, 감자나 줄기만 확보하면 종자를 구하는 것도 어렵지 않았습니다. 또한 줄기만 꽂아도 살아나는 등 재배하기가 쉽고, 재배 조건도 그리 까다롭지 않아 백성을 구제할 수 있는 기이한 것이라고 했습니다.

한편 조성묵(趙性默)은 『圓薯方(원서방)』(1832)에서 감자에 대해 다음과 같이 기술했습니다.

> "감자의 성질은 독이 없으며 맛은 담담하다. 감자는 배고픔을 없애고 기(氣)를 도울 뿐 아니라 위장에 부담을 주지 않고 허약을 보충하며 정력을 강화할 뿐 아니라 가래를 삭히고 기침을 가라앉히는 데 효능을 지니고 있다. 감자가 지닌 이 많은 효능과 오곡처럼 식량으로 쓰인다는 점에서 볼 때, 토란이나 밤 등은 비교의 대상도 못 된다. 더욱이 감자는 가뭄과 장마에 강하기 때문에 천재(天災)가 있을 때 재난을 극복할 수 있는 묘품이요, 목숨을 구제하는 식품이라 아니할 수 없다. 또 감자는 토양 · 거름주기에 크게 구애받지 않으며 동북 어디에서도 재배되니 감자의 이로움이 아주 헤아릴 수 없다는 것이다."

### 감자의 재배

감자는 고추, 가지, 토마토, 담배와 함께 가지과에 속하는 작물입니다. 감자에서 식용하는 부위를 흔히 고구마처럼 '뿌리'라 오해하지만 사실 줄기가 변해 만들어진 땅속줄기로, 고구마 뿌리와는 근본적으로 생성 원인이 다릅니다.

감자는 적응력이 좋아 토질에 상관없이 잘 자라므로 재배하기 쉬운 채소입니다. 감자 밑이 잘 들게 하기 위해서는 흙살이 부드럽고 물 빠짐이 좋은 곳을 택합니다. 연작을 싫어하므로 2~3년의 윤작이 바람직합니다. 성장에 적당한 온도는 15~20도 정도로 냉랭한 기후를 좋아합니다.

3월 중순경에 심으면 초여름에 수확할 수 있고, 8월 하순에 심으면 11월에 수확이 가능합니다. 감자는 28도 이상에서는 마르므로 생육 기간을 길게 해 수확량을 늘리기 위해 일찍 심기도 하지만, 늦서리로 나온 싹이 피해를 보는 경우도 많습니다. 나중에 다시 싹이 올라오지만 생육은 그만큼 늦어지고 맙니다.

씨감자는 조금 작은 것을 골라 햇빛을 쬐어 준 다음 쪼개지 않고 그대로 심습니다. 감자는 뿌리를 내리고 잎을 펼치기 전까지의 생육 초기에는 씨감자의 영양분을 사용하므로 잘게 자르면 잘 크지 않습니다. 감자알이 큰 경우에는 반으로 잘라서 심습니다. 이때 자른 부분을 위로 가게 해서 심으면 싹은 조금 늦게 나오지만 약한 싹은 도중에 생육을 멈추므로 솎아 줄 필요가 없어지고, 또 병충해와 건조에 강해집니다. 또, 감자를 통째로 묻어 싹이 나게 한 후 순을 떼어 내 삽목하면 품종에 따라 수확량이 크게 늘어납니다.

감자를 심은 후 싹이 나기까지는 대략 20~40일 정도 소요됩니다. 이 기간은 토양 온도와 토양 내 수분에 좌우됩니다. 심는 간격은 20~25센티미터 정도입니다. 비닐 멀칭을 할 경우에는 얕게 심어도 되지만 멀칭을 하지 않을 때는 10센티미터 이상 깊이 심어야 합니다. 감자는 덩이줄기가 생길 때 위로 올리면서 감자알을 달기 때문에 얕게 심으면 감자가 흙 위로 올라오면서 퍼렇게 변해 버립니다. 햇볕이 잘 드는 장소에서 기르며, 건조해지면 듬뿍 물을 줍니다. 큰 줄기를 2개만 남기고 다른 줄기는 잘라 내 키우면 알이 굵은 감자를 수확할 수 있습니다. 싹 자르기를 할 때와 꽃눈이 생기기 시작할 때 두 번 웃거름을 주고 흙을 보충합니다.

5월이 되면 꽃을 피우는데, 앞에 소개한 권태응의 시에서 보듯이 꽃의 색으로 감자알의 색깔을 알 수 있습니다. 감자로 가는 영양분에 손실이 없도록 꽃망울일 때 미리 따 주는 것이 좋다고 하는데, 따 주지 않아도 괜찮습니다. 햇감자를 일찍 맛보려면 꽃이 필 무렵부터 캘 수 있습니다. 그러나 일반적으로 잎과 줄기가 누렇게 되면 수확합니다. 맑은 날을 택해서 수확하고, 겉껍질이 마를 정도로 밭에 두었다가 거둬들입니다. 젖은 채로 거둬들이면 썩기 쉽고, 너무 오래 햇빛을 보이면 녹색으로 변해 품질이 떨어지므로 주의해야 합니다.

감자꽃

감자를 구입할 때는 표면에 흠집이 없이 매끄럽고 눈이 작은 것을 선택하는데, 무거우면서 단단한 것이 좋습니다. 싹이 나거나 녹색이 도는 것은 피해야 합니다. 싹이 돋은 부분에는 솔라닌이라는 독 성분이 생기므로 싹이 나거나 색깔이 퍼렇게 변한 감자는 먹지 않도록 주의해야 합니다. 보관 중에 싹이 난 감자는 씨눈을 깊이 도려내고 사용합니다. 감자는 바람이 잘 통하는 곳에 검은 봉지나 신문지, 상자에 넣어 보관하는 것이 좋습니다. 껍질을 벗긴 감자는 갈색으로 변하므로 찬물에 담갔다가 물기를 뺀 후 비닐봉지나 랩에 싸서 냉장(1~2도) 보관합니다. 껍질을 벗기지 않은 감자는 섭씨

7~10도에서 보관하면 몇 주간 저장할 수 있습니다. 상온에 보관할 경우에는 일주일 안에 먹는 것이 좋습니다.

감자는 얼지 않게 월동시키면 당화가 진전되어 단맛이 늘어 맛이 더 좋아집니다. 보관할 때 사과를 몇 개 넣어 두면 사과에서 나오는 에틸렌 가스가 감자의 발아를 억제합니다.

**감자의 활용**

감자는 우리 식탁에서 늘 만날 수 있는 식재료로 생각해 제철 개념이 없는 편입니다. 그러나 감자는 6월부터 10월까지가 제철이라 특히 맛도 좋고 영양도 풍부합니다. 감자의 주성분은 전분, 즉 탄수화물로 필수적인 에너지입니다. 또 철분, 칼륨과 같은 중요한 무기질과 비타민 C, 비타민 B1, 비타민 B2, 니아신 등 인체에 꼭 필요한 비타민을 함유하고 있지요. 감자는 '대지의 사과'라고 불릴 정도로 비타민 C가 풍부한데, 고혈압이나 암을 예방하고 스트레스로 인한 피로와 권태를 없애는 역할을 합니다. 게다가 다른 채소들을 조리할 때는 대부분 비타민 C가 파괴되는 데 비해, 감자의 비타민 C는 익혀도 쉽게 파괴되지 않는 장점이 있습니다.

감자의 조리법도 다양합니다. 통째로 삶아서 먹는 것이 가장 간단한 방법이지만, 굽거나 기름에 튀겨 먹기도 합니다. 그 밖에 볶음 · 전 · 탕 · 국 · 범벅의 재료로 쓰이고, 서양 요리에서도 다방면으로 쓰입니다. 감자는 공업적 식품가공의 재료로도 널리 쓰입니다. 감자 녹말은 희석식 소주에 들어가는 주정의 원료로 사용되며 당면 원료로도 이용됩니다. 함흥냉면의 쫄깃한 면은 지금은 고구마 녹말을 주로 쓰지만, 원래 감자 녹말로 반죽한 것입니다.

## 열세 가지 장점이 있는 고구마

**남쪽 사람들 고구마를 심어 / 오곡보다 더 중히 여기네 / 그것만으로 배를 불릴 수 있으니 / 어찌 날것, 찐 것을 가리리요 / 밥으로도 떡으로도 다 할 수 있고 / 국거리론 토란과 무를 맞잡네**

_김려, 「고구마(甘藷)」

남쪽의 진해에서 유배살이를 했던 김려는 전에 승려들이 일본 나가사키의 이문종(伊文種)을 심는 것을 본 적이 있습니다. 당시의 경험을 회상하면서, 고구마만으로 배를 불릴 수 있다고 했습니다. 김려의 절친인 이옥도 고구마를 보았던 모양입니다. 그는『백운필』에서 "근래에 남쪽 지방에서 고구마(甘藷)를 많이 심는데, 나 또한 일찍이 본 적이 있다. 고구마는 뿌리의 크기가 무만 하고, 모습은 웅크리고 앉은 올빼미와 같으며, 맛은 마와 같다. 전하는 말로는 떡이나 죽을 만들 수 있고, 찌거나 불에 구워서 밥처럼 먹으며, 잎은 소나 말에게 먹일 수 있다고 하니 좋은 구황 식물이다."고 모양과 용도까지 이야기하고 있습니다.

### 고구마의 역사

고구마는 멕시코 유카탄 반도와 베네수엘라로 흐르는 오리노코 강 사이가 고향입니다. 여기에서 근연 야생종이 발견되고 변이가 크다고 하며, 기원전 3000년경에 이미 재배된 것으로 보입니다. 이곳에서부터 중남미 지역으로 전파되어 재배가 이루어졌습니다. 페루의 북부 해안에서 고구마 모양을 본뜬 토기가 출토된 것으로 보아 아주 오래전부터 원주민들이 순화 · 재배해 온 작물임을 알 수 있습니다. 이런 고구마는 콜럼버스가 신대륙에 도착하기 이전에 이미 뉴질랜드와 폴리네시아 군도에까지 전래되어 재배되었다고 합니다.

고구마를 유럽에 전한 것은 콜럼버스입니다. 그는 스페인의 이사벨라 여왕의 경제적인 도움을 받아 1492년 신대륙에 도착하였고, 그곳에서 가져온 고구마를 여왕에게 바친 것입니다. 고구마만이 아니라 신대륙의 감자 · 옥수수 · 담배 · 고추 · 토마토 등도 유럽에 건너오게 된 것이죠.

16세기에 멕시코에서 아시아로 향한 스페인 사람들은 필리핀 루손섬의 마닐라를 이슬람교도로부터 빼앗아 진출의 거점으로 삼았습니다. 그 후 스페인인들은 신대륙에서 생산한 은을 대량으로 가져와 마닐라를 방문한 푸젠 상인과 대규모 무역을 시작했습니다. 이 무역은 스페인의 대형 범선 갤리언(Galleon)의 이름을 따서, 마닐라 갤리언 무역이라고 불리었습니다.

갤리언선

고구마는 갤리언선을 타고 필리핀에 전해졌으며, 상인 진진용을 통해 중국에 전해집니다. 1594년 푸젠에 기근이 들었을 때, 진진용의 아들이 고구마를 구황작물로 쓸 것을 청하면서 널리 보급되기 시작했습니다. 명나라 말기의 농학자 서광계(徐光啓)는 1608년에 흉년이 들자 고구마에 관한 소문을 듣고 씨고구마를 구해 상하이에서 재배했고, 구황작물 중 으뜸이라며 중국 전역에 앞장서 보급했습니다. 그는 저서인 『농정전서(農政全書)』(1639)에 고구마 재배법을 기록했습니다.

고구마가 곡물을 재배하기에 적합하지 않은 메마른 토지에서도 잘 자란다는 사실이 알려지자, 구황작물로 금세 유명해졌습니다. 청의 건륭제(재위 1735~1795) 때에는 해안가나 황허 유역의 황폐한 땅에서 널리 재배되었습니다. 청나라 때 한나라 이후 5,000만 명에서 1억 명 정도로 정체되어 있던 인구가 단번에 4억 명으로 급증했는데, 이러한 인구 증가의 배경에는 고구마가 있었다 합니다.

서광계는 중국 3대 농서의 하나인 『농정전서』에서 고구마에 대하여 다음과 같이 말합니다.

**"옛사람이 순무에 여섯 가지 이로움(六利)이 있고, 감에 일곱 가지 좋은 점(七絕)이 있다고 하였거니와, 나는 고구마에 열세 가지 장점(十三勝)이 있다고 말하고 싶다. 첫째 수량이 많다. 둘째 희고 달다. 셋째 몸에 좋다. 넷째 줄기로 번식, 다섯째 비바람의 피해가 없다. 여섯째 구황식물이다. 일곱째 곡물의 대용이 된다. 여덟째 술의 원료, 아홉째 떡과 엿의 원료, 열째 날것으로 먹을 수 있고 굽거나 쪄서 먹을 수도 있다. 열하나 수익이 많다. 열둘 고구마 밭에 잡초가 나지 않는다. 열셋 다년생이다."**

민간인의 해외 무역을 금지하던 명나라는 예외적으로 류큐(琉球: 지금의 오키나와)인의 무역을 허용해 주었습니다. 이전부터 이어져 온 동남아시아의 향나무와 향신료 수입도 전적으로 류큐에 위임했습니다. 조공무역의 특례 조치였지요. 류큐에 전해진 고구마는 일본의 규슈 남쪽에 있는 가고시마를 거쳐 1715년경 대마도에 전해졌습니다.

고구마가 우리나라에 들어온 것은 1763년, 조엄(趙曮)이 조선통신사로 일본에 가게 되면서 대마도에서 종자를 보낸 것입니다. 그는『해사일기(海槎日記)』[99]에서 "이 섬에 먹을 수 있는 풀뿌리가 있는데 감저(甘藷) 또는 효자마(孝子麻)라 부른다. 왜음으로 고귀마(古貴麻)라 하는데, 생김새가 마와 같고 무 뿌리와 같으며 … 지난해 도착해 처음 보고 두어 말을 구해 부산진으로 보냈으며, 귀로에 또 이것을 구하여 동래에 전하려 한다. 일행 중에서 이것을 구한 자가 있다. 이것들 다 살려서 우리나라에 널리 퍼뜨린다면 문익점의 목화와 같이 우리 백성들에게 큰 도움이 될 것이다. 동래에서 잘 자란다면 제주도 및 그 밖의 여러 섬에도 재배함이 마땅할 듯하다."고 적었습니다.

사절들은 대마도에서 고구마를 보관하는 현장을 보았습니다. 원중거[100]는 조엄보다 상세히 고구마의 재배법을 기록하였습니다.

> **"대개 사스우라(左須浦)로부터 도요사키(豊碕)에 이른 뒤로는 지세(地勢)가 따뜻하고 밝아 자못 사람이 사는 세상 같았으며 또한 산밭이 많았다. 도요사키 아래 언덕 위 남향인 곳에 빈**

• • •

**99** 1764년 6월 18일자.

**100** 元重擧(1719~1790). 통신사 서기로 일본을 다녀와 『승사록(乘槎錄)』과 『화국지(和國志)』를 지었다.

장막이 수십 개가 있기에 왜인들에게 물어보았더니, '고구마의 종자를 보관해 두는 곳입니다. 대개 고구마는 성질이 쉽게 얼고 습기를 싫어하고 더욱 화기(火氣)를 꺼리기 때문에 따로 이처럼 장막을 설치해 땅을 파고 저장합니다. 날이 추우면 깊이 저장하여 두껍게 덮어서 얼지 않도록 하고 조금 따뜻하면 문을 열어서 바람이 통하게 하고 많이 따뜻하면 싸 놓은 것을 열어 햇볕이 들게 합니다. 그러므로 하루에도 서너 번이나 갈아 줘야 하기에 집집마다 각자 저장하지 못해 봄이 되면 반드시 사서 취해 모종을 내니, 종자를 보관하는 사람이 마침내 이익을 내는 기회를 얻게 됩니다.' 라고 대답하였다. 이로 미루어 보건대 우리나라에서는 비록 땅에 심기에 알맞더라도 오래 전하지는 못할 것이다."[101]

조엄 초상

원중거는 기후도 다르고 저장하기도 까다롭기 때문에, 조선에서 고구마를 재배하는 것은 어렵다고 보았습니다. 그런데 이처럼 고구마에 대해 자세히 기록한 것은 그만큼 고구마 재배에 관심을

• • •

**101** 원중거 지음, 김경숙 옮김, 『조선 후기 지식인, 일본과 만나다』, 소명출판, 2006. pp. 87~88.

가졌다는 이야기입니다. 그는 고구마의 저장법만이 아니라 일본인들이 고구마를 어떻게 요리하고 있는지 자세히 관찰했습니다.

> "고구마, 마, 우엉, 당근 같은 것은 모두 국으로 끓인다. 순무, 무, 겨자잎, 미나리, 파, 오이, 가지 같은 것은 일반적인 채소로 쓴다. 파뿌리가 큰 것은 혹은 주먹만 하기도 하는데 약간 매우며 단맛이 섞여 있다. 토란의 큰 것은 바리때나 종만 하다. 구워 먹는 것을 좋아하는데 드물게는 국을 끓이는 데도 쓴다. 고구마는 대략 마 같은데 그 꼬리가 뾰족하고 가늘며 색깔이 누른빛이다. 구워서 먹으면 군밤보다도 달다. 다만 밤과 비교하여 맑고 탁한 차이가 있다. 찌거나 끓이거나 삶거나 하지 못하는 것이 없는데 구워 먹는 것을 더욱 좋아하기는 토란과 같다. 그러므로 길가에 늘어선 가게의 절반이 구운 토란과 고구마를 파는 곳이다."[102]

고구마의 맛에 대해 기록한 것을 보면 원중거는 실제로 일본에서 고구마를 시식한 것으로 보입니다. 고구마를 구워서 맛있게 먹고 있는 일본인의 모습은 원중거에게 고구마에 대한 관심을 불러일으켰을 것입니다.

한편, 18세기 조선 최고의 문장가로 손꼽히는 이덕무(1741~1793)는 『청령국지(蜻蛉國志)』에서 "고구마(甘藷)는 덩굴과 잎이 마와 같

• • •

102 원중거 지음, 박재금 옮김, 『와신상담의 마음으로 일본을 기록하다』, 소명출판, 2006. p. 309.

은데, 덩굴을 땅에 묻으면 곳곳에서 뿌리가 난다. 뿌리는 길이가 네다섯 치 정도이고 둘레가 두세 치인데 양끝이 좁고 껍질이 자홍색이며 속은 백색이다. 날것으로 먹으면 담박하고 달착지근하며, 삶아서 먹으면 매우 달고 호박 같은 맛이 난다. 거위 알처럼 둥근 것이 가장 좋다."고 기술했습니다. 『청령국지』는 자신을 간서치[103]라 한 이덕무가 편찬한 일본에 관한 백과전서입니다. 그는 일본에 가 보지 않고도 왜인이 쓴 『화한삼재도회』와 원중거가 지은 『화국지』를 참고하여 이 책을 지었습니다. 청령국이란 일본의 지형이 잠자리를 닮아서 붙여진 이름입니다.

구황작물(救荒作物)은 흉년 등으로 기근이 심할 때 주식 대신 먹을 수 있는 작물로 고구마와 감자, 메밀 등이 있습니다. 조엄을 따라 일본에 간 김인겸의 한글판 기행문인 『일동장유가』에는 대마도에서 효자토란(고구마)을 심어 두고, 이것으로 구황하고 있다고 적었습니다.

> **섬 안이 척박하며 가난하니 / 효자(孝子)토란 심어 두고 이것으로 구황한다커늘 / 쌀 서 되 보내어서 사다가 쪄 먹으니 / 모양은 하수오(何首烏)요, 맛은 그리 좋다 / 마같이 무른데 달기는 더 낫도다 / 이 씨 가져가 조선에 심어 두고 / 가난한 백성들이 흉년에 먹게 하면 / 진실로 좋건마는 시절이 통한(痛寒)하여 / 가져가기 어려우니 종자를 어찌하리**

• • •

103 看書痴, 책만 보는 바보.

일본에서 고구마가 구황작물로 유용하게 쓰인다는 사실을 알게 된 조엄도 1763년과 1764년에 대마도에서 고구마 종자를 보내고 가져와 전파한 것입니다. 조엄이 대마도에서 고구마 종자를 부산에 보낸 이듬해 봄, 부산진 첨사 이응혁(李應爀)은 절영도(絕影島: 부산 영도)에서 시험 재배를 시작하였고, 1765년 동래 부사 강필리(姜必履)는 고구마 재배에 관심을 기울였습니다. 특히 강필리는 『감저보(甘藷譜)』를 저술하여 고구마 보급에 공헌하였는데, 지금 전하고 있지 않지만 이후의 책에 『강씨감저보』라는 이름으로 일부가 인용되었습니다.

이후 고구마는 남부 지방을 중심으로 급속하게 보급되었고 이와 함께 관련 저술도 이어졌습니다. 이 중 대표적인 것이 김장순(金長淳)의 『감저신보(甘藷新譜)』(1813)와 서유구의 『종저보(種藷譜)』(1834)입니다. 이렇게 고구마가 빠른 시일 안에 널리 퍼진 것은 고구마가 가뭄이나 해충의 폐해를 잘 받지 않고, 아무 곳에서나 잘 자라서 곡물 농사에 지장을 주지 않으며, 맛이 좋고 수확이 많아서 구황작물로 적합하였기 때문입니다. 정조 때인 1798년 이제화의 상소에서 고구마가 구황에 제일이라면서 고구마 재배를 권장한 것을 보면[104] 전래한 지 30여 년 만에 구황작물로서의 위상을 점차 굳혀가고 있었다는 것을 알 수 있습니다.

이렇게 조선에 들어온 고구마는 외지고 비탈진 밭에서도 잘 자랐습니다. 생명력도 강해서 순을 잘라 땅에 묻어만 둬도 잘 자라므로 종잣값도 많이 들지 않습니다. 병충해도 별로 없는 데다가 기상

• • •

**104** 『정조실록』, 정조 22년(1798) 11월 30일.

조건이 좋지 않아도 잘 자라 대표적인 구황작물이 된 것입니다.

### 고구마의 재배

고구마는 척박한 땅에서도 비교적 잘 자라고, 생산성이 높으며, 또 가뭄에도 강하여 키우기 쉬운 작물입니다. 태풍이 지나가면 논의 벼들은 모두 쓰러지지만 고구마는 끄떡없을 정도입니다.

고구마는 생육 기간 중 평균 온도가 22도가 될 정도로 따뜻한 기온을 좋아합니다. 토질은 별로 가리지 않으며, 어디서라도 재배가 가능합니다. 건조에는 강하나 배수가 나쁜 땅에서는 잘 자라지 않습니다. 연작이 가능해 몇 년이고 계속 재배할 수 있으며, 고구마에 별 탈이 생기지 않는 한 계속 심을 수 있습니다. 고구마를 비옥한 땅에서 키우면 줄기만 무성해집니다.

고구마는 씨고구마에서 싹을 틔워 기른 줄기가 모종이 됩니다. 모종은 종묘상에서 구입해 물에 담가 두었다가 심습니다. 고구마는 18도 이하에서는 생육이 나빠지므로 모종의 이식은 5월 하순부터 6월까지 합니다. 3~4 마디를 꽂으면 처음에는 시들하지만 일주일 정도 지나면 뿌리를 내리고 자라기 시작합니다. 넝쿨이 밭을 덮으면 풀을 억제하지만 마디에서 나오는 뿌리가 땅에 내리지 않도록 줄기를 뒤엎어 주어야 합니다. 쉽게 볼 수 없지만 따뜻한 지방에서는 나팔꽃을 닮은 연보랏빛 꽃이 피기도 합니다.

고구마꽃

수확은 첫서리가 내리기 전 맑은 날이 계속될 때 하는데, 덩굴을 자르고 뿌리째 캐냅니다. 고구마는 서리를 맞거나 얼면 쉽게 썩어 버립니다. 수확한 고구마는 일주일 정도 서늘하고 바람이 잘 통하는 곳에 두었다가 안으로 들입니다. 이렇게 하면 수확할 때 난 상처도 치유되고 단맛도 증가합니다. 고구마를 고를 때는 쥐었을 때 무겁고 껍질이 매끄러우며 홍색이 짙고, 광택이 있는 것이 좋습니다. 검은 반점이 있거나 상처나 주름이 있는 것은 피합니다. 자른 면에 즙이 배어 나오는 것은 특별히 달다는 증거입니다.

**고구마의 활용**

고구마는 비타민 C가 풍부하며 기미·주근깨 생성 억제에 효과적입니다. 암의 원인이 되는 과산화지질의 발생을 억제시키는 비타민 E도 풍부하지요. 고구마에 들어 있는 섬유질이 배변을 촉진하는 작용을 하므로 정장 작용 및 피로 회복과 식욕 증진에 효과가 있습니다. 그 밖에도 고구마에는 야맹증이나 시력을 강화하는 카로틴이 함유되어 있고 칼륨도 많아서 여분의 염분을 소변과 함께 배출시키므로 고혈압을 비롯한 성인병에 좋습니다. 다만 너무 많이 먹으면 가스가 차기 쉬우므로 주의해야 합니다. 최근에는 다이어트에 좋다고 해서 환영받고 있습니다.

고구마에는 탄수화물이 많이 들어 있어 주식으로 대용이 가능하며, 예로부터 구황작물로 재배되어 왔습니다. 간식으로도 이용하고, 엿·과자·잼·당면 등의 원료로도 씁니다. 날고구마를 썰어서 말린 절간(切干) 고구마는 저장에 편리하고 알코올의 원료로도 쓰입니다. 저장 중에 수분이 감소하고 녹말이 효소의 작용으로 당화되어 매우 달지요. 공업용으로는 식용하거나 풀·의약품·화학

약품 · 화장품 등의 원료가 됩니다.

## 우리나라에서 빛을 보는 고추

> 촉땅이 매운 풀로 유명한 것 오래 알았지만
> 이제 남쪽에서 온 것으로 다시 이름이 붙었네
> 매운맛은 가벼이 입에 대게 하지 못하여
> 그저 벌건 나물죽으로 끓여야 먹을 수 있다네
> _신후담, 「고추(倭椒)」

성호 이익의 문인인 신후담(愼後聃, 1702~1761)은 식물에 대해 주목할 만한 저술을 남겼습니다. 과일에 대한 백과사전인 「백과지(百果志)」가 있으며, 벼 · 기장 · 콩 · 보리 네 종의 곡식을 대상으로 한 「곡보(穀譜)」도 냈습니다. 또, 김창업처럼 채소 연작시 「소식십팔영(蔬食十八詠)」을 지었습니다.

신후담은 "왜초(倭椒)는 일명 고초(苦椒)라 하는데 그 맛이 매워 이것만 먹을 수 없다. 가루를 내어 죽에 넣어야 푸성귀를 먹던 창자를 진정시킬 수 있다. 이 때문에 시골에서 많이 심는다."고 하였습니다. 우리나라의 문헌에 고추는 왜초 · 고초 · 단초(丹椒) · 만초(蠻椒) · 초초(草椒) 등으로 나타납니다. 『사소절』[105]에는 남만(南蠻)에서 온 것으로 명나라 말기에 처음 나타났다고 하였지만, 고추를

• • •

105 士小節, 실학자인 이덕무가 1775년에 후진 선비들을 위해 지은 수양서.

시로 쓴 예는 신후담으로부터 비롯합니다.[106]

**마당가에 심어 놓은 여린 채소 / 듬성듬성 초가집을 둘렀네 / 고추(蠻椒)는 사계절 내내 먹을 수 있어 / 이로운 공이 채소 중에 으뜸이지 / 여름철 가지런히 달리면 / 한 움큼 손으로 따서 온다네 / 겨울 김장에는 고추가 절반이라 / 맵고 짜도 향기가 가득하니 / 청각[107]도 이에 못 미치고 / 은근히 배추 무 맛을 돋운다네 / 가늘게 빻아 소금과 메주에 섞어서는 / 빛깔 좋은 붉은 고추장을 만들지 / 고기 짓이겨 생강을 섞어 / 씨를 발라 낸 고추에 소로 넣고 / 송편처럼 죽 널어서 / 질시루에 푹 쪄 낸 다음 / 푸른색 붉은색 각각 달리 담아내면 / 아름다운 색채 화려하기도 해라 / 강황(姜皇)이 채보(菜譜)에서 빼놓았지만 / 지금은 가장 귀한 족속이 되었다네**

_김려, 「고추(丹椒)」

임진왜란 전후해 한반도에 들어온 붉은 고추는 18세기에는 음식 재료로 널리 쓰입니다. 김려는 마당가에 고추를 심어 사계절 내내 먹는다 하였습니다. 여름철엔 풋고추를 따서 먹고, 김장 김치에 넣고, 고추장도 만들고, 고추선[108]을 만드는 법까지 자세히 묘사하

• • •

**106** 李鍾默, 「金昌業의 채소류 連作詩와 조선 후기 漢詩史의 한 국면」, 『韓國漢詩研究』 18, 韓國漢詩學會, 2010.10.30.

**107** 바다에서 나는 해초의 하나.

**108** 고추선(고추膳): 씨를 뺀 풋고추 속에 고기, 생선, 두부를 다져 양념하여 넣고 실로 허리를 동여매어 쪄 낸 음식.

였습니다. 김려는 제목에 주를 달면서, "단초(丹椒)를 '만초(蠻椒)', '초초(草椒)'라고도 하는데 흔히 고추라고 부른다. 우리 나라에서 많이 심는데, 왜채(倭菜)로 의심된다."고 적었습니다.

### 고추의 역사

고추의 원산지는 남아메리카의 아마존강 유역으로 알려져 있고, 멕시코에서는 기원전 3300년경부터 재배했다고 합니다. 남아메리카 원주민들은 고추를 옥수수와 카사바 다음으로 중시하며 재배하고 있습니다. 그리고 그들의 전래 종교의 전례에 고추를 쓰기도 합니다. 중세 유럽에서 후추는 매우 비싼 향신료였습니다. 후추를 구하기 위해 인도를 찾아 항해하던 중 콜럼버스는 카리브해의 한 섬에 상륙하게 되었습니다. 그곳에서 아히(aji)라 불리던 고추를 알게 되었고, 1493년에 스페인으로 가져갑니다. 그는 후추와 비슷한 매운맛을 가진 아메리카의 붉은 채소를 레드 페퍼(red pepper)로 이름 지었습니다.

고추는 스페인에 전해진 후 유럽과 열대, 아열대 지방으로 빠르게 전파되었습니다. 후추를 대신할 매운 고추에 관심을 보인 스페인인과 포르투갈인에 의해 이탈리아 · 독일 · 발칸 지역에 전파되고, 그 후 인도 · 동남아시아 지역으로 전파되었지요. 17세기에는 각 지역에서 다양한 품종으로 개량되면서, 오늘날 고추의 주요 생산지로 발달했습니다. 고추는 후추처럼 열대 지방에서만 자라는 작물이 아니어서 전 세계로 빠르게 전파된 것입니다.

중국에는 명나라 말경에, 일본에는 1542년에 포르투갈 사람에 의해 고추가 전해졌다고 합니다. 우리나라에는 임진왜란 전후로 일본에서 도입되었을 것이라고 하지만, 그 이전에 도입되었다는

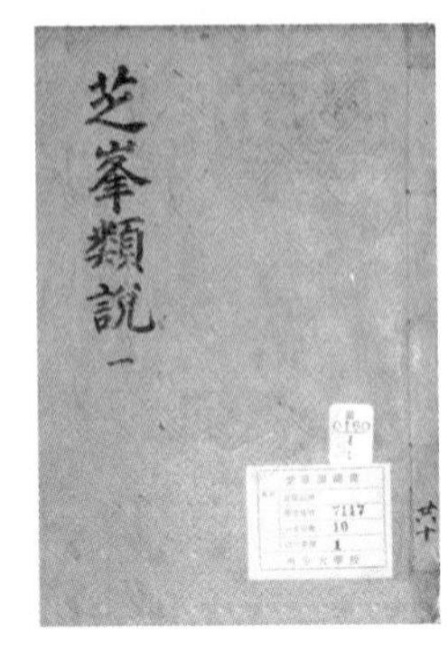

이수광의 『지봉유설』

주장도 있습니다.[109] 고추가 우리나라 문헌에 처음 등장하는 게, 이수광의 『지봉유설』(1614)에서입니다. 그는 고추를 남쪽 오랑캐가 전해 준 매운 채소라는 의미로 '남만초(南蠻椒)'라고 하면서, "독이 있으며 일본에서 건너온 것이라 왜겨자(倭芥子)라고 한다."고 적었습니다.

1723년경 이익(李瀷)[110]은 『성호사설』에서 "고추를 번초(蕃椒)라 적고 '번초는 매우 매운 것이다. 우리나라에서는 이것이 일본에서 온 것이란 이외는 아무것도 없기 때문에 왜초(倭椒)라 한다.' 나는 최근 어떤 왜인이 지은 번초란 제목의 시를 읽어 본 적이 있는데, 이 시에는 고추를 어떤 사람이 붓 대신에 늘 사용하였다는 내용이 있었다."고 하였습니다.

그런데 일본의 본초서인 『대화본초(大和本草)』에는, 옛날에는 일본에 고추가 없었는데 도요토미 히데요시가 임진왜란 때 조선으로부터 들여와 고려 호초(高麗胡椒)라 한다고 나와 있기도 합니다. 또 일본이 중국에서 고추를 받았다는 주장도 있습니다.[111] 보통 중국에서 우리나라를 거쳐 일본으로 들어가는 경우가 많았으니, 누가 누구에게 전해 주었는지 알 수 없습니다.

• • •

109 한상기, 『작물의 고향』, 에피스테메, 2020, p. 287.

110 성호는 양봉(養蜂)·양계(養鷄)에도 종사했고, 호박(南瓜)을 재배하는 등 스스로 채전(菜田)을 가꾸었다.

111 이나가키 히데히로, 서수지 옮김, 『세계사를 바꾼 13가지 식물』, 사람과나무사이, 2019. p. 115.

그러나 중요한 것은, 유럽에서도 일본에서도 중국에서도 고추가 중요한 식재료로 자리 잡지 못했는데, 우리나라에서는 매운맛을 내는 중요한 식재료로 자리 잡았다는 점입니다. 하지만 처음에는 식재료가 아닌 약재와 관상용으로만 재배되었습니다. 그러다가 18세기 이후부터 점차 먹기 시작하는데, 고춧가루를 뿌린 김치는 20세기 이후로 등장하고 젓갈도 이 무렵부터 사용하게 됩니다.

18세기 후반기를 살았던 이옥은 『백운필』에서 '고추와 호박'에 대해 다음과 같이 기술하고 있습니다.

> "채소 가운데 매우 흔하고 두루 재배하면서도 옛날에 없던 것이 지금에는 있는 것으로 두 가지가 있다. 초초(艸椒)는 곧 일명 '만초(蠻椒)'로서 속칭 '고추(苦椒)'라고 하고, 왜과는 곧 일명 '남과'로서 속칭 '호박'이라 한다. 이 두 가지는 대개 근세에 외국에서 전해진 것이다. 옛 『본초』와 다른 책에는 보이지 않는다.
>
> 지금 『본초』의 훈석(訓釋)에 의하면, 초초는 성질이 매우 뜨겁고 맛은 매우며 약간의 독이 있다고 하였고, 왜과는 성질이 평담하고 맛은 달며 독이 없다고 하였다. 그런데 그 주로 치료하는 증상에 대해서는 알 수가 없다. 혹자는 고추를 많이 먹으면 풍(風)이 들거나 눈에 좋지 않다고 말한다. 내가 들은 바, 철원(鐵原)에 나이 팔십 세가 된 노부인이 있는데 천성이 고추를 좋아하여, 떡과 밥을 먹는 이외에는 모두 고추를 뿌려 붉은색이 되고 나서야 비로소 맛을 본다고 한다. 한 해 동안 먹은 것을 합해 보면 백여 말(斗)에 달할 정도라 한다. 나이 팔십이 넘었지만 오히려 밤에 바늘귀를 찾을 수 있다고 한다.

고추가 눈에 좋지 않다는 말이 과연 맞겠는가? (중략)
나는 이 두 가지를 즐겨 먹는 사람이다. 그런데 고추를 호박에 비한다면 곰 발바닥(웅장, 熊掌)과 생선의 차이가 있다. 서울에 있을 때를 회상해 보매, 매양 술집에 들어가서 연거푸 서너 잔의 술을 마시고 손으로 시렁 위의 고추를 집어서 가운데를 찢어 씨를 빼내고 장(醬)에 찍어 씹어 먹으면 주모가 반드시 흠칫 놀라며 두려워하였다. 남양에 살게 되어서는 가루를 내어 양념장을 만들어 회와 함께 먹는데, 또한 누런 겨자즙보다 나았다."

이렇게 고추를 좋아했던 이옥은 남양 집의 채마밭 근처의 조그만 땅에다 고추를 심었습니다. 고추는 16세기 말에 한반도에 유입되었는데, 200년 가까이 흐른 18세기 중반에 와서야 즐겨 먹는 식재료가 되었습니다.[112]

### 고추의 재배

고추는 가지과의 초본식물로 우리나라에서는 한해살이풀이지만 열대지방에서는 다년생입니다. 줄기의 높이는 60센티미터에 달하며, 잎은 어긋나고 달걀 형태의 피침형이며, 양 끝이 좁고 가장자리가 밋밋합니다. 꽃은 흰색으로 여름에 핍니다.

고추는 햇볕이 잘 들고 땅이 기름지고 물이 잘 빠지는 곳에서 잘 자랍니다. 육묘 기간이 길어서 종묘상에서 모종을 사서 심는 게 일

• • •

112 주영하, 『조선의 미식가들』, 휴머니스트, 2019, p.109.

반적입니다. 모종을 심는 시기는 서리가 끝난 뒤인 5월 초가 좋습니다. 첫 번째 꽃 아래의 곁순은 모두 따 주고 그 위의 줄기 셋을 키웁니다. 포기의 생육을 촉진하고 통풍이 잘되게 하는 것이지요. 월 2회 성장 상태를 보아 가면서 웃거름을 줍니다. 고추는 장마철에 비를 맞으면 탄저병에 걸리기 쉽습니다. 이를 막기 위해 비가림 시설을 하거나 아니면 바닥에 짚이나 말린 풀 등으로 덮어 주어 지면으로부터 튀어 오르는 빗물이 잎에 닿지 않게 해 주면 좋습니다.

고추

고추는 여름이 되면 키도 커지고 잎이 무성해지지만 뿌리는 얕게 퍼지므로 비바람에 잘 쓰러집니다. 따라서 반드시 지주를 박고 줄로 묶어서 받쳐 주어야 합니다. 여름 내내 풋고추를 따서 이용하다가 가을에는 붉게 익은 것부터 따면 되는데, 꽃이 한꺼번에 많이 피면 꽃을 따서 열매의 수를 조절해 줍니다.

고추는 키우기도 힘들지만 빨간 고추를 따서 말리는 것은 훨씬 힘듭니다. 태양초를 만들기 위해서는 계속 햇볕에서 말려야 하지만, 자칫하면 고추가 물러지거나 썩고 맙니다. 그래서 건조기에서 고추의 숨을 죽인 뒤 햇볕에 말리는 게 보통입니다. 고추는 크기와 모양이 고르며 표면이 매끈하고 윤기나는 것을 고릅니다. 꼭지 부분이 마르지 않은 것이 신선하며, 꼭지 주위가 검게 보이거나 고추씨가 검게 변한 것은 좋지 않습니다. 고추는 수분에 노출되면 속이 검게 변하므로 한 번에 먹을 분량씩 신문지 또는 비닐봉지에 담아 냉장 보관하면 됩니다.

#### 고추의 활용

우리나라에 전해진 지 불과 4백여 년밖에 안 되었지만, 고추만큼 우리 음식 문화에 큰 기여를 한 작물도 드물 것입니다. 대표적으로 김치는 고추를 만나면서 맛의 일대 혁명을 가져왔으며, 고추장이라는 새로운 장을 등장시켜 우리 발효 음식 문화를 더욱 살찌웠습니다.

고추는 비타민 A · B · C가 풍부한 것으로 유명합니다. 특히 비타민 C는 감귤의 9배, 사과의 18배나 될 정도로 풍부합니다. 고추의 가장 대표적인 특징인 매운맛은 고추에 들어 있는 캡사이신(capsaicin)이라는 물질 때문인데, 이는 식욕을 증진시키고 소화를 도우며 혈액 순환을 촉진시켜 몸을 따뜻하게 합니다. 그뿐만 아니라 에너지대사를 높여 체지방 성분을 분해하는 역할도 해 비만 예방에도 좋습니다. 캡사이신의 함량은 고추의 부위에 따라 차이가 있어, 씨가 붙어 있는 흰 부분인 태좌(胎座)에는 껍질보다 몇 배나 많으며, 씨에는 들어 있지 않습니다. 고추의 캡사이신 분자가 입안의 통증 수용체에 녹아들면, 이 독성 물질을 몸에서 제거하기 위한 노력의 일환으로 눈에선 눈물이 나고 코에선 콧물이 흐르며 피부에선 땀이 난다고 합니다.

우리나라에 "작은 고추가 더 맵다."는 속담이 있습니다. 사실, 고추는 크기가 작을수록 더 매운맛이 나며 말린 고추가 날고추보다 훨씬 맵습니다. 매운 고추는 보통 다른 고추보다 크기가 작은

데, 형태 · 크기 · 빛깔이 다양합니다. 고추의 매운 정도를 나타내는 스코빌 척도(Scoville scale)라는 게 있습니다. 이에 따르면 우리나라의 청양고추도 그리 매운 편은 아니며, 멕시코나 인도 같은 열대 지역의 고추가 훨씬 맵다고 합니다. 매운맛은 미각이 아니라 통각(아픔을 느끼는 감각)이라 하는 만큼 너무 매운 것은 삼가는 게 좋을 듯합니다.

쓰임새 면에서 고추만큼 다양한 채소도 드물 것입니다. 파란 풋고추를 따서 그대로 장에 찍어 먹는 것에서부터 각종 찌개의 양념, 김치의 양념, 고추장의 주원료로 쓰입니다. 또한 간장에 절여 밑반찬으로 쓰기도 하며 고춧잎은 데쳐서 나물로 먹습니다.

### 고추장

조선 숙종 때 쓰인 『산림경제』(1643)에는 만초장(蠻椒醬) 이야기가 있습니다. 이미 만초, 즉 고추가 들어간 고추장이 만들어졌다는 것이지요. 여기에서는 고추를 못 구하면 천초(산초)를 넣으라고 되어 있어, 당시만 해도 고추는 구하기 쉬운 것이 아니었던 것 같습니다. 하지만 차츰 고추를 많이 심고 고추장을 만들게 되면서, 다른 장들보다 더 늦게 만들어진 고추장은 사람들의 입맛을 휘어잡게 됩니다. 그리하여 만초장은 새로운 이름을 얻으니 고초장(苦椒醬), 즉 '쓰거나 고통스러운 장'이라는 말입니다.

1751년 여름날 아침에 궁중 약방의 도제조 김약로가 영조 임금에게 이렇게 아뢥니다. "요즈음도 고추장을 계속 드시옵니까?" 그러자 임금은 그렇다고 하면서 "지난번에 처음 올라온 고추장은 맛이 대단히 좋았다."고 했습니다. 그로부터 17년 뒤 75세의 영조는 스스로 "송이버섯 · 생전복(生鰒) · 어린 꿩고기 · 고초장 이 네 가

영조

지 맛이 있으면 밥을 잘 먹으니, 이로써 보면 입맛이 영구히 늙은 것은 아니다."라 할 정도로 고추장을 즐겨 들었습니다. 이에, 도제조 김양택이 그러시면 생전복을 추가로 올리게 하겠다고 하자, 임금은 "그만두라. 지금 민간에 충재(蟲災)가 몹시 지독한데, 정당한 공물(貢物) 외에 때가 아닌 물건을 구해 입과 배(口腹)를 위하겠는가? 마땅히 바칠 것 외에는 내가 받지 아니하겠다." 하였습니다.[113]

이 내용으로 보면 18세기 중반에 고추장이 일반화된 것으로 보입니다. 궁중에서도 그렇지만 민간에서도 고추장을 만들어 먹게 되어, 연암 박지원도 고추장을 만들어 먹었습니다. 연암은 1791년 55세의 늦은 나이로 지금의 경상남도 함양군인 안의현감으로 부임했습니다. 연암은 그곳에서 손수 담근 고추장을 아들에게 보내며 "고추장 작은 단지 하나를 보내니, 사랑방에 두고 밥 먹을 때마다 먹으면 좋을 게다. 내가 손수 담근 건데 아직 완전히 익지는 않았다."라는 내용의 편지를 동봉합니다.

연암은 평생 동안 벼슬을 하지 않다가 뒤늦게 50세가 되어서야 음직으로 종9품 말단 관직에 나갔습니다. 가난한 살림살이에 고생

• • •

113 「영조실록」, 영조 44년(1768) 7월 28일.

하는 부인의 처지를 더 이상 외면할 수 없었기 때문인데, 그가 벼슬길에 나간 지 반년도 안 되어 부인은 세상을 떠났습니다. 이후 그는 재혼하지 않고, 타지에서 홀로 벼슬살이를 하면서도 자식들을 살뜰하게 챙겼습니다. 연암은 고추장과 볶은 고추장 같은 반찬거리를 만들어 자식들에게 보내곤 했습니다.

박지원

그런데 이런 반찬거리와 말린 포와 곶감을 받았던 큰아들로부터 아무런 반응이 없으니 서운했던 모양입니다. 그래서 그는 큰아들에게 "전후에 보낸 쇠고기 장볶이(볶은 고추장)는 잘 받아서 아침저녁 반찬으로 먹고 있느냐? 왜 한 번도 좋은지 나쁜지 말이 없느냐? 무심하다, 무심해. 나는 그게 말린 포나 장조림 같은 반찬보다 나은 듯하더라. 고추장은 내 손으로 담근 것이다. 맛이 좋은지 어떤지 자세히 말해 주면 앞으로도 계속 두 가지를 인편에 보내든지 말든지 하겠다."[114]라는 내용의 편지를 보냈습니다. 연암은 그 뒤 면천군수로 있으면서도 큰아들에게 편지를 보내, 장을 담그는 일은 네 누나 및 제수씨와 상의하되 빚을 내어 담더라도 무방하다고 했습니다.

한편, 이규경의 『오주연문장전산고』에도 앞서의 김려의 시에서

• • •

114 박지원 지음, 박희병 옮김, 『고추장 작은 단지를 보내니』, 돌베개, 2005, p. 35.

나온 것과 유사한 내용이 담겨 있습니다.

**"번초를 우리나라에서는 왜개자 혹은 왜초라 부른다. 연한 줄기와 잎을 채소로 만들어 김치(菹)를 만들면 맛 좋다. 고추의 푸르고 어린 열매를 속을 제거하고 저민 고기로 채워 달인 청장(淸醬)[115]에 넣으면 맛있는 반찬이 된다. 가루로 만들어 장을 담그면 일명 고추장이다. 순창군 및 천안군의 것은 우리나라 으뜸이다."**

여기에서는 고춧잎으로 김치를 만들어 먹고, 가루로 만들어 고추장을 담근다 하였는데, 이백 수십 년 전에도 순창고추장이 유명했음을 알 수 있습니다. 역사를 더 올라가면 이시필(李時弼, 1657~1724)이 지은『소문사설(謏聞事說)』에도 '순창고추장 만드는 법(淳昌苦草醬造法)'이 나와 있습니다.[116]

## 고대에 중시되었던 기장

**이름이 오곡의 반열에 들고 / 곡물 중에 가장 잘 번식하지 / 소탈한 것은 천성이 그러하고 / 향기로워 종묘 제사에 쓰인다 / 서리가 내린 뒤에 수확하고 / 눈이 내릴 때 찧어서 먹지 /**

・・・

**115** 장을 담근지 1년 된 맑은 간장.

**116** 이시필 지음, 백승호·부유섭·장유승 옮김, 『소문사설, 조선의 실용지식 연구노트』, 휴머니스트, 2011. pp.114~115.

따로 백성들 양식거리로 두면 / 흉년에도 굶주림을 면하네

_이응희, 「찰기장(稷)」

즐비하게 돌밭에서 자라 / 늘 백곡 중에서 먼저 익지 / 조와는 장단점을 다투고 / 기장과는 형제가 되누나 / 솥에 삶으면 향기 진동하고 / 술을 담그면 맛이 향긋하지 / 모양은 비록 매우 작지만 / 자성[117]에 들어갈 수 있어라

_이응희, 「메기장(黍)」

쌀에 멥쌀과 찹쌀이 있듯이 기장에도 메기장과 찰기장이 있어, 이응희는 각각을 시로 읊었습니다.

### 기장의 역사

기장은 고대 중국에서 오곡의 하나였습니다. 주(周)나라 왕실의 전설적 시조는 후직(后稷), 즉 '기장의 왕'이라는 이름으로 알려져 있습니다. 그의 어머니가 거인의 발자국을 보고 마음이 끌려 밟고서 후직을 낳았다 합니다.[118] 어릴 때부터 풀이나 나무 심기를 좋아했고, 나중에는 백성들에게 농사(稼穡)[119]를 가르쳤는데, 농사를 땅의 이치에 맞게 했습니다.

• • •

117 粢盛, 제기(祭器)에 담아서 제사 지내는 곡물.

118 장충식 역, 『십팔사략(1)』, 한국자유교육협회, 1971. p. 53.

119 가(稼)는 씨를 뿌리는 것, 색(穡)은 거두어들이는 것으로, 곧 농사짓는 일을 뜻한다. 박세당은 『색경(穡經)』을 지었다.

**무성한 풀을 치우고 씨앗을 가득 뿌리자 / 곡식의 싹이 나와서 점점 자라 오르고 / 이삭 패어 여물어 열매가 단단하게 영글고 / 영근 이삭이 축축 늘어졌으며 / … / 하늘에서 좋은 종자 내려 주시니 / 검은 기장(秬) 또 검은 기장[120](秠) / 붉은 차조, 흰 차조 / … / 어깨로 메고 돌아와 등으로 져다가 / 돌아와 제사 지냈다**

_『시경』「대아(大雅)」생민지십(生民之什)

우리나라에서도 기장은 청동기 시대의 집터에서 낟알이 나왔을 정도로 오래된 작물입니다. 삼국 시대까지 기장은 중요한 주곡의 하나였지만, 삼국 시대 후기에 들어 조(粟)가 많이 재배되면서 오곡의 자리를 조에게 내주었습니다.

고려를 찾은 송나라 서긍이 지은『선화봉사고려도경』에는 "나라의 강토가 동해에 닿아 있고 큰 산과 깊은 골이 많아 험준하고 평지가 적기 때문에 농토가 산간에 많이 있는데, 그 지형의 높고 낮음에 따랐으므로 갈고 일구기가 매우 힘들며 멀리서 바라다보면 사다리나 층층계와도 같다. … 그 땅에 황량(黃粱) · 흑서(黑黍) · 한속(寒粟) · 참깨 · 보리 · 밀 등이 있고, 그 쌀은 멥쌀이 있으나 찹쌀은 없

기장(한국민족문화대백과)

• • •

120 이 부분은 번역자에 따라 좋은 씨앗, 또는 두 알 배기 기장으로 나와 있다. 정학유가 지은『시명다식(詩名多識)』(p.212)에서는 주자(朱子)의 말을 인용해 "겨 하나에 낟알이 두 개인 것"으로 설명하고 있다.

고, 쌀알이 특히 크고 맛이 달다. 소 쟁기나 농구는 중국과 대동소이하므로 생략하고 싣지 않는다."고 하였습니다.

여기에 나오는 흑서가 검은 기장이고, 황량은 메조, 한속은 조의 종류로 보입니다. 기장은 조선조에 들어서는 중요 작물로 재배되었습니다. 고농서 중 작물에 관한 기록이 나오는 25종의 농서의 대다수가 기장을 빼놓지 않았으며, 품종명도 많이 기록하고 있습니다. 그러면서 작물편에서 기장을 제일 먼저 다룬 고농서가 많다는 사실을 보아도 기장이 작물로서 중시되었음을 알 수 있습니다.

『세종실록』에는 껍질 속에 알이 두 개 들어 있는 기장 이야기가 등장합니다. 1423년 7월 24일 기록으로 황해도 감사가 옹진현의 이철지 밭에서 난 한 껍질에 두 알이 든 기장 이삭 20개를 바칩니다. 유래를 들어 보니 1421년에 채전(菜田) 가운데 한 개의 기장이 나서, 이를 길러 이삭을 피웠더니 한 껍질에 두 알이 들었는데, 이를 이상히 여겨 종자를 받아 해마다 심었다 합니다.

임금이 호조에 명하여 그 고을 관원으로 하여금 창고 쌀로서 바꾸어 보내게 하고, 이를 적전(籍田)에 심었습니다. 이로 말미암아 검은 기장(秬黍)의 종자가 나라 안에 널리 퍼졌다고 합니다. 또 2년 뒤인 1425년 12월에는 금년에 각 고을에서 검은 기장 14석 12두를 심었더니, 수확이 264석이 되었다는 보고에 각 고을로 보내 환곡으로 나누어 주게 했다고 기록하고 있습니다.

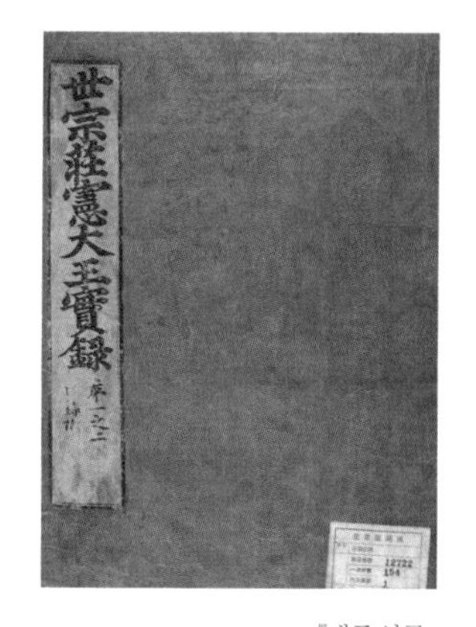

『세종실록』

『농사직설』에서는 "기장과 조는 그 성상이 다소 높고 건조한 땅을 즐기며 낮고 습한 땅을 꺼리므로 토양 선택은 가는 모래와 검은 흙이 반반으로 섞여서 배수가 잘 되는 땅을 고른다. 원칙적으로 밑거름은 필요가 없으나 밭이 메마르면 기장 씨 2~3되에 잘 썩은 인분이나 오줌재 한 섬을 섞어서 파종한다."고 나와 있습니다.

이옥은『백운필』에서 "벼 다음으로는 오직 기장(粱)이 가장 종류가 많다. 또한 찰기가 있는 것과 없는 것, 일찍 여무는 것과 늦게 여무는 것, 적 · 황 · 청 · 백의 네 가지 색의 다름이 있다. 대개 모양과 색깔, 올되고 늦됨, 성질과 맛의 차이는 곡식이면 다 있는 것이다. 한 종류의 구별이 수십 가지에 이르는 것은 비단 벼와 기장만 그러한 것이 아니다. 농사일로 늙은 자라 할지라도 또한 능히 다 알지 못한다."고 했습니다.

### 기장의 재배와 활용

옛날에는 벼나 보리를 키우기 힘든 깊은 산에서 많이 심어 길렀습니다. 하지만 거두는 양이 적고 쌀처럼 밥을 지어 먹기도 마땅치 않아 지금은 희귀한 편입니다. 장마를 피해서 씨앗을 뿌리면 수확하는 데는 큰 무리가 없지만, 열매가 여물기 시작할 즈음에 바람이 불면 넘어지기 쉽습니다. 뿌리가 비교적 땅속 깊이 내리기 때문에 양분을 빨아들이고 고온 건조한 환경에도 강한 편입니다. 줄기의 굵기가 벼와 비슷하게 올라오므로 조금 빽빽하게 심어 바람에 넘어지지 않도록 합니다.

어느 정도 자라 묘가 튼튼해지면 이삭이 너무 빨리 나오거나 키가 너무 작은 것을 뽑아내는 것이 좋습니다. 열매가 익기 시작하면 자연 상태에서 떨어지기 쉬우므로 70~80퍼센트 정도 여물었을 때 수확합니다. 수확한 뒤에는 비를 맞게 하지 말고, 바람이 잘 통하는 곳에서 말린 후 털어 냅니다. 메기장은 쌀이나 조와 섞어 죽이나 밥을 지어 먹고, 찰기장은 떡 · 술 · 엿을 만드는 데 이용합니다.

## 깻잎과 고소한 기름, 들깨와 참깨

참깨 다음으로 귀한 것으로 / 이름과 색깔이 같지 않아라 / 자잘한 좁쌀이 금주머니에 가득한 듯 / 검은 구슬이 초록 자루에 가득한 듯 / 혜택이 회문을 쓴 아낙에게 미쳤고[121] / 공로는 주역 권점 찍은 노인에게 많아라[122] / 밝은 빛이 낮을 이어 밤을 밝히기론 / 곡식 중 아무도 이와 다툴 게 없어라

_이응희, 「들깨(水荏)」

농가에서 온갖 곡물을 심는데 / 이것 인들 어찌 심지 않으리오 / 작은 옥인 양 상자에 가득하고 / 향기로운 기름은 병에 가득해라 / 삼충[123]을 다 제거할 수 있어 / 오장이 튼튼해질 수 있네 / 온 세상에 이것의 혜택 없으면 / 무슨 수로 생명을 보전할 수 있으랴

_이응희, 「참깨(荏)」

• • •

121 전진(前秦) 때 두도(竇滔)가 진주 자사(秦州刺史)가 되어 멀리 가게 되었다. 이에 그의 아내 소씨(蘇氏)가 그리운 마음을 담아, 전후좌우 어디로 읽어도 문장이 되는 「회문선도시(回文旋圖詩)」를 지어 들깨 기름 등잔 아래서 비단에 수놓아 보냈다고 한다.

122 당나라 때 신선을 매우 좋아했던 고변(高駢)이 『주역』에 권점(동그라미나 점)을 찍을 때의 등잔 기름이 들깨 기름이었다 한다.

123 三蟲, 인체에 있다는 세 가지 기생충.

이응희가 들깨와 참깨를 각각 노래한 시입니다. 그는 들깨를 참깨 다음으로 귀하다 했으며, 밤에 불을 밝힌다 하여 등화용으로 썼음을 알 수 있습니다. 병에 가득한 향기로운 참깨 기름은 약용으로도 썼습니다.

**들깨**

들깨는 잎과 줄기에서 특이한 냄새가 나는 꿀풀과의 한해살이풀입니다. 원산지는 동남아시아로 추정되며, 주로 중국과 한국에서 오래전부터 재배하고 있습니다. 변종으로 향신채소로 이용되는 자소가 있습니다. 서유구는『임원경제지』「본리지」에서 "들깨는 '백소(白蘇)'라 하며 '자소(紫蘇: 차조기)'와 같은 류이면서 다른 종이다. 우리나라의 민간에서 이를 매우 중요하게 여긴다."고 했습니다.

정약용은『경세유표』「지관수제(地官修制)」에서 좋은 곡식류 중에 밭에 심는 것 18가지를 들었습니다. 열다섯 번째로 들깨를 들며, "청소(淸蘇, 속칭 水荏 들깨)라 이르며 그 기름은 법유(法油)라는 것이다."고 했습니다.

들깨는 삼국 시대 이전부터 먹을거리로 쓰인 것으로 보입니다. 국립문화재연구소는 강원도 양양군의 송전리에서 출토된 4500~6500년 전 신석기 시대 중기의 토기에서 들깨 씨앗의 눌린 흔적을 발견하였다고 합니다. 1429년(세종 11년)에 나온『농사직설』에는 "길가나 밭두둑에 심는 것이 좋고 포기 사이는 한 자 간격으로 하라. 밀식을 하면 가지가 없어 수량이 적다."고 하였습니다.

들깨는 키는 1미터 정도이고, 번식력이 강해서 봄이 되면 작년에 떨어진 종자에서 자연 발아할 정도입니다. 비교적 추위에도 강하고, 여름 더위에도 잘 이겨 내지만, 수확한 들깨는 휴면성이 있습니다. 들깨는 초여름에 파종하여 장마 기간 중 비가 잠시 멎을 때 옮겨 심습니다. 잎을 먹기 위해 재배하는 잎들깨는 4월 말에 파종하여 5월 중순에 아주심기한 다음 7월부터 잎을 이용합니다. 잎은 키가 40센티미터 정도 자랐을 때 아래쪽 잎부터 수확합니다.

들깨는 정말 잘 자랍니다. 서늘하고 물 빠짐이 좋은 토양에서 잘 자라며, 양분을 빨아들이는 힘이 강하므로 토양에 대한 적응성이 높습니다. 비교적 건조해도 잘 자라고, 줄기가 땅에 닿으면 마디에서도 뿌리를 내리므로 약간의 수분만 있어도 정식이 가능합니다. 들깨는 씨를 받아 기름을 짜서 먹기도 하지만 잎을 즐겨 먹습니다. 워낙 무성하게 잘 자라기 때문에 잎을 일부 따내도 생육에는 큰 지장이 없습니다.

들깨의 우리말 고어(古語)는 '깨'였으나, 들깨보다 늦게 전래된 것으로 추정되는 참깨에 밀려 야생깨라는 뜻을 가진 '들(野)'자가 붙은 것 같다고 합니다. 그러므로 들깨는 참깨보다도 훨씬 먼저 재배되었거나 야생하고 있었던 것으로 추측됩니다.

들깨의 용도는 매우 다양합니다. 오랜 옛날부터 여러 용도로 쓰여 왔으며, 요즘도 채소 · 씨앗 · 기름 세 가지 모두 이용하고 있습니다. 채소로는 어릴 때 솎아서 먹고, 자라면 잎을 따서 쌈으로 먹거나 장아찌를 만들기도 하고, 꽃눈이 분화하면 송이째 따서 튀겨 먹습니다. 최근에는 쌈채소로 인기를 끌면서 깻잎 수확만을 위한 잎들깨 재배가 증가하고 있습니다. 씨앗은 볶거나 그냥 갈아서 죽이나 물에 타 먹거나 강정을 만들고, 기름을 짜서 요리에 쓰거나 공업용으로 쓰기도 합니다. 또, 기름을 짜고 난 깻묵은 단백질이 풍부하여 가축사료와 유기질 비료로 활용됩니다.

들깨

깻잎에는 단백질 · 무기질 · 당질 · 비타민 등이 다량으로 함유되어 있고, 방향성 정유 성분이 들어 있습니다. 독특한 향기성분은 고기나 생선회의 느끼한 맛과 비린내를 없애 주고, 입맛을 돋우어 줍니다. 또한 잎에 들어 있는 자색의 안토시아닌 색소는 항산화 작용, 콜레스테롤 저하, 혈관 보호 등의 기능이 있습니다. 들기름에는 불포화지방산이 많아 혈중 콜레스테롤을 저하시키고 항암 효과, 당뇨병 예방, 시력 향상, 알레르기 질환 예방에 좋다고 알려져 있습니다.

또한, 들깨의 독특한 향은 농사에도 아주 유익하게 쓰입니다. 고추밭에 군데군데 심어 놓으면 고추에 생기는 담배나방의 피해를 예방할 수 있습니다. 또한 길가나 밭둑에 심어 놓으면 독특한 향내로 동물에 의한 피해를 막을 수도 있다 합니다.

**참깨**

참깨는 참깨과에 속하는 한해살이풀입니다. 원산지는 열대 아프리카의 사바나 지역으로 야생종이 많이 분포하고 있다고 합니다. 기원전 3000년 이전부터 이집트 나일강 유역에서 재배된 것으로 추정합니다. 참깨는 아프리카 지역으로부터 페르시아, 인도, 중국 등지로 전파된 것으로 보입니다. 중국에서는 기원전 3세기경에 쓰여진 『신농본초경』에 참깨의 효용에 대한 기록이 나옵니다. 우리나라에서의 재배는 삼국 시대 이전으로 추정합니다.

『고려도경』에 “그 땅에 황량 · 흑서 · 한속 · 참깨(胡麻) · 보리 · 밀 등이 있고, 그 쌀은 멥쌀이 있으나 찹쌀은 없고, 쌀알이 특히 크고 맛이 달다.”고 하여 참깨가 등장합니다. 고려 말 이색의 시 제목에 「감군공이 보리 두 섬과 참깨 다섯 말을 보내오다(監郡公. 送麥二石脂麻五斗.)」라는 것도 있습니다. 허균이 지은 『한정록』에는 참깨에 대해 “비옥한 토지가 제일 좋은데 심는 시기는 3월이 가장 좋다. 흑 · 백 · 황 세 종류가 있는데, 그중에 흰 것이 기름이 많이 난다.”고 하였습니다.

참깨는 정약용이 밭에 심는 좋은 곡식 18가지 중 열네 번째에 들어 있습니다. “호마(胡麻), 즉 방경거승(方莖巨勝)인데 방언으로는 참깨라는 것이다.” 여기에서 방경은 줄기가 둥글지 않고 각이 진 모습이며, 거승은 참깨의 한자 이름 중 하나입니다.

또 다산은 「죽란물명고(竹欄物名考)에 발(跋)함」이란 글에서 “마유(麻油: 참기름) 한 가지만 예를 들어 말하더라도, 방언으로는 참길음(參吉音)이라 하고, 문자(文字)로는 진유(眞油)라고 하는데, 사람들은 ‘진유’라고 하는 것만이 표준말인 줄 알고, 향유(香油) · 호마유(胡麻油) · 거승유(苣藤油) 등의 본명(本名)이 있는 줄은 모른다. 또 그보다 어려운 것이 있다. 내복(萊菖)은 방언으로 무우채(蕪尤菜)라고 하는데, 이것은 무후채(武侯菜)의 와전임을 모르고, 숭채(菘菜)는 방언으로 배초(拜草)라고 하는데, 이것은 백채(白菜)의 와전임을 모른다.”고 했습니다.

다산의 이 글을 통해서 참깨의 기름인 참기름이란 말이 참길음에서 나온 것임을 알 수 있습니다. 그리고 배추와 함께 많이 먹는 무는 ‘무후채 → 무우채 → 무우 → 무’로, 배추는 ‘백채 → 배초 → 배추’로 바뀐 것으로 보입니다.

참깨

참깨는 생명력이 좋아 배수만 잘되면 우리나라 어디에서나 잘 자랍니다. 보통 5월 초·중순에 심어 8월 하순이나 9월 초순경에 수확합니다. 참깨는 열대지방이 원산지이므로 고온 건조한 조건이 좋습니다. 발아 적온은 20도 내외이며 일조량도 많아야 합니다. 생육 기간은 90~120일로서 비교적 짧은 편입니다. 보통 60~120센티미터까지 자라고 줄기의 단면은 네모지고 줄기 표면에는 짧은 털이 밀생합니다. 줄기에는 여러 개의 마디가 있으며 각 마디에 잎과 꽃이 붙습니다. 뿌리는 직근성이므로 이식이 안 됩니다. 꼬투리는 꽃피는 차례와 같이 아래쪽에서 위로 올라가면서 달리고 꼬투리 1개에는 약 50~80개의 종자가 들어 있습니다.

꽃의 개화는 아침 5시부터 7시 사이에 당일 개화할 꽃의 90퍼센트 정도가 핍니다. 결실은 개화 후 40~50일경이 최고에 달합니다. 참깨의 수확은 맨 밑의 꼬투리가 누렇게 익어 입을 벌릴 때쯤 해야 합니다. 베어 낸 참깨는 두세 단씩 묶은 뒤 똑바로 세워 햇볕에 잘 말립니다. 잘 말린 후 참깨를 거꾸로 들고 막대기로 털어 깨를 받습니다.

참깨 종자의 주성분은 지방 약 50퍼센트, 단백질 약 25퍼센트며, 미량성분으로 탄수화물, 비타민, 칼슘과 인을 함유하고 있습니다. 또 기능성 성분으로 리그난(세사민, 세사몰린) 등의 항산화물질을 가지고 있습니다. 우리나라에서 참깨의 용도별 소비량은 참기름 65퍼센트, 통깨(깨소금) 21퍼센트, 한과 7퍼센트 등이며[124], 그 외에 식품의 항산화제나 의약용으로도 쓰입니다.

**자소**

**한 풀이 집 뒤에서 자라는데 / 봄이 와 무성해도 그냥 뒀어라 / 잎이 뒤집히니 붉은 비단인 듯 / 줄기가 곧으니 푸른 옥이 모인 듯 / 막힌 데 틔워 주니 참된 본성 알겠고 / 한기를 몰아내어 약재로 알려졌네 / 가을에 열매를 많이 맺으니 / 갈아서 죽 끓이면 심장을 열어 주지**

_이응희, 「차조기(紫蘇)」

들깨와 꼭 닮은 채소로 자소가 있습니다. 재배한 지 오래되어서인지 자소에 대해 기록한 고농서가 많고 이에 대한 명칭도 많습니다. 차조기, 차즈기, 소엽(蘇葉)이라고도 합니다. 전체가 자줏빛을 띠고 향기가 나며, 즐기는 각이 지며 곧게 서고 가지가 갈라집니다. 잎은 마주나며, 잎자루가 길고 넓은 달걀꼴이고, 잎밑이 둥글거나 다소 쐐기 모양이며, 끝이 날카롭고 톱니가 있습니다. 더위에

• • •

124 농사로 포털사이트 / 농업기술길잡이 174 / 귀농귀촌 / 참깨

자소

는 비교적 강하며 토질에 상관없이 잘 자라고, 그늘에서도 잘 자라서 키우기 쉽습니다. 예전부터 향신채소로 사용되어 왔으며 어린잎과 꽃이삭, 열매에 이르기까지 다양하게 즐길 수 있습니다.

자소는 잎의 색에 따라 두 가지로 나뉩니다. 청자소는 잎이 담록색이며, 향이 강하여 생선회에 곁들이면 요리가 한층 더 돋보입니다. 적자소는 잎줄기가 홍자색이고 담홍색의 작은 꽃이 달립니다. 잎의 즙액이 분홍색으로 일본에서는 우메보시(梅干し)의 착색에 없어서는 안 될 향신료입니다. 우리나라에서는 자소가 어성초, 녹찻잎과 함께 몇 해 전 발모제의 재료로 알려진 바 있습니다. 이 색소는 자소린과 베리라인이라는 성분이 성분입니다. 비타민류, 특히 비타민 A · C를 많이 포함하고 있으며, 칼슘과 철분도 함유하고 있습니다.

## 냄새 하나 빼고 다 좋은 마늘

생강도 계피도 귀한 것이지만 / 이 맛보다 더 나은 것은 없어라 / 많은 옥이 금기둥을 떠받치고 / 여러 구슬이 흰 씨방에서 터진 듯 / 갈아서 넣으면 오이 부침이 맛있고 / 즙을 내어 넣

으면 물이 향긋하지 / 훈초(葷草)[125] 기운 비록 탁하다 하지만 / 더위 물리치는 처방에 들어 있다네

_이응희, 『옥담사집』「마늘(蒜)」

만만한 배추김치 조기젓 넣고 / 살팍진 죽순으로 고기찜 할 때 / 마늘을 짓다지어 넣지 않으면 / 싱거운 수제비국과 무엇 다르랴 /외지고 메마른 산골 살림에 / 살아가는 재미를 어떻게 알랴 / 마늘만 먹는다면 매워 싫지만 / 양념으로 치면은 입맛이 붙네 /더구나 한여름철 더위 막으니 / 불볕이 나는 때도 걱정 없어라 / 굵직한 통마늘은 독기 더 많아 / 종처[126]에 뜸 놓을 때 임의로 저며 쓰네 / 텃밭의 마늘과 들판의 달래 / 맛이며 생김새 비슷하구나 / 오래도록 고생하는 냉병 때문에 / 위장이 날을 따라 허약해지니 / 늘그막에 다행히도 네 덕을 보려 / 입맛대로 무작정 씹어 먹노라 / 마늘 종자 가져온 박망후 장건 / 그의 공덕 이 땅에도 미쳤구나

_김려, 『만선와잉고』「마늘(葫蒜)」

이응희는 앞의 시에서 생강과 계피가 귀하지만 마늘의 맛보다 덜하다며, 갈아서 오이 부침에 넣고 즙을 내어 물에 넣어 향긋하게 한다 했습니다. 김려는 마늘을 양념으로도 쓰고 뜸 놓을 때도 쓴다면서, "큰 마늘은 '호(葫)'이고 작은 마늘은 '역(蒚)'인데 뿌리를 '난자

---

125 훈채(葷菜)라고도 하며 파, 마늘, 생강처럼 특이한 맛과 향이 나는 채소. (유희 지음, 김형태 옮김, 『물명고(物名考) 상』, 소명출판, 2019. p. 298.)

126 부스럼이 난 자리.

(䰈子)'라고 한다. 들에 자라는 마늘을 우리 말로 달래(薘來)'라고 한다."고 주를 달았습니다. 이 두 시 모두에서 마늘이 더위를 물리치거나 막는다 하여 마늘의 약효를 이용했음을 알 수 있습니다.

### 마늘의 역사

마늘은 중앙아시아와 이집트, 지중해 연안의 유럽이 원산지인 여러해살이풀로 알려져 있습니다. B.C. 2500년경의 고대 이집트 기록에 마늘이 중요한 경작물로 나오고, 피라미드를 건설하는 노동자들이 주로 마늘과 양파에서 힘을 얻었다고도 전해집니다. 그래서인지 피라미드의 벽면에는 노동자들에게 나누어 준 마늘의 양이 적혀 있다고 합니다. 고대 이집트인, 그리스인, 로마인 모두 마늘을 먹으면 힘과 용기가 크게 증가한다고 생각해 노예들과 전사들에게 마늘을 먹였습니다.

중국에는 원래 산(蒜)이 있었는데 한나라 장건이 기원전 1세기 무렵에 서역[127]에서 산보다 훨씬 큰 것을 가지고 와서 대산(大蒜)이라고 하였다고 합니다. 대산은 지금 마늘로 부르고 있으며, 원래 있었던 산은 소산(小蒜)이라 하였습니다. 한나라 선제(재위 BC 74~49) 때에 왕포(王褒)가 지은 글에 "집에 손님이 오면, 항아리를 들고 술을 사러 가고, 채원에서 산(蒜)을 뽑아 온다."는 구절이 있는 것으로 미루어 보아 서역에서 마늘이 들어오기 전에 산을 재배하고 있었던 듯합니다.

• • •

127 西域, 중국 한대에 옥문관(玉門關), 즉 지금의 감숙성(甘肅省) 돈황시(敦煌市) 서쪽에 위치한 신강(新疆) 및 중앙아시아 지역을 두루 일컫던 이름으로, 그 뒤 주로 중앙아시아 지역을 가리키는 말로 사용되었다. (『정역 중국정사 조선·동이전 1』, p.128.)

명나라 때 이시진의 『본초강목(本草綱目)』(1596)에 의하면 "중국에는 원래 산에 산산(山蒜), 들에 야산(野蒜)이 있었고, 이것을 재배하여 산이라 하였다. 그러다가 한나라에 이르러 장건이 서역에서 포도·호도·석류·호초 등과 함께 산의 새로운 품종을 가져오게 되니 이것을 대산(大蒜) 또는 호산(胡蒜)이라 하고 전부터 있었던 것은 소산(小蒜)이라 하여 서로 구별하게 되었다."라고 합니다. 중국에서는 새로운 품종이 도입되면 흔히 대·소로 구별합니다. 본디 맥(麥)이 있었는데 새로운 맥이 들어오니 소맥(小麥: 밀)이라 하고, 본디의 맥은 대맥(大麥: 보리)이라 하는 것과 같습니다.

마늘

한편, 일본의 채소 관련 책에서는 마늘을 닌니쿠(ニンニク, 大蒜, 葫)로 쓰면서, 그 어원을 불교에서 말하는 인욕(忍辱, ニンニク), 즉 참고 견디는 것에 두고 있습니다. 그래서 스님이 입는 옷인 가사(袈裟)를 인욕의(忍辱衣) 또는 인욕의 갑옷(鎧)이라 한다면서, 인욕과 관련된 이야기를 소개하고 있습니다.

옛날 어떤 나라에 태어나서 한 번도 화를 내지 않은 태자가 있어, 인욕 태자로 불렸습니다. 부모가 중병이 들었을 때, 의사로부터 "태어나서 한 번도 화를 낸 적이 없는 사람의 인육만이 목숨을 구한다."는 얘기를 듣고, 태자는 자신의 몸을 찢어 부모의 목숨을 구했다고 합니다. 또, '석가의 전생은 인욕의 수행을 한 인욕선인(忍辱仙人)'이라는 이야기도 같이 나와 있습니다.

### 단군 신화에 나오는 마늘

마늘은 쑥과 함께 우리나라의 건국신화인 단군 신화에 처음으로 등장하는 식물입니다. 『삼국유사』에 의하면 곰과 호랑이가 한 동굴 속에 살면서 항상 환웅께 "사람으로 바뀌게 해 주십시오." 하고 빌었습니다. 환웅은 신령스러운 산(蒜)과 쑥을 내리면서 "이것을 먹고 백 일 동안 햇빛을 보지 않으면 사람이 되리라."고 하니, 곰은 그대로 실행하여 21일 만에 웅녀(熊女)가 되었다는 것입니다. 이와 같이 우리네 건국신화에 산(蒜)이 등장합니다.

그런데, 단군이 등장할 무렵에는 한반도에 마늘이 없었으므로 건국신화에 등장하는 마늘은 야산이나 산산, 즉 달래나 명이나물이었을 것이라 합니다. 『삼국사기』에는 "입춘 후 해일에 산원(蒜園)에서 후농제(後農祭)를 지낸다."라는 기록이 있는데, 이때의 산은 대산이며 우리가 먹는 마늘일 것으로 생각됩니다. 1527년(중종 22년)에 나온 『훈몽자회』에서는 산(一名胡蒜)은 마늘, 소산은 달래, 야산은 족지(산달래)라 하였습니다. 1613년(광해군 5년)의 『동의보감』에서는 대산을 마늘, 소산을 족지, 야산을 달랑괴라 하였습니다.

『삼국유사』

그리고 황필수의 『명물기략』에서는 마늘의 어원을 다음과 같이 풀이하고 있습니다. 맛이 몹시 매우므로(辣, 매울 랄) 속언(俗言) 맹랄(猛辣)이라, 이것이 변하여 '마랄 → 마늘'이 되었다는 것입니다. 또 『동언고략(東言考略)』에서는 "산(蒜)을 마늘이라 함은 마랄(馬辣)이오."라고 하였습니다.

단군의 초상

**마늘의 재배**

마늘은 서늘한 날씨를 좋아하지만 추위에 그다지 강하지 않고, 더위에도 약하며 여름에는 말라서 휴면에 들어갑니다. 재배 적지는 겨울에 따뜻하고, 봄부터 여름에 걸쳐 통풍이 잘되는 남향 땅이 적당합니다. 비옥하고 물 빠짐과 보수성이 좋은 밭에 심습니다. 재배 기간이 길어서 밑거름으로 퇴비를 많이 넣어 주고, 연작을 싫어하므로 2~3년의 윤작이 바람직합니다. 백합과인 마늘은 가지과와 궁합이 좋아, 토마토나 가지를 심었던 곳에 그대로 심어도 좋습니다.

9월 하순부터 10월 사이에 마늘쪽을 뾰족한 부분이 위로 오도록 해서 2~3센티미터 깊이로 묻습니다. 심어서 한 달 정도면 발아가 됩니다. 다음 해 6월 상순, 잎이 마르기 시작하면 수확합니다. 마늘은 겨울에도 밭을 놀리지 않고 키울 수 있지만, 재배 기간이 길고 또 해마다 주인이 바뀌는 주말농장에서는 키우기 힘든 작물입니다.

마늘은 크게 한지형과 난지형으로 나뉩니다. 한지형은 우리나라 내륙 및 고위도 지방에서 가꾸는 품종으로 난지형보다 싹이 늦게 납니다. 가을에 심으면 뿌리는 내리나 싹이 나지 않고, 겨울을 넘긴 뒤부터 생장합니다. 저장성이 난지형보다 좋고 알이 크며 비늘조각 수가 적습니다. 난지형은 휴면하지 않으므로 가을에 심으면 뿌리와 싹이 어느 정도 자라서 월동하고, 봄에는 한지형보다 일찍 수확합니다. 난지형은 꽃대가 길어 마늘종으로도 이용합니다. 이 밖에 구근이 배 이상 크고 냄새가 약한 코끼리 마늘이 있습니다.

좀 많이 심으면 이른 봄 마늘종이 올라오기 전에 부드러울 때 잎마늘로 먹을 수 있습니다. 5월경에 나오는 마늘종은 일찍 잘라 볶아 먹습니다. 이때 마르면 마늘알이 크게 자라기 어려우므로 물을 적당히 줍니다. 수확은 줄기가 3분의 1일에서 반 정도 마르면 갠 날을 골라서 합니다. 뽑은 후 그 자리에서 뿌리를 자르고 흙이 묻은 껍질 1장을 벗기고 햇볕에 밀립니다. 그다음 줄기를 15센티미터 정도 남기고 잎을 잘라 냅니다. 크기별로 5~6 포기씩 끈으로 묶어 비를 맞지 않고 바람이 잘 통하는 응달에 걸어 보존합니다. 상태가 좋으면 다음 해 2월까지 싹이 나지 않아 먹을 수 있습니다.

마트나 시장에서 마늘을 고를 때는 통마늘의 머리 부분이 단단하고 큰 데다 희고 깨끗하며 잘 마른 것을 고릅니다. 누렇게 변한 것은 오래된 것입니다. 구입한 마늘의 보관법은 가공 정도에 따라 다릅니다. 통마늘은 그물망에 넣어 서늘한 곳에 두고, 깐 마늘은 밀폐용기 바닥에 종이를 깔고 넣어 두면 냉장고에서 열흘 정도는 보관할 수 있습니다.

### 마늘의 활용

마늘은 톡 쏘는 듯한 강한 냄새가 있어 예로부터 향신료, 강장제, 양념 등으로 널리 쓰여 왔습니다. 마늘의 영양 성분을 보면 수분이 약 60퍼센트, 단백질은 3퍼센트 정도에, 필수 아미노산을 많이 함유하고 있습니다. 그리고 매운맛과 독특한 냄새의 주범인 황화합물은 바로 알리인(alliin)입니다. 생마늘을 씹거나 썰면 세포가 파괴되고 효소가 작용해 알리인이 알리신(allicin)으로 바뀌며 강한 냄새를 풍기게 됩니다. 이 성분이 고기 누린내를 없애 주고 소화를 도와주므로 고기 요리에 마늘을 반드시 넣는 것입니다. 또한 알리신은 살균 효과가 뛰어나 감기 예방에도 효과가 있습니다. 마늘은 또한 몸을 따뜻하게 해 주고 스태미너를 강화합니다.

또, 마늘의 알리신이 비타민 B1의 흡수를 도와주는 기능이 있고, 체내에서 단백질 변성을 통해 소화를 촉진해 고기를 마늘과 함께 먹으면 소화에 아주 좋습니다. 그러나 많이 먹는 것은 조심해야 합니다. 알리신이 위벽을 자극하기 때문에 위가 약하거나 위장병이 있는 사람과 열이 많은 사람은 피하는 것이 좋고 혈전 용해제를 복용하는 사람도 피해야 합니다.

마늘은 이처럼 효능이 여러 가지로 좋으나 냄새가 많이 나는 한 가지 흠이 있어서, 일해백리(一害百利)라 했습니다. 옛사람 이옥도 마늘의 냄새에 대해 이렇게 적었습니다.

**"마늘의 경우 비록 도가 · 불가가 아니라 할지라도 또한 통절히 경계할 만하다. 매년 여름 시골집에서 마늘을 먹은 사람을 자주 만나게 되는데, 입을 한 번 열자마자 역한 냄새가 방에 가득하여 곁에 있는 사람을 참을 수 없게 만드니, 암내나 방귀보다 심하다. … 깊은 병에 약으로 쓰이는 것이 아니라면 절대 먹지 않을 일이다. 나는 또한 채마밭 가에 수십 뿌리를 심어, 약용과 김치 담그는 재료로 삼았는데, 유독 이 사향초(麝香艸: 마늘)에 대해서는 냄새를 지키는 계율을 매우 엄격히 하였다."**

마늘의 독특한 냄새는 알리신이라는 성분에서 나는 것으로, 텃밭에서 다른 채소들과 섞어짓기를 하면 해충을 방제해 주는 역할을 합니다. 손에서 마늘 냄새를 없애려면 스테인리스 스틸로 된 물건으로 문지르면 된다고도 합니다.



## 제갈량이 좋아했던 무

우리 조선 사람들 무를 중히 여겨 / 남새들의 조상으로 높이 내세우며 / 사시장철 그 언제나 실컷 먹기 위해 / 포전마다 심어 놓고 떨구지 않는다네 / 새하얀 뿌리에는 맑은 물이 배어 있고 / 파아란 줄기에는 좋다리가 돋아나서 / 무김치 담그면 시그럽고 향기로워 / 겨울철의 김장으론 이만한 것 더 없네 / 음식물 내리는 데 무가 제일이고 / 온하고 부드러워 오장을 좋게 하누나 / 떡에다 섞어 찌면 그 맛이 별맛이고 / 국수 꾸미에도 널리 쓰인다네 / 우리 나라 풍속에 설 음식상 차릴 때면 / 실오리 같은 생채가 상 위에 오른다네 / 수레에 가득 실은 진주의 좋은 무 / 깨끗하고 매끈하기 종유석 비슷해라 / 무 농사에 겸하여 씨 가림 중요하나니 / 누른 것 붉은 것이 무씨 중 꼽힌다나 / 제갈량은 비방 있어 잘게 잘게 썰어 먹으며 / 태산의 양보음[128]을 읊기 좋아했다네

_김려, 「무(萊菔)」

• • •

128 梁甫吟, 중국의 옛날 노래.

김려는 우리 조선 사람들이 무를 중시해 채소들의 조상으로 받들며 채마밭마다 심어서 떨어뜨리지 않는다 했습니다. 이용하는 방법도 여럿이라 김장을 담고, 떡에 섞고, 국수 꾸미에도 쓰며 생채로 상 위에 오른다 했습니다. 그러고는 “무를 ‘나복(蘿葍)’, ‘토소로복(土酥蘆菔)’이라고도 한다. 제갈량이 무를 좋아하여 이름을 ‘제갈채(諸葛菜)’라고 하였고 우리나라 말로 ‘무후(武候)’라고 하였다.” 고 주를 달았습니다.

무에 대해 이옥은 『백운필』에서 다음과 같이 적었습니다.

> “채소 중에 큰 것으로 무(蔓菁)만 한 것이 없다. 무는 때를 가리지 않고 심을 수 있고, 얼마 지나지 않아 먹을 수 있고, 생으로 먹을 수 있고, 말에게 먹일 수 있고, 버려도 아깝지 않다. 이것은 제갈무후(諸葛武候)가 취하여 썼던 까닭으로, 또한 이 채소에게 제갈이라는 성을 주었고, 또 우리나라 사람이 이를 ‘무후채(武候菜)’라고 불렀던 것이다.
> 무는 동저(冬菹)로도 좋고, 한저(寒菹)로도 좋고, 생채로도 좋고, 숙채로도 좋고, 국을 끓여도 좋고, 장으로 만들어도 좋고, 닭고깃국에 넣어도 좋고, 새우젓에 넣어도 좋고, 떡을 만들 때 넣어도 좋다. 부엌에 들여놓으면 맞지 않는 데가 없으니, 아마 채마밭에서 나는 가운데 온갖 채소의 으뜸일 것이다. 무를 심을 때에는 자주 밭을 갈아 주어 토질을 부드럽게 하고, 자주 호미질을 하여 뿌리를 북돋워 주면, 그 밑동이 매우 커지고 맛 또한 시원하고 달게 된다.”

### 무의 역사

무는 배추과에 속하는 두해살이 근채 식물입니다. 원산지는 지중해 연안에서 서부 아시아 및 남부 유럽이며, 무는 재배 역사가 채소 중에서도 가장 오래된 것 중의 하나로서 이집트에서는 4천수백 년 전까지 거슬러 올라갑니다. 고대 이집트(B.C. 2800~2300)에서 피라미드를 건설할 때 노예들에게 무, 양파, 마늘, 당근 등을 먹였다는 기록이 헤로도투스에 의해 전해지고 있습니다. 유럽으로의 전파는 이집트를 점령한 로마인들에 의하여 이루어졌습니다. 지금은 전 세계에 걸쳐 넓게 재배되고 있어서 많은 품종이 생겼으며, 뿌리도 흰색이 대부분이지만 다양한 색깔이 있습니다.

중국에는 실크로드를 통해서 들어온 것으로 추측되는데, 기원전 400년경에 편찬된 『이아(爾雅)』에 노파(盧芭)로 호칭한 기록이 있으며, 그 후 나복(蘿蔔)이라고도 불렸습니다. 현재 우리나라에서 재배되고 있는 무의 도입 시기는 고전으로 추정하면 삼국 및 통일신라 시대인 것으로 간주되며 재배법과 함께 중국으로부터 전래되었을 것[129]이라 합니다.

### 무의 재배

세계 각지에서 재배되어 모양이 다른 품종이 많이 있지만, 식물 분류학상으로는 모두 단일종입니다. 배수가 잘되면서 보수력이 있고, 토심이 깊은 곳에 심습니다. 무는 뿌리를 잘 키워야 하므로 흙

• • •

129 이홍석·박효근·채영암, 『한국 주요 농작물의 기원, 발달 및 재배사』, 대한민국학술원, 2017.

무

이 부드러울수록 좋고, 돌이나 이물질이 있으면 뿌리 끝이 갈라지는 '가랑이무'가 되기 쉽습니다.

무는 한랭한 기후를 좋아하며, 기온에 대한 적응도는 크기에 따라 달라집니다. 생육 초기에는 영하 2~3도의 저온과 35도가량의 고온에도 잘 견디지만, 뿌리가 비대해지면 5도 이하의 저온과 30도 이상의 고온에서는 피해가 생깁니다.

무는 모종을 내어 옮겨 심어도 살지만 뿌리가 갈라지고 잘 자라지 않으므로, 직접 씨앗을 뿌려서 키웁니다. 무는 동해(凍害)에 약하므로 봄에는 3월 춘분이 지난 뒤에 심어서 6월 하지 전에 거두고, 가을에는 8월 처서에 심어 11월 입동 전에 거두는 게 좋습니다.

씨는 30센티미터 간격으로 직경 3~5센티미터의 구멍에 5~6개씩 뿌립니다. 일제히 발아하므로 세 번에 걸쳐 솎아 줍니다. 첫 번째는 본엽 1매일 때 3개를 남깁니다. 두 번째는 본엽 3~4매로 2개를 남기고, 마지막은 본엽 6~7매에서 하나만 남깁니다.

무는 배추와 마찬가지로 발아할 때부터 어린 시기에는 비교적 많은 수분을 필요로 합니다. 무의 뿌리 길이는 생육 초기(20~25일까지)에 결정되는데, 씨를 뿌린 뒤에 건조하면 발아가 불량하고 뿌리가 짧아지는 경우가 많기 때문에 때때로 물을 뿌려서 땅에 적당한 습기를 유지시켜 주어야 합니다.

심어 둔 무는 시간이 지날수록 흙 위로 하얀 살을 드러내고, 점점 녹색이 되는 부분이 보입니다. 흙 밖으로 나오는 이 부분은 무의 줄기 부분에 해당하므로 흙으로 덮지 않고 그대로 노출되도록 합니다. 줄기를 덮으면 호흡과 광합성이 일어나지 않아 잘 자라지 않거나 썩어 버릴 우려가 있습니다.

파종부터 60~90일로 수확하는데, 중간에 솎아 낸 것은 열무처럼 이용할 수 있습니다. 수확기가 되면 바깥쪽의 잎이 아래로 처지므로 적당한 크기부터 뽑아 수확합니다. 무는 수확이 늦어지면 바람이 들어가 속이 비기 쉬운 채소입니다. 잎줄기의 아랫부분을 잘라 보아 삼각형의 단면에 작은 구멍이라도 있으면 이미 바람이 들어 속이 비었다는 증거입니다. 수확 후에는 뿌리의 선도를 유지하기 이해 가급적 빨리 잎을 떼어 내는 게 좋습니다. 무는 재배 과정에서 건조와 과습 등 스트레스를 받으면 매운맛이 증가하고, 좋은 환경에서 자라면 단맛이 증가한다고 합니다.

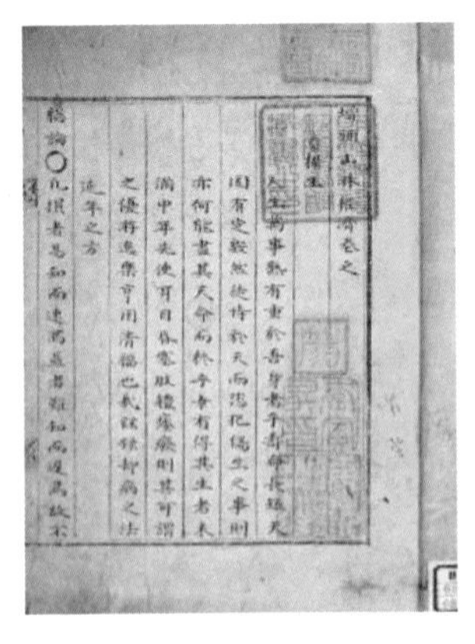

유중림의 『증보산림경제』

조선 후기 유중림은 『증보산림경제』(1766)에서 무를 재배하고 보관하는 방법에 대해 이렇게 기술했습니다.

"무는 듬성듬성 파종한다. 총총하게 파종하면 뿌리가 작으므로 솎아 낸다. 호미질을 많이 해 주는 것이 좋다. 파종한 후에 재거름으로 덮어 주고 가물면 자주 물을 준다. 음력 10월에 뿌리를 캐어 잎을 떼어 버리고 흙으로 만든 움 속에 넣어 두면 노란 싹이 자연히 생기는데 곧 뜯어다가 나물을 만들어 먹으면 좋다. 만약 겨울을 지나려면 무 꼬랑지를 반 치 정도만 남기고 평평하게 잘라 버린다. 뿌리 위 줄기 난 부분을 껍질을 상하지 않게 하고, 또 뜨거운 쇠로 그 위를 지져서 움 속에 넣어 두면 봄이 되어도 싹이 나지 않고 무에 바람이 들지 않아서 마치 새로 캐낸 것과 같다. 2월에 움에 저장한 것 중 완전한 뿌리를 꺼내어 기름진 땅에 심으면 5~6월에 씨를 받을 수 있다."

여기에 나오는 '노란 싹'은 치콘(chicon)[130]처럼 채소로 이용했는데, 무의 양아법(養芽法)이라 해 서유구가 지은 『임원경제지』에도 등장합니다. "10월에 뿌리를 캐어 잎

치콘(chicon) (강원도민일보)

• • •

130 치커리의 뿌리에서 나온 싹으로 1930년대 벨기에에서 캐낸 치커리 뿌리를 얼지 않도록 지하실에 보관해 두었다가 뿌리에서 나온 노란 싹에서 시작되었다.

을 떼어 내고 움 속에 세워서 저장하면 스스로 노란 싹이 돋아나는데 이를 채소로 쓰면 심히 훌륭하다." 무를 고를 때는 잎의 녹색이 진하고 싱싱한 것, 잎이 잘렸을 때는 잘린 부분이 신선한 것을 고릅니다. 또 색이 희고 두툼한 것, 단단하고 팽팽한 것, 수염뿌리가 적은 것이 좋고 묵직한 게 신선하다는 표시입니다.

### 무의 활용

요즘은 무를 사시사철 구할 수 있지만 역시 제철은 가을입니다. 다른 철에 나는 무는 가을무만큼의 아삭아삭함과 특유의 단맛을 기대하기 어렵습니다. "가을무는 보약"이라는 말이 있을 정도입니다. 성분상의 특징을 보면 뿌리 부분에 소화효소인 아밀라아제와 비타민 C가 다량 함유되어 있습니다. 이 아밀라아제와 비타민 C는 열에 약하여 파괴되기 쉬우므로 날것으로 먹는 것이 좋습니다. 잎사귀에는 뿌리보다도 영양이 풍부하며 베타카로틴이나 칼슘, 비타민 C 등이 있습니다.

무는 뿌리와 잎을 이용하지만 뿌리의 이용이 훨씬 많습니다. 무는 주로 김치의 주재료로 이용되는 외에 샐러드, 단무지, 무말랭이, 각종 요리 등에 이용됩니다.

우리나라 최초의 근대적 농서로 1885년에 나온 『농정신편(農政新編)』에서 "무는 채소 가운데 가장 유용한 것이다. 만약 이것이 부족하면 오곡이 흉년 든 것과 다름없다. 또 기근이 심할 때는 기근을 구제해 주기도 하며 이는 다른 채소가 미처 따라올 수 없는 것이다."고 하여 무가 구황작물의 역할도 했음을 알 수 있습니다.

**오곡 중에서 제일 먼저 익으니 / 백성 풍족하게 하는 게 분수이지 / 가을철에 미리 씨 뿌려 두고 / 여름 넘길 때 쓸모가 많아라 / 희게 찧으면 국수가 되고 / 노랗게 찌면 술이 되지 / 두 가닥 밀[131]은 이미 옛날 얘기라 / 그 노래가 곤궁한 여염집에 끊어졌네**

_이응희, 「밀(小麥)」

이응희는 밀이 오곡 중에 제일 먼저 익어 백성들 풍족하게 한다고 합니다. 그리고 희게 찧어 국수를 만들고 노랗게 쪄서 술을 만든다고 용도까지 기술했습니다.

### 밀의 역사

밀은 볏과 밀속의 한해살이풀 또는 두해살이풀로, 세계에서 벼 다음으로 중요한 식량작물입니다. 야생종은 중앙아시아에서 중근동에 걸쳐 분포하지요. 그리고 기원전 7000년쯤에 서남아시아의 비옥한 초승달 지대(Fertile Crescent)에서 밀 재배가 시작됩니다. 지금의 팔레스티나, 시리아, 이라크, 터키, 이란 근방입니다.

야생밀과 재배밀의 차이는 탈립성, 즉 씨앗이 떨어지는지의 여부입니다. 익었을 때 씨앗이 떨어지지 않고 그대로 남아 있어야 사

131 하나의 밀 대궁에 두 가닥의 이삭이 맺힌 것으로, 옛날에는 풍년이 들 상서로운 조짐으로 여겼다. 아울러 지방관의 선정(善政)을 뜻하기도 한다.

밀

람들이 수확해 이용할 수 있습니다. 씨앗이 떨어지지 않는 비탈립성 돌연변이의 발견, 이것이 바로 인류 농업의 시작이라는 주장도 있습니다.[132]

고대 로마는 밀 공급원 확보를 위해 이집트, 북아프리카, 스페인 지역으로 군대를 보내 정복했습니다. 그 시대에 밀은 곧 국력이었습니다. 중세 유럽에서는 농노들이 영주를 따르며 안전을 보장받는 대신 영지에서 밀을 재배했습니다. 그 후 대항해 시대에 밀은 범선의 곡물 창고에 실려 바다를 건넜습니다. 카나리아제도 같은 섬에 도착한 유럽인은 밀을 심어 수확해 다음 항해길의 식량으로 이용했습니다.

밀은 쌀쌀하고 건조한 풍토를 좋아하는데, 적응성이 커서 미국 · 캐나다 · 중국 · 인도 · 프랑스 · 오스트레일리아 등 전 세계

• • •

**132** 이나가키 히데히로 지음, 류충민 옮김, 『재밌어서 밤새 읽는 식물학 이야기』, 더숲, 2019.

에서 광범위하게 재배되고 있습니다. 그래서 밀은 지구상의 어디인가에서 1년 내내 수확되지요.

이런 밀은 인도와 중국을 거쳐 우리나라에 전래된 것으로 추정됩니다. 신라 및 백제의 유적에서 탄화된 밀이 발견된 것으로 보아 삼국 시대에 이미 재배되었음을 알 수 있습니다. 조선 시대에 들어서는 보리와 함께 밀의 품종명이 등장하고, 많은 고농서에 보리 다음으로 밀이 수록되어 있습니다. 1429년의 『농사직설』에 보리와 밀이 나오고, 1492년의 『금양잡록』에는 4개의 보리 품종과 2개의 밀 품종(참밀, 막지밀)이 기록되어 있습니다.

### 밀의 재배

밀은 벼과에 속하는 풀입니다. 논에서도 밭에서도 잘 자랍니다. 특별히 괴롭히는 병이 없으며 거름을 많이 먹지도 않습니다. 된서리가 내리기 전에 뿌려서 장마 전에 거둘 수만 있으면 됩니다. 가을에 심는 작물이기 때문에 밀 심을 공간 자체를 확보하는 게 더 중요한 문제가 되지요.

밭에 거름기가 너무 많으면 쑥쑥 자라 올라 쓰러지고 거름기가 너무 적으면 수확량이 줄어듭니다. 씨앗은 장마 전에 수확이 가능한 것을 구해서 심어야 합니다. 장마를 겪으면서 쓰러지고 밭이 물에 젖으면 수확이 어려워지는 경우가 많기 때문이지요. 11월 상순에 씨를 뿌리고, 보리처럼 한겨울에 두 번 정도 밟아 줍니다. 밀은 파랗게 싹이 올라오다가 겨울을 만납니다. 봄이 되어서 땅이 녹으면 다시 가장 먼저 파랗게 올라옵니다. 얼었던 땅이 녹으면서 들리는데, 이때 뿌리가 흙을 잡을 수 있도록 밟아 주면 좋습니다. 2월 4일경, 입춘 무렵이 밟아 줄 때이지요.

6월 상순이나 중순에 베어 내서 탈곡한 다음 햇볕에 잘 말립니다. 이삭이 거의 엷은 갈색이 되고, 잎줄기가 노랗게 변하면 베어도 됩니다. 수확이 늦어지면 이삭이 떨어지고 빠르면 탈곡하기 어렵습니다.

**밀의 활용**

밀알은 사람에게 필요한 주요 양분의 대부분을 함유하고 있습니다. 즉 탄수화물(주로 전분 60~80퍼센트), 필수 아미노산(리신 제외), 트립토판과 메티오닌 등을 함유하고 있습니다. 지방질, 광물질, 그리고 종합비타민 B와 E 등이지요. 이처럼 고영양가 외에 수분 함량이 적어서 가공과 운송 그리고 저장성이 좋습니다. 그래서 밀은 수많은 인구의 주식이 되어 전 세계 인구의 35퍼센트를 먹여 살리고 있습니다. 지난 50년간 밀의 수확량은 헥타르 당 1.0톤에서 2.4톤으로 증가했고 전 세계 화곡 작물 생산량의 25퍼센트를 차지합니다.

밀은 벼나 보리 같은 곡식 작물과 달리 가루로 만들지 않으면 이용할 수 없습니다. 또, 밀은 밥이 될 수 없으므로 우리나라에서는 밥을 지을 수 있는 보리에 비해 많이 심지 않았습니다. 그래서 밀은 남쪽 평야지대에서도 귀한 곡식이었다고 합니다.

예전에는 물에 담갔다가 불순물이 들어가지 않게 잘 일어서 맷돌에 갈아 국수도 만들어 먹고, 누룩 만들어서 술도 담가 먹고, 엿기름을 만들기도 했지요. 밀가루는 다른 곡식의 가루와는 달리 글루텐이란 성분이 있어 물을 넣고 반죽을 하면 끈기가 있어 잘 달라붙습니다. 이 성분이 얼마나 들어 있는가에 따라 밀가루를 구분합니다. 가장 많이 들어간 강력분으로는 빵을 만들고, 중력분으로는 국수를, 작게 들어간 박력분으로는 과자를 만듭니다.

### 밀과 빵

빵이란 말에는 우리의 밥처럼 두 가지 의미가 있습니다. 하나는 먹고살 양식으로 인간을 부양하는 식량 일반을 가리키는 뜻으로 쓰입니다. 다른 하나는 보다 좁은 의미로 밀 · 호밀 같은 곡물의 가루에 물, 이스트, 다양한 재료를 섞어 발효시켜 구운 음식을 말합니다.

밀은 껍질이 딱딱하기 때문에 가루를 만들어 먹을 수밖에 없습니다. 손이 많이 가지만 그래도 좋은 점이 있어, 가루로 만들면 발효가 쉬워집니다. 밀은 효모균이 방출한 가스를 반죽에 담아 주는 역할을 하는 글루텐의 함유량이 다른 곡물보다 월등히 높기 때문입니다. 인도 · 파키스탄 · 이란의 '난', 이라크, 시리아, 이집트의 '탄나와', 서양의 '빵' 등은 모두 밀반죽을 발효해 만든 것입니다.

고대 이집트에서도 밀을 발효시켜 부풀린 빵을 먹었습니다. 이집트의 빵은 대량으로 빵을 굽던 중 깜빡하고 넣지 않아 발효가 일어난 반죽을 구워 알게 된 우연의 산물입니다. 이집트는 "나일강의 선물"이라는 말이 있듯이 나일강의 은혜를 입어 밀을 경작했고, 밀은 풍요로움의 상징이었지요. 풍작의 여신 이시스[133]가 머리에 밀을 이고 있는 것도 우연은 아니라 합니다.

• • •

133 Isis, 이집트신화에서 오시리스의 아내이자 호루스의 어머니로, 본래는 이집트신화가 성립하기 전부터 토착 신으로 나일을 주관하는 여신이자 풍요의 신으로 농사 등의 문명을 전파했다고 한다. (유선경, 『나를 위한 신화력』, 김영사, 2021. p.338).

이집트 고고학 박물관의 〈가루 빻는 여인상〉

영어에서 레이디(lady)는 '빵을 반죽하는 사람(loaf kneader)'이란 뜻의 고대 영어에서 왔다고 합니다. 카이로의 이집트 고고학 박물관에서 전시되는 제5왕조 시대의 〈가루 빻는 여인상〉이 레이디의 어원을 상징적으로 보여 준다고 합니다.

"빵이 없으면 케이크를 먹으라고 하세요."라는 말을 했다고 잘

마리 앙투아네트

마리안

못 알려진 마리 앙투아네트 시대에, 프랑스 민중들은 살기 위해 초근목피(草根木皮)를 먹어야 할 지경이었습니다. 베르사유 궁전에 작은 목장을 만들어 소젖을 짜는 아낙들과 놀며 여가를 즐기던 이 오스트리아의 출신의 왕비는 백성의 곤궁한 삶을 전혀 알지 못했습니다. 따라서 프랑스 민중에게 빵이 얼마나 중요한 존재인지 그녀가 몰랐음을 암시합니다. 조선 시대의 표현으로 바꾼다면, "백성은 먹을 것을 하늘로 삼는다."는 깊은 뜻을 몰랐던 것입니다. 그들에게 바게트(baguette)는 훗날 프랑스 지폐를 장식한 마리안[134]과 마찬가지로 자유와 평등을 뜻했습니다. 마리 앙투아네트는 이로 말미암아 민중들을 자극해 크나큰 대가를 치렀고, 결국 프랑스 대혁명은 빵 한 덩이 때문에 일어난 것이라 합니다.

### 프랑스 대혁명의 주역, 빵

바스티유의 폭풍이 몰아치기 몇 달 전부터 파리 민중들은 자크리의 금지된 인사말 "빵이 부풀어 오르고 있네."를 주고받으며 서로 인사하기 시작했습니다. 빵이라니? 빵은 어디에도 없었어요. 단지 사람들의 희망 속에나 존재할 뿐. 프랑스 민중은 심각한 곡물 부족 현상의 뒤편에 음모가 도사리고 있다고 생각했습니다. 배고픔은 유사 이래 언제나 존재했지만 사람들에게 당시의 심각한 기근은 어딘가 부자연스럽게 느껴졌습니다.

온 군중이 입을 모아 소리쳤습니다. "우리에게 빵을 달라!"

• • •

134 Marianne, 프랑스 혁명의 자유, 평등, 박애 정신과 프랑스 공화국을 상징하는 여인상으로, 들라크루아의 작품 〈민중을 이끄는 자유의 여신〉(1830)에 등장하는 여성이 마리안의 대표적인 모습이라 한다.

바스티유 감옥을 습격했으나 파리 시민들에게 여전히 빵은 없었습니다. 게다가 바스티유 습격이 있은 뒤 밀가루 부족 현상은 특히 심했습니다. 1789년 8월의 재앙은 모든 면에서 너무 처절해서 마치 신이 곡물 투기꾼이나 모리배들과 결탁을 한 것만 같았지요. 유사 이래 최악의 가뭄이 프랑스를 덮쳤습니다. 강들은 모조리 말라붙었고, 강물이 말라 방앗간에서 밀가루를 만들 수 없었지요. 그나마 얼마 안 되는 밀조차도 빻을 수 없게 된 것입니다. '빵장수와 그 마누라'는 기근 협정에 대한 소문이 피지고 난 이후 왕과 왕비에게 붙여진 별명이었습니다. 빵장수 루이 16세도 없는 빵을 만들어 낼 재주는 없었습니다.

1792년 프로이센 군대에 참여해 프랑스에서 벌어진 전투에 출전했던 괴테는 독일과 프랑스의 국경이 바로 호밀과 밀의 경계라는 사실을 발견했습니다. 그는 이것에 흥미를 느꼈습니다. 어제 "검은 빵과 흰 피부의 여자들이 있는 마을"을 지나 오늘 오래전

바스티유 습격

로마의 영토였던 프랑스로 들어오니 "여자들은 검은데 빵은 희구나!"

10년 뒤 괴테는 독일 서부지방의 농지가 달라졌음을 깨달을 수 있었을 것입니다. 부활한 로마 황제, 나폴레옹의 시대에는 오직 밀만 경작되었으니 말입니다.

## 예전엔 고기만큼 귀했던 배추

> **청색 속에 백색이 서린 싱싱한 배추를 / 하나하나 봄 밥상에 수북하게 담아 놓았네 / 자근자근 씹으면 입에서 아삭아삭 소리 나니 / 소화를 잘 시켜 폐와 간에도 좋다고 하네 / 고기와 맞먹는 것 누가 알겠는가만 / 밥 많이 먹게 권할 만은 충분하구나 / 주랑[135]이 내 마음을 먼저 알았구나. / 귀거래 또한 어려운 일도 아니건만**
>
> _서거정, 「배추(菘)」

서거정은 밥상에 수북하게 담아 놓은 배추가 소화를 잘 시켜 주어 밥을 많이 먹게 한다고 하면서 고기와 맞먹는다 했습니다. 씹으면 아삭아삭한 소리가 난다고 했으니 상추처럼 날것으로 먹은 듯합니다.

• • •

135 周郎, 남제(南齊) 때의 은사 주옹(周顒). 문덕태자(文德太子)가 어떤 나물의 맛이 가장 좋더냐고 묻자, "초봄의 이른 부추나물과 늦가을의 늦배추였습니다." 라고 답했던 데서 온 말이다.

배추(한국민속대백과사전)

**배추의 역사**

배추의 기원은 지중해 연안에 자라는 잡초성 유채라 전해집니다. 이것이 중앙아시아를 거쳐 2000년 전에 중국에 전파되었습니다. 배추는 중국의 북쪽 지방에서 키우던 순무와 남쪽 지방에서 키우던 청경채가 자연 상태에서 교잡이 일어나 만들어진 것입니다. 처음에는 지금과 달리 속이 차지 않는 비결구배추였습니다. 그 뒤로 이 배추를 계속 심고 가꾸면서 16세기에는 속이 반쯤 차는 반결구배추가, 18세기에는 속이 차는 결구배추가 나왔다고 합니다. 이 결구배추는 오늘날의 통배추와는 다른 길쭉한 형태의 배추입니다.

중국에서 6세기에 나온『제민요술』에 "배추와 무를 가꾸는 방법은 순무와 같다."고 했으며, 7~10세기에는 북쪽 지방에서도 길렀습니다. 중국에서는 배추를 겨울을 견디고 늦게 시들며, 사철 언제나 볼 수 있어 소나무의 지조가 있다고 하여, 풀 초(艹) 밑에 소나무 송(松)자를 써서 숭(菘)이라 했습니다. 또, "중국 사람들이 한마디로 말하는 '채(菜)'는 대부분 이 채소를 가리킨다."[136]고 합니다. 배추 줄기가 하얗다고 해서 바이채(白菜)라 했는데, 우리나라에서는 이 말이 바뀌어 배추가 되었습니다. 잎의 모양이 배추와 비슷하면서 훨씬 작은 채소 중에 청경채와 백경채가 있습니다. 이 둘은 형태는 꼭 같지만 줄기 부분의 색깔이 녹색과 흰색으로 서로 다릅니다.

중국에서 전래된 배추를 '중국배추(Chinese cabbage)'라고 하는데, 고려 때 한반도에 전래되어 개성을 중심으로 재배된 개성배추와 이후 서울배추로 개량되었습니다. 근대에 들어와서는 우장춘 박사에 의해 품종 개량이 이루어져 지금과 같은 통통한 모습의 배추가 되었습니다. 2012년 국제식품규격위원회(Codex)에서는 그동안 'Chinese cabbage'라고 부르던 통배추(결구배추)를 우리나라의 제안에 따라 'Kimchi cabbage'로 명명하였습니다. 이집트에서는 배추를 하스 쿠리, 즉 한국 상추라고 부른다 합니다.

우리나라에서 배추를 최초로 언급한 문헌은 13세기경 『향약구급방』입니다. 원시형 배추를 뜻하는 숭(菘)이라는 표현이 나오는데, 의약서인만큼 주로 약으로의 쓰임새를 소개했습니다. 『동의보감』에서는 숭채(菘菜)라 하여 "음식을 소화시키고, 기(氣)를 내리며, 장위(腸胃)를 통하게 하며, 가슴속에 열을 내리고 소갈을 멎게 한다."라고 기록하고 있습니다. 예부터 배추를 많이 먹어 온 중국인은 '백채불여백채(百菜不如白菜)'라 하여 백 가지 채소가 배추만 못하다고 여길 정도로 각종 요리에 배추를 빠짐없이 이용합니다.

1236년에 나온 『향약구급방』보다 5년 뒤에 간행된 이규보의 『동

• • •

**136** 유희 지음, 김형태 옮김, 『물명고 (하)』, 소명출판, 2019, p. 72.

『동의보감』

국이상국집』에는 배추를 식용으로 했음을 알 수 있는 내용이 들어 있습니다.

> 식탁에 고기 없네 식탁에 고기 없네 / 칼 두드리며 부르는 서글픈 노랫소리 격렬키도 해라 / 가을 배추(秋菘)와 나물로 겨우 배 속 채울 뿐 / 가시 많은 피라미조차 얻을 수 없네 / 깊은 강물에 어찌 방어와 잉어가 어찌 없겠는가 / 옥척(玉尺)과 은칼처럼 어지러이 뛰어노네 / 슬프다 반드시 비린 음식을 좋아해서가 아니라 / 고기 먹는 무리에 참여할 방법 없어 한이로다 / 식탁에 고기 없다고 나무에 올라 구할 건가 / 슬프고도 슬퍼라 낚시마저 곧구나[137] / 칼 두드리며 부르는 노래 그만두어야지 / 세상에 맹상군 없으니 누가 다시 알아줄까

• • •

137 『사기(史記)』에 "강태공(姜太公)이 문왕(文王)을 만나기 전 숨어 살며 낚시로 소일할 때 곧은 낚시를 사용했는데, 이는 때를 기다리는 데에 뜻이 있지 고기를 잡으려 한 것이 아니다." 하였다.

이 시는 「칼을 두드리며 노래 부르네(탄협가, 彈鋏歌)」라는 제목으로, 칼을 두드리며 노래를 부른 이는 중국 전국시대의 풍훤(馮諼)[138]입니다. 그는 제나라의 맹상군(孟嘗君, 미상 ~ B.C. 278 추정)의 식객(食客)으로 맹상군이 위기에 봉착할 때마다 대책을 마련해 준 인물입니다. 처음에 맹상군을 찾아갔을 때 풍훤의 몰골이 별로라 하급의 숙소에 머물게 했습니다. 열흘이 지나자 풍훤은 허리에 찬 긴 칼(장협, 長鋏)을 두드리며 노래합니다. "장협아, 돌아가자, 여기선 고기 한 점 못 먹겠구나."[139] 이 말을 들은 맹상군은 중급 숙소로 옮겨 줍니다. 밥상에는 고기가 올라왔지만, 풍훤은 또 칼을 두드리며 노래합니다. "장협아, 돌아가자. 나가 다니려니 탈 것이 없구나." 이번에는 상급 숙소로 옮겨 주었는데도, 또 그럴듯한 집이 없다고 투덜댑니다.

당시 맹상군은 설(薛) 땅에 1만 호의 식읍[140]을 가지고 있었습니다. 그는 3천에 달하는 식객을 부양하기 위해 식읍의 주민들에게 돈놀이를 하고 있었는데, 이자가 제대로 들어오지 않았습니다. 풍훤이 설 땅에 가서 사람들을 모아 놓고 이자를 낼 처지가 안 되는 사람들의 차용증을 모아 이들 앞에서 불태워 버립니다. 맹상군은 못마땅해했지만, 나중에 맹상군이 어려움에 처했을 때 설 땅의 백성들은 그를 크게 환대했습니다. 여기에서 나온 고사성어의 하나

• • •

138 달리 부르는 이름으로 풍환(馮驩)이라고도 한다.

139 장충식 역, 『십팔사략(I)』, 한국자유교육협회, 1971, p.116.

140 食邑. 나라에서 공신이나 왕족 등에게 내리던 지역으로 세금을 받을 수 있고 상속도 가능했다.

로 교토삼굴[141]이 있습니다.

고려 시대에 배추가 들어왔지만 조선 시대 전기만 해도 배추는 귀한 채소였습니다. 배추 씨앗을 중국에서 수입해서 심었기 때문입니다. 심지어 배를 타고 중국에 건너가 배추씨를 밀수할 정도였습니다. 1533년 2월의『중종실록』에는 제주로 가 장사를 한다는 꾐에 빠져 배를 탔다가 중국을 다녀온 사노비 이야기가 전합니다. 그는 사기와 잡물을 가지고 중국의 쌀, 좁쌀, 붉은 콩, 배추씨 등과 바꾸어 온 뒤 사무역이 국법에서 금지하는 일이라는 걸 알고 자수하였습니다.[142]

18세기 후반기를 살았던 실학자 박제가의 글에도 배추씨를 수입해 쓴다는 이야기가 나오는데, 그는 농사 기술에 대해서 "배추의 경우, 서울 사람들은 해마다 연경에서 배추씨를 수입하여 쓰는데 그래야만 배추 맛이 좋다. … 중국에서 들어온 배추씨라 하더라도 이를 시골에 심으면 심은 당년에도 서울에 심은 배추 맛이 미치지 못한다. 설마 땅이 달라서 그럴 이치가 있겠는가? 거름을 주는 비배관리[143]에 차이 나기 때문에 그런 것이다. 온갖 곡물을 맛과 소출이 모두 마찬가지 아닌 것이 없다."고 적었습니다. 박제가는 광작농이 확산되면서 생긴 폐단의 하나로 농지 면적만 늘리려는 풍토를 꼬집고, 땅의 비배관리가 중요함을 강조했습니다.

이옥은『백운필』에서 이렇게 적었습니다.

• • •

141 狡兎三窟, 교활한 토끼는 구멍을 세 개나 뚫는다는 뜻.

142 『중종실록』, 중종 28년(1533) 2월 6일. (사노 오십근 등이 사무역에 연루되었음을 자수하다.)

143 농지를 거름지게 하여 작물을 가꾸는 것.

**"숭(菘)은 민간에서 '배추(白菜)'라고 한다. 만청(순무)과 비슷하지만 잎이 질기고 연한 구별이 있고, 뿌리는 굵고 가는 차이가 있다. 만청은 뿌리를 먹고, 배추는 잎사귀를 먹는다. 그런데 시골 채마밭은 토양의 성질이 매우 척박하여 훈련원(訓練院)의 낮고 습기 있고 기름진 땅과는 달라서, 배추를 심은 지 삼 년이 되면 변하여 만청이 된다. 이는 물성(物性)은 비슷하지만 토품(土品)이 다르기 때문이다."**

이 글을 보면, 당시에 배추를 중국식으로 백채(白菜)라 했으며, 순무와 비슷한 형태이지만 잎이 연해 잎을 먹고 뿌리가 가늘었음을 알 수 있습니다. 다만 배추를 심은 지 삼 년이 지나면 순무가 된다고 한 것으로 보아 배추의 품종이 고정이 덜된 듯합니다. 정약용의 글에도 훈련대 배추가 나오지만, 여기에도 훈련원의 기름진 땅이 등장합니다. 훈련원은 한양의 명철방(名哲坊: 지금의 동대문운동장 부근)에 있었는데, 훈련원 곁에는 원에 딸린 많은 옥전(沃田)이 있고, 질 좋은 배추가 생산되어 '훈련원 배추'라는 이름으로 불렸다고 합니다.

**배추의 재배**

배추는 재배 기간에 따라서 크게 조생종, 중생종, 만생종으로, 포기 형태에 따라서 결구형, 반결구형, 비결구형으로 나눕니다. 조선시대의 배추는 주로 비결구형이고 지금의 통배추는 결구형입니다.

재배 기간이 짧아 50~90일이면 재배가 끝나는 배추는 토양 적응성이 넓어 다른 작물과 돌려짓기를 하기에 좋은 채소입니다. 배추는 저온성 작물이라 서늘한 봄가을에 키웁니다. 여름에 씨를 뿌려 가을에 결구시키는 가을배추는 재배가 쉽고 수량도 많습니다. 그러나 기온이 낮을 때 씨를 뿌려 더울 때 수확하는 봄배추는 재배가 까다롭습니다. 저온에 강하지만, 고온에는 약해서 기온이 22도 이상으로 오르면 무름병이 발생합니다. 약한 서리와 서서히 추워지는 영하 4~5도 정도로는 동해를 입지 않습니다. 그러나 기온이 갑자기 뚝 떨어져 영하 5도 이하가 되면 동해를 입습니다.

배추는 직파보다 모종을 키워 심는 게 좋습니다. 어릴 때 벌레가 많이 달려들어 따로 온상에서 보호해 주며 키우는 게 좋기 때문이지요. 직파를 할 경우에는 촘촘하게 씨를 뿌려 초기에는 솎아 먹고 남는 것으로 결구배추가 되도록 키웁니다. 하지만 결구배추를 목적으로 하는 때는 따로 모종을 키우는 게 더 좋습니다.

포기가 기운차게 잘 자라기 시작하면 이랑 사이를 가볍게 긁어 뿌리에 공기 유통이 잘되게 해 주어 기운을 북돋워 줍니다. 그리고 흙을 줄기 밑둥치 약간 윗부분까지 돋아 주는 북주기는 키가 자란 포기를 받쳐 주는 역할도 하지요. 풀매기로 뽑은 잡초들은 포기 사이에 가지런히 깔아 주는데, 퇴비도 되고 덮개 역할도 합니다. 배추는 수분이 95퍼센트나 되므로 물을 자주 흠뻑 주면 좋습니다.

가을배추는 서리가 내릴 때쯤 포기를 끈으로 묶어 주는데, 서리를 한 번 맞히고 묶어 주면 더 좋습니다. 묶는 것은 보온이 주목적입니다. 전체 포기의 80퍼센트 정도가 속이 찼을 때 김장 김치로는 가장 맛이 있다고 하니 이때가 수확의 적기입니다.

같은 배추로 겨울에 심어 늦겨울이나 초봄에 먹는 봄동이 있는데, 이는 심는 시기만 다를 뿐 같은 배추입니다. 또 밀식해서 어릴 때 뽑아 먹는 얼갈이 배추도 있는데, 이는 단지 배춧속을 키우지 않고 겉껍질을 연하고 작게 키워 먹기 위한 것입니다.

『임원경제지』에는 배추의 고갱이[144]를 키운 황아채(黃芽菜)가 소개되고 있습니다. 즉, "배추는 무 재배와 같이 하지만 특수재배법으로 황아법이 적용될 수 있다. 다 자란 배추의 나이 찬 잎을 따내고 이용하며 땅에서 두 치(寸) 높이의 속 심부(心部)만 남긴 다음, 거름진 흙으로 이들 그루터기를 북돋아 준 후 큰 항아리를 덮고 15일쯤 지나서 거두어 채소로 쓴다. 이를 황아채라 하며, 그 맛이 기막히게 좋다."고 하였습니다. 또한, "겨울철 움막 속에 배추를 옮겨(앞의 방법과 같이) 말똥(馬糞)으로 북돋은 다음 오랫동안 햇빛에 쐬지 않게 해 주면 그 잎이 노랗고 연하게 되는데 이 또한 황아채라 하며, 호걸스럽고도 귀한 것이다. 이 기술 요령은 부추를 누렇게 기르는 데에서 모방한 것이다."라고 하였습니다.

앞의 무와 같이 배추도 특수재배해 나온 노란 싹을 채소가 귀한 겨울에 소중하게 활용했음을 알 수 있습니다. 그럼, 배추는 어떻게 선택하는 게 좋을까요? 배추는 너무 크지 않고, 속이 적당히 차서 들어 봤을 때 묵직하며 단단하고, 갈랐을 때 겉잎은 짙은 녹색이고 속은 노란빛을 띠는 것이 맛이 좋습니다. 흰 줄기 부분에 윤기가 나는 것이 신선합니다. 배추의 겉잎을 떼어 내지 않고 수분 손실을 막기 위해 신문지에 싸서 통풍이 잘되는 서늘한 곳이나 냉장고에 보관하면 오래갑니다.

### 배추의 활용

배추는 비타민 A와 비타민 C가 풍부합니다. 비타민 A로 변하는

144 풀이나 나무의 줄기 한가운데에 있는 연한 심.

카로틴을 비롯해 칼륨, 칼슘, 철분 같은 무기질이 많아 고혈압 예방에 효과가 있으며, 풍부한 섬유질은 장에서의 세균 번식을 막아 장 기능을 활성화합니다. 감기 예방과 피부 미용에 효과가 있는 비타민 C는 김치 등으로 조리한 후에도 손실이 적은 편입니다. 또, 식물성 섬유가 많아 변비를 막고 치질을 낫게 하며 대장암도 예방할 수 있습니다. 하지만 몸이 아주 냉한 사람과 만성적으로 설사하는 사람은 날로 먹는 것을 삼가는 게 좋습니다.

배추는 우리 식단에서 빠질 수 없는 김치의 주재료로 가장 많이 쓰이지만, 생채소로 쌈을 싸서 먹거나 겉절이나 무침으로 아삭한 맛을 즐길 수도 있습니다. 구수하고 시원한 맛이 우러나 국이나 전골 같은 국물 요리에 많이 사용하며, 전과 나물, 볶음 등 다양한 요리의 부재료로 이용할 수 있습니다. 질긴 겉잎은 데쳐서 냉동 보관하거나 말려서 우거지로 만들면 오래 두고 먹을 수 있습니다.

## 우리 민족의 오랜 주식인 쌀이 되는 벼

**논에다 벼를 심어 / 부지런히 가꾸어 잘 자랐어라 / 바람이 불면 푸른 물결 일렁이고 / 서리가 내리면 누런 구름 움직인다 / 곳간에다 천 섬을 갈무리했고 / 마당들엔 만 노적가리 쌓였어라 / 백성들은 이것이 없으면 / 목숨을 보존할 수 없으리라**

_이응희, 「벼(稻)」

**하늘이 온갖 물건을 내렸지만 / 무엇도 미곡만 한 것은 없어라 / 옥 같은 쌀 찧어 천 상자 쌓았고 / 구슬 같은 쌀 만 섬이**

**나 갈무리했네 / 오직 임금만이 먹는다고 했지만[145] / 백성의 양식으로도 가장 귀중하지 / 세금으로 급히 착취하지 않으면 / 백성들 눈앞의 상처가 없어지리[146]**

**_이응희, 「쌀(米)」**

이응희는 하늘이 내린 온갖 물건 중 백성의 양식이 되는 쌀이 가장 귀중하다며, 세금으로 착취당하는 농민들의 생활고를 안타까워했습니다.

### 벼의 역사

벼는 밀 · 옥수수와 함께 인류의 3대 식량작물입니다. 벼에서 나오는 쌀은 아시아가 전 세계의 약 90퍼센트를 생산하고 소비하는데, 이는 벼가 아시아의 몬순기후에 잘 적응하였기 때문입니다. 아시아에서는 대부분 논에 물을 가두어 벼농사를 지으며, 벼농사 중심의 농경문화가 발달하였습니다.

벼는 지구상에 존재하는 볏과 작물 중 생산량이 가장 많고, 인구 부양 능력이 뛰어난 작물입니다. 중국과 인도처럼 인구가 십억 명을 초과하는 나라가 쌀을 주식으로 하고 있습니다. 밀의 생산력은 보리나 수수보다는 낫지만 벼보다 한참 떨어집니다. 벼는 1헥타르

• • •

145 『서경(書經)』 「홍범(洪範)」에 "오직 임금만이 옥식한다"에서 나온 것으로, 옥식은 좋은 음식으로 여기서는 쌀밥을 가리킨다.

146 당나라 섭이중(聶夷中)의 「상전가(傷田家)」, "이월에 새 고치실을 미리 팔고, 오월이면 새 곡식 미리 팔아 세금 바친다. 우선 눈앞의 상처는 고치지만, 도리어 심장의 살을 도려내누나."에서 나온 말로, 농민들의 극심한 생활고(生活苦)를 나타낸다.

벼

당 생산량이 밀에 견주어 1.7배나 많습니다. 게다가 벼는 3모작까지 가능하며 수경 재배를 해서 논에 물고기를 함께 키울 수 있습니다. 심지어 공기 중의 질소를 고정해 주는 녹조류까지 있습니다.

벼속(屬) 식물은 주로 열대와 아열대에 분포하는 다년생 또는 1년생 초본이며 습지를 좋아하는 것이 많습니다. 재배종은 아시아벼(Oryza sativa)와 아프리카벼(Oryza glaberrima) 두 종뿐이며, 기원지로 추정되는 지역 이름을 따서 구분합니다. 세계의 거의 모든 벼 재배 지역에서 아시아벼를 재배하며, 이 벼의 생산성이 아프리카벼보다 월등히 높습니다. 이 두 종을 교배하면 잡종 종자가 생기나, 그 잡종 종자로부터 자란 벼는 완전 불임이 되어 종자를 맺지 못합니다. 따라서 이 두 종은 독립적으로 진화한 것으로 보입니다.

아시아벼의 재배 기원지에 대해서는 인도, 동남아, 중국 기원설이 중심을 이룹니다. 이 벼의 생태종은 인디카, 열대자포니카, 온대자포니카 등 세 그룹으로 나뉩니다. 보통 자포니카라고 하면 온대 자포니카를 가리킵니다. 중국에서는 오래전부터 자포니카를 갱(粳), 인디카를 선(秈)이라고 불러왔습니다. 아시아벼의 세 가지 생태종 모두 수도(水稻: 논벼)와 밭벼(陸稻)가 있으며, 또한 메벼와 찰벼가 있습니다.

벼는 현재 우리나라에서는 작물 중 으뜸이고, 그 재배 역사가 길어서 적어도 4000년 전부터 재배한 것으로 보입니다. 중국의 사서

『삼국지』「위지」 변진조(弁辰條)의 기록으로 보아, 삼국 이전의 삼한 시대에 우리나라 남부에서는 이미 오곡과 더불어 벼를 재배하였음을 알 수 있습니다. 삼국 시대 초기만 해도 기장, 피, 보리와 콩 등이 오곡에 들어갔습니다. 그 뒤 기장과 피 대신에 벼와 조의 재배 면적이 늘면서 벼는 오곡 중 가장 중요한 자리를 지켜 왔습니다. 특히 조선조 초기부터는 고농서의 앞쪽에 벼의 품종명이 기록되었고, 시대가 지남에 따라 품종 수의 증가와 더불어 그 기록 또한 다른 작물보다 현저히 많아졌습니다.

벼의 품종에 관해 조선 후기의 이옥은 다음과 같은 기록을 남겼습니다.

"『이아익(爾雅翼)』에 이르기를 '벼의 성질은 물에 마땅한데, '도(稌)'라고도 부른다. 찰기가 있는 것과 찰기가 없는 것이 있으며, 찰기가 있는 벼를 '나(稬: 찰벼)'라 하고, 찰기 없는 벼는 '갱(杭: 메벼)'이라 한다. 또 한 품종은 '선(秈: 메벼)'이라고 하는데, 갱과 비교하여 작으며 더 찰기가 없다. 이 품종은 매우 일찍 익는다. 요즘 사람들은 선을 올벼, 갱을 늦벼라 부른다.'라고 하였다. 모두 벼의 일종인데, 벼 중에서 선갱(秈杭) · 나갱(稬杭)의 구별이 있은 지 오래되었다. 오랜된 까닭에 그 품종이 더욱 넓어졌고, 그 분류도 복잡하여 특이한 가운데 또 특이한 것이 있다. 토질이 다르고 형색(形色)이 다르고 절후가 다르니, 명칭이 또한 다른 것이다. 매양 늙은 농부의 말을 들어 보니, 일컫는 것이 백여 종인데 자세히 알 수 없다."

비슷한 시기의 서유구는 『임원경제지』「본리지」에서, "남방의 논벼에는 세 종류가 있으니 '선(秈: 올벼)'과 '갱(粳: 메벼)'과 '나(稬: 찰벼)'이다. 이 세 가지는 파종 시기가 같다. 해마다 종자를 거둘 때면, 그중 잘 여물고 단단한 종자나 쭉정이가 없고 잡곡이 섞이지 않은 종자를 취하여, 햇볕에 말려 놓고 시원한 곳에 덮어서 보관한다."고 했습니다.



### 벼의 재배

벼는 같은 작물을 연달아 같은 땅에 심어 땅을 못 쓰게 만드는 연작 피해가 거의 없고 생산량이 많은 작물입니다. 오늘날 벼는 아시아를 넘어 아프리카 마다가스카르에 이르는 넓은 지역에서 재배되고 있습니다. 벼에는 크게 두 종류가 있는데, 밭벼와 논벼가 그것입니다. 벼는 원래 물에서 자라는 것으로 알고 있지만 사실 밭벼가 원종에 가깝습니다. 물에 담가 키우는 것은 다분히 인위적이기 때문이지요.

그럼 왜 물로 벼를 키우게 되었을까요? 제일 큰 목적은 제초에 있습니다. 물에 담가 잡초의 발아와 성장을 막는 것이지요. 그리고 또 하나 물에 담가 키우면 소출이 월등히 많다는 것입니다. 가히 무논[147]은 벼농사의 혁명을 가져왔다고 해도 과언이 아닙니다. 게다가 6~7월의 장마철에 비가 집중되는 우리나라 기상 조건에서 무논은 정확히 맞아떨어집니다. 그때는 벼가 눈에 띄게 급성장하는 시기여서 물이 가장 많이 필요하지요. 또한 그 시기는 잡초가 제일 극성을 부리는 때이므로 가둬 둔 물로 잡초를 잡아낼 수 있습

• • •

**147** 물이 고여 있거나 물을 쉽게 댈 수 있는 논.

니다.

두 번째의 벼농사 혁명은 모내기(이앙)입니다. 조선 초부터 시행된 모내기는 16세기에 들어서면서 보편화되는데, 이는 매우 선진 농법입니다. 모를 키워 옮겨 심으면 더욱 확실하게 제초를 할 수 있습니다. 모를 옮겨 심기 전에 논을 갈아엎어 제초를 한 다음 어느 정도 자란 모를 옮겨 심으니 물 속에서 자라는 잡초마저 제압할 수 있지요. 그리고 벼는 줄기에서 새로 가지를 내며 자라는 것이 아니라 뿌리에서 새로운 줄기를 내며 분얼[148]하여 자랍니다. 무논은 부드럽기 때문에 맨땅보다는 물에서 더 분얼을 잘하기도 하는데다, 모종을 옮겨 심으면 더 분얼을 잘합니다. 그리고 이삭은 이 분얼된 줄기에서 더 소출이 많다고 합니다.

또 다른 장점은 다른 작물과 이모작이 가능하다는 것입니다. 예를 들면 밀과 보리, 마늘 등은 6월쯤 수확을 하는데, 벼는 씨를 5월쯤 뿌리고 밀 · 보리 · 마늘을 수확하고 나면 바로 이어서 벼 모종을 옮겨 심을 수 있지요. 그러니 벼 소출도 증가하고 이어서 짓는 다른 작물도 심을 수 있어 두 가지 효과를 얻을 수 있는 것입니다. 그러므로 모내기를 벼농사의 제2의 혁명이라 하는 것입니다.

쌀은 우리나라뿐만 아니라 동남아시아 대부분의 나라에서 주식으로 삼는 곡식입니다. 논에 직접 씨를 뿌리는 직파재배와 모를 길러서 심는 이앙재배가 있는데 우리나라에서는 이앙재배를 주로 합

• • •

148 볏과 식물 줄기의 밑동에 있는 마디에서 곁눈이 자라 줄기와 잎을 형성하는 것으로, 우리말로 새끼치기라고 한다.

니다. 수확 시기에 따라 조생, 중생, 만생벼로 나뉩니다. 품종은 다양하며 지역에 따라 선호하는 품종도 다릅니다.

중국은 이앙법을 당나라 때 도입해 송나라 때 보급을 완료한 반면, 우리나라는 그로부터 700년 정도 뒤인 조선 후기에나 확산되었습니다. 조선은 저수지 같은 관개시설이 발달하지 않았기 때문에 가뭄이 들면 농민들의 생계가 위험해질 수 있었기 때문입니다. 이앙법은 1397년에 반포된 법전인 『경제육전(經濟六典)』에서 금지된 이후 영조 시대까지 400년가량 금시되었습니다.

난리 통에 조선의 신분 체계가 흔들리고, 자영농과 소작농이 늘면서 이앙법에 대한 관심이 높아졌습니다. 이앙농은 숙종 때 급증해, 영조 때 드디어 이앙법이 일부 합법화되었습니다. 이모작과 이앙은 자영농과 소작농의 소득을 크게 늘렸습니다. 이미 전세기부터 널리 보급되기 시작한 다모작농법은 17세기 이후 더욱 발전하여 논밭 할 것 없이 여러 가지 형식의 다모작형들이 나오게 되었습니다. 모내기 농법이 널리 보급되고 논 이모작은 하나의 안전한 농법으로 전환되었습니다. 논 이모작에서 기본 형식은 앞그루에 보리, 뒷그루에 벼를 재배하는 것이어서, 논보리라는 말까지 새로운 말이 생겨났습니다.

1803년에 나온 『백운필』에서 이옥은 부종법(직파법)과 이종법(이앙법)에 대해 다음과 같이 기술하고 있습니다.

> "경기에서부터 이남은 오로지 무논(水田)으로 농사를 짓는다. 그중에 볍씨를 직접 논에 뿌려 세 번 김매기하는 것을 '부종(付種, 直播)'이라 하고, 모판의 모를 옮겨 심어 두 번 김매기하는 것을 '이종(移種, 移秧)'이라 한다. 경기 이남에는 부종법이

이앙법보다 더 낫고, 충청도 밑으로는 도리어 결실이 많고 잘 익는 이앙법만 못하다. 대개 토질과 풍습이 그렇게 만든 것이다. 그러나 자주 갈고(耕) 자주 김매기하면, 수확량이 많지 않을 수 없다."

우리나라의 쌀

마른 흙덩이가 푸른 밭두둑으로 변했으니, / 몇 마리의 소가 힘을 다한 것인가 / 바늘 같던 싹이 누런 이삭 될 때까지, / 수많은 사람들 힘써 일했네 / 요행히 가뭄과 홍수를 면해야, / 만에 하나 제대로 수확하겠지 / 이렇듯 농사일이 어려우니, / 쌀 한 톨인들 어찌 함부로 먹으랴 / 농사짓는 대신 국록을 먹는 사람들아, / 마땅히 자신의 직무에 충실할지라

_이규보, 「동문 밖에서 모내기를 보면서(東門外觀稼)」

낟알 한 알, 한 알을 어찌 가볍게 여기랴 / 사람의 생사와 빈부가 달렸다네 / 나는 농부를 부처처럼 존경하건만 / 부처도 굶주린 사람을 살리기 어려우리 / 기쁘게도 흰머리 늙은이가 / 금년에 햅쌀을 다시 만나게 되었네 / 비록 죽는다 해도 거리낌이 없으니 / 봄 농사의 혜택이 이 몸에 미치는구나

_이규보, 「햅쌀의 노래(新穀行)」

이규보는 앞의 시에서 농사일이 어려우니 농사짓는 대신 국록을 먹는 사람들에게 자신의 직무에 충실하라고 당부합니다. 뒤의 시에서는 햅쌀을 다시 만난 기쁨을 노래했습니다. 둘 다 쌀의 귀함을 강조하고 있기도 합니다.

우리나라의 기후는 여름에 강우량이 많고 온도가 높아 벼농사에 적합합니다. 우리의 벼농사는 집약농업[149] 형태를 띠고 있는데, 이는 좁은 국토에 부양할 인구가 많기 때문입니다.

우리나라에서 쌀은 의외로 일찍 등장합니다. 약 1만 3천 년 전의 것으로 보이는, 세계에서 최고로 오래된 볍씨 탄화미가 충북 청원군에서 발견되었기 때문입니다. 기존의 최고 볍씨는 중국의 약 1만 년 전의 것으로 알려졌는데 그보다 더 오래된 볍씨가 우리나라에서 발견된 것입니다.

영양 면에서 쌀의 단백질 함량은 밀보다 약간 낮으나 질이 우수하며 체내에서의 소화 흡수율이 높습니다. 쌀밥은 맛이 담백하고 다른 음식물과 조합이 잘되므로 많은 사람들이 좋아합니다. 쌀로 밥을 짓는 과정이 다소 번거롭기는 하지만 밀처럼 가루를 만들지 않아도 됩니다. 세계 인구의 약 45퍼센트가 쌀을 주식으로 이용하고 있습니다.

쌀은 배유의 녹말(전분) 특성에 의해 멥쌀과 찹쌀로 구분합니다. 멥쌀의 녹말은 아밀로오스가 7~33퍼센트이고 나머지가 아밀로펙틴이며, 찹쌀은 아밀로펙틴뿐입니다. 멥쌀은 투명하여 쌀이 말갛고, 찹쌀은 흰색으로 불투명합니다. 우리가 보통 이용하는 백미(흰쌀)는 현미[150]의 쌀겨층(미강, 米糠)을 깎아 낸 것입니다. 쌀겨층에는 다량의 단백질과 지방 및 비타민이 들어 있어, 도정은 영양의

• • •

149 集約農業, 많은 자본과 노동력을 들여 일정한 토지에서 생산성을 가능한 한 높이려는 농업경영.

150 玄米, 알벼의 껍질을 제거한 것으로 벼의 열매이면서 종자.

손실을 가져옵니다. 현미밥은 쌀겨층이 그대로 있어 흰쌀밥보다 영양이 우수합니다. 그러나 현미밥의 색이 칙칙하고 씹는 질감이 거칠어 식미가 낮으며, 현미의 쌀겨층은 조직이 단단해 흰쌀밥보다 소화 흡수율이 떨어집니다.

쌀의 식미는 '밥맛'을 의미하며, 우리나라 사람들은 보통 밥맛이 좋은 쌀을 고품질 쌀로 취급합니다. 우리나라에서 생산되는 쌀의 대부분은 쌀밥 형태로 소비되며 나머지는 가공용으로 사용됩니다. 쌀로 만드는 전통 가공식품은 죽 · 떡 · 술 · 과자 등입니다.

## 부족한 양식 보태는 게 본분이었던 보리

**농가에서 보리를 수확하니 / 곡물 중에 한량없이 귀한 것일세 / 부족한 양식 보태는 게 그 본성 / 궁핍한 백성 구휼함이 그 직분 / 산골 늙은이는 실컷 먹어 기쁘고 / 농부는 배가 불러 즐겁구나 / 밥알이 거칠다 말하지 말라 / 향기로운 쌀은 오래 먹지 못하지**

_이응희, 「보리(大麥)」

**흰 것은 찧어서 텅 빈 시장에 나아가고 / 푸른 것은 베어서 저녁을 때우네 / 보릿고개(麥嶺) 넘어가기 어려운데 / 어떻게 또 보리여울(麥灘)을 건너갈까**

_조수삼, 「보리여울(맥탄, 麥灘)」

앞의 시에서 이응희는 보리를 부족한 양식에 보태는 게 본성이

보리

고 궁핍한 백성을 구휼함이 직분이라며, 곡물 중에 한없이 귀중한 것이니 밥알이 거칠다 말하지 말라고 합니다. 뒤의 시는 조수삼이 지명인 보리여울을 지나며 지은 시입니다. 익어서 하얗게 된 보리는 찧어서 살 사람이 없는 텅 빈 시장에 나아가 팔고, 아직 익지 않은 푸른 보리이지만 베어서 저녁을 때웁니다. 이런 보릿고개도 넘어가기 어려운데, 어떻게 또 보리여울을 건너랴 하는 한탄이 배어 있습니다.

조수삼(趙秀三, 1762~1849)은 어려서부터 문학적 재능이 뛰어났으나 역과중인(譯科中人)이라는 신분 때문에 1844년(헌종 10년) 83세때에야 진사시에 합격했습니다. 이때 지은 시에 "곁에 있는 사람들아! 나이 많고 적음을 묻지 마라 / 육십 년 전에는 나도 23살이었네(六十年前二十三)" 하는 부분이 들어 있습니다. 그는 청나라를 6차례나 다녀왔으며, 전국 각지를 여행하며 자연과 풍물을 읊은 시를 많이 남겼습니다. 사회 현실을 사실적으로 묘사하여 장편을 이루는 시도 남겼는데 홍경래의 난을 다룬 「서구도올(西寇檮杌)」과, 61세에 함경도 지방을 여행하면서 민중들의 고난을 담은 「북행백절(北行百絕)」이 유명합니다.

**소나무 껍질 벗겨 산은 온통 하얗고**
**풀뿌리 캐내어 들엔 푸른빛이 없네**
**곧 보리가 익는다고 말하지 말라**
**누렇게 마른 데다 벌레까지 먹었다오**

이 시는 소나무 껍질과 풀뿌리로 연명해 가는 백성들의 비참한 생활을 노래하고 있습니다. 먹을 것이 없어 산에 올라가 소나무 껍질을 벗겨 먹은 탓에 산은 온통 하얗고, 그것마저 없어지자 들에 나가 풀뿌리를 캐내어 먹은 탓에 들에는 푸른 풀빛마저 사라지고 없습니다. '곧 보리가 익을 때가 다가오는데 성급하게 보리가 익는다 말하지 말라. 보리가 가뭄으로 누렇게 마른 데다 벌레까지 먹어 보리가 있을지 모르겠다.'는 뜻입니다.

조선 중기의 이응희가 부족한 양식 보태는 게 본성이고 궁핍한 백성 구휼함이 직분이라 할 정도로, 배고팠던 시절 우리 조상들을 살려 준 고마운 작물이 바로 보리입니다. 예로부터 우리나라 사람들은 보리보다 쌀을 선호해 왔습니다. 그렇지만 쌀의 생산량이 충분하지 않아서 지난가을에 수확한 쌀이 떨어지고, 보리는 아직 여물지 않은 봄이 되면 해마다 힘든 '보릿고개'를 넘어야 했습니다. "보릿고개가 태산보다 높다"는 속담이 있었을 정도로 어려운 시절을 겪은 것입니다.

곡식과 채소가 여물지 않아 굶주리는 기근은 비단 우리나라만 심했던 게 아닙니다. 앞에서 보았듯이 유럽에서도 기근이 심해 풀뿌리를 캐 먹고 목숨을 이어갔습니다. 시대를 막론하고 일반 서민들은 먹고 사는 게 힘들었습니다.

이처럼 쌀이 부족했던 시절 그 공백을 메워 준 게 보리였습니다. 작년에 제가 살고 있는 농촌 마을의 70대 중반 어르신께 들은 이야기입니다. "집에서 나락(벼)농사를 지어도, 예전에는 동네 처자(처녀)가 쌀 한 말을 못 먹고 시집을 갔어요." 그 정도로 쌀이 귀했다는 이야기입니다.

다산 정약용이 첫 유배지였던 경상도 장기에서 지은 시 중의 일부입니다.

**보릿고개 험하고 험해 태항산[151]을 닮았는데,**
**단오가 지난 후에야 보리 추수가 시작되지**
**풋보리죽 한 사발을 그 누가 들고 가서,**
**비변사의 대감도 좀 맛보라고 나눠 줄까[152]**

**_정약용, 「장기의 농사 노래 10장(長鬐農歌 十章)」 중 1수**

보릿고개가 얼마나 넘기 힘들었는지 다산은 중국의 높고도 험한 태항산에 비유했습니다. 해방 뒤인 1940년대 후반에 쓰여진 권태응의 「논보리」에서도 보리를 양식에 보태려고 논에 심는다 했습

• • •

151 太行山: 중국 산시성과 허베이성을 가르는 거대한 산지로 높고 험한 산을 말한다.

152 "사월이면 민간에 식량이 달려 시속에서는 그때를 보릿고개(麥嶺)라고 한다. 방언으로 재상(宰相)을 대감이라고 한다." 라고 다산이 주를 달았다.

니다.

**논에다가 심는 건 논보리**
**빨리 자라 베게 되는 올보리**[153]
**밭뙈기 적으니 논에 심지요**
**양식 보탬 하려고 논에 심지요**

### 보리의 역사

보리는 밭이나 논에 심어 기르는 두해살이 곡식으로, 전 세계에서 옥수수, 밀, 쌀 다음으로 많이 납니다. 보리는 오래전에 중동 지역에서 인간이 순화·재배한 작물입니다. 고고학적 유물은 기원전 9200년에서 8500년 전에 유프라테스강 언저리 유적에서 발견되었습니다. 기원전 7000년에 이라크, 기원전 6000년에 그리스에 도달했습니다. 이들은 모두 두줄보리였고, 껍질이 있는 겉보리(皮麥)였습니다. 쌀보리인 나맥(裸麥)은 기원전 6500년 시리아의 유적지에서 발견되었습니다. 그리고 여섯줄보리는 알리 코스(Ali kosh)에서 같은 시기에 발견되었습니다. 이집트에서는 기원전 4000년에 재배되었고, 중국에는 기원전 1세기의 『범승지서(氾勝之書)』에 보리에 대한 내용이 나오니 그 이전에 도입되었을 것입니다.

그리스인과 로마인은 밀이 아닌 보리를 이용해 빵을 만들었습니다. "이 점을 생각해 보면 왜 로마 신화에서 여신 케레스[154]가 밀

• • •

153 제철보다 일찍 익는 보리.

154 Ceres, 농업과 풍작의 여신으로 그리스 신화에서는 데메테르(Demeter)에 해당한다.

케레스(Ceres)

대신 보리로 엮은 왕관을 쓰고 있는지 이해가 간다."[155]고 합니다. 하지만 글루텐 함량이 낮은 보릿가루로는 더 큰 빵을 만들기가 어려워서 결국은 밀이 그 자리를 대신하게 되었습니다.

보리는 벼보다 재배 역사가 훨씬 길어서 고대중국의 오곡에도 보리가 들어 있고, 우리나라에서도 삼한 시대 이래로 오곡 중의 하나였습니다. 보리에 대한 기록은『삼국사기』의「신라본기」와「백제본기」에서 볼 수 있고, 보리 재배에 대한 책도 있습니다. 바로 종두를 보급한 지석영이 1888년에 쓴『중맥설(重麥說)』입니다.

또 고려 시대 이규보가 지은「동명왕편」(1193)에도 보리와 관련된 이야기가 들어 있습니다. 주몽이 부여를 떠나 남으로 내려올 때 어머니가 오곡의 씨앗을 싸서 주었는데, 주몽이 생이별하는 마음이 간절해 보리씨를 잊고 떠납니다. 나중에 어머니가 비둘기 한 쌍을 보내 보리씨를 보내 줍니다. 주몽이 활로 비둘기를 쏘아 떨어뜨려 목구멍에서 보리씨를 꺼내고는 물을 뿜으니 비둘기가 살아나 날아갔다고 합니다.

보리에는 겉보리와 쌀보리가 있습니다. 겉보리는 껍질이 잘 벗

• • •

**155** 빌 로스 지음, 서종기 옮김, 『식물, 역사를 뒤집다: 문명을 이끈 50가지 식물』, 예경, 2011.

겨지지 않는 보리로 섬유질이 많고 구수한 맛이 강합니다. 쌀보리는 껍질이 잘 벗겨지는 특성이 있습니다. 또, 낟알이 달리는 모양에 따라 두줄보리와 여섯줄보리로 나눕니다. 두줄보리는 낟알이 두 줄로 배열되어 이삭이 납작하며, 여섯줄보리는 육각형으로 통통합니다. 두줄보리가 낟알 수는 조금 적지만 알맹이 크기는 더 큽니다. 두줄보리는 당분의 원료가 되는 전분이 많아 맥주를 만들기에 적합해 맥주보리라고도 합니다.

두줄보리(맥주보리)와 여섯줄보리

보리 이야기를 하면서 현대그룹의 창업주인 정주영 회장 이야기를 빼놓을 수 없습니다. 아이젠하워가 미국 대통령에 당선된 후에 한국을 방문하였습니다. 1952년 12월 초 부산의 수영비행장에 내려 유엔군 묘지를 둘러보고, 부산시청에서 이승만 대통령과 만났습니다. 그는 한국전쟁을 종식시키겠다는 공약을 내세웠기 때문에 내한했습니다.

당선자가 유엔군 묘지 방문을 희망했는데, 겨울이라 묘지가 황량했습니다. 그래서 미군은 유엔군 묘지를 푸른 잔디로 덮을 것을 현대에 주문했습니다. 유엔묘지에 푸른 잔디를 깔아야 하는데 겨울인지라 불가능했습니다. 이때

유엔군 묘지(재한유엔기념공원)

피란 내려온 정회장이 아이디어를 내어 잔디 대신에 보리를 깔았던 것입니다.

이와 관련해 정주영 회장의 자서전인『이 땅에 태어나서』에는 당시 상황이 간단히 기술되어 있습니다.

> **"두 달 만에 서울이 재탈환되고 일거리는 많았다. 그때쯤은, 우리나라 건설업체 중에서 유일하게 우리 '현대건설'이 미8군 발주 공사를 거의 다 독점하고 있었다. 아이젠하워 대통령의 숙소 꾸며 내기와 한겨울에 보리밭을 떠다가 푸른색으로 덮었던 유엔군 묘지 단장하기로 그 사람들 호감을 얻고부터는, 쉽게 비유하자면, 미 8군 공사는 '손가락질만 하면 다 현대 것'이었다."**[156]

**보리의 재배**

보리는 온대 내지 한랭한 지역에서 재배하고 있습니다. 적응 폭이 넓어 기온의 변화와 토양의 비옥도, 염도에 강합니다. 그래서 다른 작물을 재배하기 어려운 곳에 보리를 심었습니다. 보리는 밭작물로 재배가 용이하고, 여러 환경 조건에 까다롭지 않고 소출이 비교적 많습니다.

보리는 가을에 벼를 수확한 뒤 씨를 뿌립니다. 싹으로 겨울을 나고 이듬해 장마가 오기 전에 거둡니다. 척박한 땅에서도 잘 자랍니다. 씨를 뿌리고 나서 바로 흙으로 덮어 뿌리를 내리게 하고, 엄동

• • •

**156** 정주영, 『이 땅에 태어나서 - 나의 살아온 이야기』, 솔출판사, 1998. pp. 62~63.

설한이 지나고 싹이 파릇파릇할 때 웃거름을 주고 보리밟기도 해 줍니다. 보리밟기를 안 하면 흙이 얼었다 녹으면서 보리싹이 들떠 말라 죽고 맙니다.

『산림경제』에는 가을에 가뭄이 들었을 때에 소금과 씨앗을 섞어 뿌림으로써 가뭄을 극복할 수 있다는 기록이 나옵니다. "보리씨 한 말에 소금 한 되를 섞어 파종하면 거름으로 똥재(粉灰)를 준 것보다 낫다."고 하고, "세속에서 하고 있는 방법"이라 하였습니다. 이 내용은 그 뒤에 나온『증보산림경제』,『고사신서』,『천일록』,『임원경제지』에도 그대로 옮겨져 있다 합니다.

### 보리의 활용

보리는 식량으로, 맥주와 위스키의 원료로, 또 사료로도 쓰입니다. 보리는 밀보다 훨씬 일찍 재배한 작물이고, 더 중요한 작물이었습니다. 밀보다 보리가 우리에게 더 중요한 이유는 보리로는 밥을 지어 먹을 수 있기 때문입니다. 밀도 봄에 수확하지만 수확기가 늦은 데다가 밥이 되어 주지는 못합니다. 그래서 밀보다 보리가 벼 다음으로 우리에게 더 중요한 작물이었습니다.

문제는 색깔과 맛으로 보리는 쌀이나 밀에 비하면 색도 시커멓고 꺼칠꺼칠하다는 것입니다. 글루텐 함량이 적어서 밀처럼 잘 부풀어 오르지 않으므로 빵을 만들어도 납작하고 딱딱합니다. 그래서 보리는 빵보다는 죽으로 많이 먹었습니다. 비록, 제빵 세계에서는 보리가 밀에 왕좌를 내줬지만, 엿기름 제조에서는 상황이 다릅니다. 발아와 건조 과정을 거쳐 탄생한 맥아(麥芽, malt)는 물과 혼합되고 효모에 의해 발효된 후, 술통으로 옮겨져 맥주로 다시 태어납니다. 이 맥아는 위스키를 만들 때도 사용됩니다.

맥주의 기원이 된다는 고대 수메르[157]에서는 "즐거움 그것은 맥주, 괴로움 그것은 원정"이라는 기록이 남아 있고, 영국의 처칠 수상은 "절대로 위스키 제조용 보리의 생산량을 줄여서는 안 되오. 위스키는 숙성에 오랜 시간이 소요되고 또 많은 달러를 벌어들이는 귀한 수출품이니까 말이오."라고 식량부 장관에게 지시를 내렸습니다.

이옥은 보리의 효용 등에 대해 이렇게 적었습니다.

"보리는 농가 사람들이 삼복(三伏)을 넘기는 양식이다. 농부들은 말한다. 보리는 배를 쉬이 부르게 하고 소화가 잘되어, 사람을 이롭게 하고 무병(無病)케 한다. 지금 6, 7월 즈음에, 더운 바람이 온몸에 덮이고 이글거리는 햇볕에 구워진다. 도랑과 밭두둑 사이에는 풀 기운이 사람을 찌는데, 아침부터 김매면서 등을 구부린 채 한낮에 이르면 사람으로 하여금 가슴을 답답하게 하고 위장이 허하여 부풀어 오르게 한다. … 의서(醫書)에도 말하기를, '보리는 더욱 소화가 잘되어 사람들에게 도움이 되는 공(功)이 있다.'라고 한다. 가을보리는(秋麥)은 더욱 그러하다. 가을에 파종한 것을 '가을보리', 봄에 파종한 것을 '봄보리(春麥)'라 하며, 빙설(氷雪)을 덮어쓰고 일찍 가는 것을 '얼보리(凍麥)'라고 하는데, 그 품질은 가을보리에 버금간다."

• • •

157 Sumer, 바빌로니아 남부에 위치하며 세계에서 가장 오래된 문명이 발생하였다.

## 초벌로 나온 부추는 사위한테도 안 준다며

**좋은 채소 곳곳마다 자라 / 내 집 동서쪽에 무성하여라 / 빼어나고 곧기는 침 모양이요 / 뾰족하고 가늘긴 잣나무 잎일세 / 좋은 손님 오면 빗속에서 베고[158] / 아침에는 멀리서 온 손님 대접한다 / 두보(杜甫)가 가고 천년 뒤에 / 향긋이 이 채소가 이 늙은이 차지 됐네**

_이응희, 「부추(韭)」

이응희는 당나라 시인 두보의 고사를 인용하여 부추가 손님을 접대하는 좋은 채소라 합니다. 그는 집의 동서쪽 곳곳에 무성하게 키우면서 향긋한 부추를 즐긴 듯합니다.

부추는 밭이나 논둑에 심어 기르는 여러해살이 풀입니다. 중국의 서북부가 원산지로 우리나라, 일본, 대만, 필리핀, 인도네시아, 네팔, 인도에서도 자라지만 한 · 중 · 일 세 나라에서만 먹는다고 합니다. 유럽과 미국에서는 재배하지 않는 대표적인 동양 채소입니다. 중국의 시경에 나올 정도로 오래되었으며, 6세기에 펴낸 『제민요술』에 가꾸는 방법이 나온다 합니다. 우리나라에는 삼국 시대에 들어온 것으로 추측되며, 문헌상으로는 『향약집성방』에 처음 등장합니다.

• • •

158 두보의 시 "밤비를 맞으며 부추를 베어 오고, 노란 좁쌀 섞어 밥도 새로 지었네." 에서 나왔다.

부추

**부추의 재배**

부추는 추위와 더위에도 강하고 어느 토양에서나 잘 자랍니다. 다만 뿌리가 얕게 뻗기 때문에 건조에는 약한 편입니다. 땅속에 짧은 뿌리줄기가 있고 많은 비늘줄기를 만들어서 포기 모양으로 자랍니다. 부추는 "게으른 자의 채소(懶人菜)"라고 불릴 만큼 관리가 쉽고, 다년생이며 한번 심으면 3~4년 계속하여 수확할 수 있습니다. 따라서 구석진 땅이나 오랫동안 쓸 수 있는 곳에서 재배합니다.

씨앗을 뿌려 키우려면 시간이 많이 걸리므로 모종을 구해 키우는 게 좋습니다. 한번 뿌리를 내리기 시작하면 포기를 나누어서 번식하는 것이 씨앗으로 하는 것보다 훨씬 간단합니다. 연작 피해는 없지만, 포기가 오래되면 잎이 가늘어지므로 포기를 뽑아내 실한 것들을 모아 다시 심으면 생육이 좋아집니다.

서리를 맞으면 지상 부분은 시들지만 지하 부분은 월동하여 다음 해 봄에 다시 살아납니다. 재생력이 강하기 때문에 수시로 수확할 수 있습니다. 최근에는 수요가 늘어남에 따라 비닐하우스 속에서 겨울에도 재배합니다. 부추는 산성 토양과 습한 곳에서는 잘 자라지 않으므로, 배수가 잘되는 곳에 심어야 합니다. 키가 20센티미터 정도 자라면 지상 2센티미터 정도에서 잘라 내 수확합니다.

두메부추의 꽃

한여름에 빳빳한 꽃대를 세워 흰색의 육각형 별모양 꽃을 피웁니다. 만약 꽃을 즐길 생각이 아니라면 꽃대를 일찌감치 잘라주어야 합니다. 그냥 두면 꽃으로 영양분이 가서 포기의 생육이 둔해지고 잎이 단단해집니다.

부추는 수확해 두면 쉽게 짓물러집니다. 그러므로 오래 두기보다 필요할 때마다 바로 잘라서 싱싱한 상태로 먹는 것이 좋습니다.

**부추의 활용**

부추는 잎이 부드럽고 향기로우며 향미가 독특합니다. 특유의 냄새는 황화합물인 알리인 때문입니다. 베타카로틴과 비타민 C, 무기질과 철분, 칼슘이 많이 들어 있습니다. 강장, 보온, 혈액 순환, 해독 효과가 좋아 '간(肝)의 채소'로 알려져 있습니다.

삶거나 날로 무치거나 국건더기로 사용하고, 부추김치, 오이소박이에도 이용합니다. 또 잡채나 만두소로도 이용하는 등 용도가 다양합니다. 비 오는 여름날 부침개를 만들면 막걸리 안주로도 그만입니다. 또, 이른 봄에 나오는 초벌부추는 사위한테도 안 준다

할 정도 스태미너에도 좋습니다. 일찍부터 남자의 양기를 북돋워 준다고 해 기양초(起陽草)란 별명이 붙어 있는데, 일본과 중국에서도 통용되고 있습니다.

## 천금채라 불렸던 상추

울타리 아래 텃밭에 상추를 심었는데 / 이리저리 뻗은 잎 꽤 많이 따먹었네 / 뉘 알까, 더 있으면 빗자루인 양 높이 자라 / 떨기를 따고 나면 작은 국화 되는 것을 / 상추 잎 열 몇 쌈을 맛있게 먹었으니 / 난간 위로 거여목 웃자라게 말아야 해 / 오이와 보리 맛은 예전과 꼭 같은데 / 궁궐에서 반사하신 준치만 빠졌구나

_박제가, 「여차잡절 13수(旅次雜絕 十三首)」 일부

상추란 이름이 이미 알려져 / 파 마늘과 나란히 일컬어지지 / 이슬 젖은 잎이 채마밭에 크고 / 바람 부는 여름밭에 줄기 자란다 / 들밥을 내갈 때 광주리에 담고 / 손님 대접할 때 한 움큼 뜯는다 / 상추 덕분에 잠을 줄일 수 있는데 / 파종은 이른 새벽에 해야 하네

_이응희, 「상추(萵苣)」

『북학의(北學議)』를 지은 박제가(朴齊家, 1750~1805)는 절친한 친구이자 사돈인 윤가기의 옥사에 연루되어 투옥되었다가 종성으로 유배되어 4년을 보내게 됩니다. 그는 유배지에서 텃밭을 만들어

상추

상추 꽃

상추와 오이 등을 키웠습니다. 상추 잎을 꽤 많이 따 먹고 나중에 꽃대가 올라와 상추꽃이 핀 것까지 관찰한 듯합니다. 이응희는 상추란 이름이 파, 마늘과 같이 일컬어진다며, 광주리에 담아 들밥에 따라가고 손님 접대 시 뜯는다 했습니다. 그리고 파종을 이른 새벽에 해야 하므로 잠을 줄일 수 있다 합니다. 아마도 상추는 서늘한 때 심는 것이 좋다는 걸 알았나 봅니다.

### 상추의 역사

상추는 유럽 및 지중해 지역이 원산인 국화과 한해살이 채소입니다. 학명(Lactuca sativa L.)에서 Lactuca는 라틴어 lac(우유)에서 유래하였는데, 잎줄기에서 분비되는 흰 액체 때문에 붙여진 이름입니다. 야생종은 세계적으로 널리 분포되어 있지만 원산지는 북아프리카, 남유럽, 서남아시아 등지로 알려져 있습니다.

상추 재배의 역사는 무척 길어서 기원전 2700년경의 이집트 벽화에 작물로 기록되기도 했고, 기원전 550년경에는 페르시아 왕의 식탁에 올랐다는 기록도 남아 있습니다. 상추는 고대 그리스인이 먹었으며 로마인들이 널리 경작했습니다. 로마인은 로메인, 코스, 버터헤드 같은 몇몇 품종들을 재배했습니다. 그들은 어린 상추는 날로, 더 자란 것은 조리하거나 뜨거운 올리브 오일과 식초로 숨을 죽여서 먹었는데 이를 주 요리 후에 먹었습니다.

우리나라에는 삼국 시대에 들어온 것으로 보이며, 문헌상으로는 『향약구급방』에 처음 등장합니다. 예부터 종자가 비싸다고 하여 '천금채'라 불렸으며, 상추쌈을 '와거포(萵苣包)'라 했습니다.

#### 상추의 재배

상추는 재배 역사가 길고 세계적으로 널리 재배되기 때문에 품종이 다양합니다. 우리나라에서는 주로 치마상추와 축면상추를 이용합니다. 가장 인기 있는 치마상추는 잎이 주걱 모양이며 잎살이 두꺼운데, 청치마상추와 적치마상추가 있습니다. 그 밖에 오그라기성 잎상추 계통인 청축면과 적축면 상추가 재배되고 있습니다.

상추는 재배 시기만 지키면 비교적 잘 자라는 채소입니다. 비교적 서늘한 기후에서 잘 자라며 더위에는 약합니다. 기온이 15도 이상으로 올라갈 때 파종하고, 30도 이상이 될 때는 서늘해지기를 기다려야 합니다. 우리나라에서는 봄가을이 상추 재배의 적기입니다. 늦가을에 파종한 것은 겨울을 나서 봄에 싹을 틔우므로 이른 봄부터 즐길 수 있습니다.

상추는 생육 기간이 60일밖에 되지 않고, 키우기도 쉽습니다.

치마상추와 축면상추(일본에서도 치마상추란 우리말 그대로 쓴다.)

상추를 키우기 위해 텃밭을 가꾼다 할 정도로 우리 민족에 친숙합니다. 파종은 서리가 끝난 뒤인 4월 이후 벚꽃이 필 때쯤 하거나, 모종을 구해 심습니다. 상추씨는 빛을 좋아하는 호광성종자이므로 흙을 두텁게 덮으면 싹이 잘 나지 않습니다. 따라서 고운 흙에 씨를 섞어 뿌리고 물을 준 뒤 마르지 않도록 풀 등으로 덮어 주면 좋습니다. 싹이 나면 덮어 준 것을 거두고 촘촘히 난 곳은 적당히 솎아 줍니다. 솎은 것은 겉절이로 버무려 먹으면 연한 것이 아주 맛이 좋습니다. 상추는 옮겨 심어도 잘 자랍니다.

포기가 뻗어 잘 자라면 바깥잎을 밑에서부터 한 장씩 떼어 내 수확하면 오래 즐길 수 있습니다. 생육 기간 중 온도가 높아지면 꽃대가 올라오고, 쓴맛이 늘어나며 생리적 장애 등 여러 가지 병에 걸리기 쉽습니다.

### 상추의 활용

상추에는 단백질, 무기염류, 비타민 C와 E, 카로틴이 들어 있습니다. 상추 잎을 따거나 줄기를 자르면 우유 같은 흰 즙이 나옵니다. 여기에는 락투세린, 락투신이라는 물질이 들어 있어서 진통 및 최면 효과가 있습니다. 상추를 많이 먹으면 잠이 온다는 속설도 근거가 있는 셈이지요.

상추는 주로 쌈으로 싸 먹지만 겉절이로도 이용되며, 어린 상추를 솎아 비빔밥으로 먹기도 합니다. 최근에는 상추물김치, 상추전, 상추나물 등으로 더욱 다양하게 활용되고 있습니다.

청상추에는 클로로필이라는 엽록소가 들어 있고, 적상추에는 안토시아닌이라는 색소가 들어 있어 항산화 작용을 하고 암을 예방하는 효과도 볼 수 있습니다. 상추에는 특히 육류에 부족한 비타민 C와 베타카로틴, 섬유질이 풍부해서, 고기를 먹을 때 곁들이면 좋습니다. 체내 콜레스테롤이 쌓이는 것을 막아 주고 피를 맑게 해 줍니다.

### 상추쌈

우리는 오랜 옛날부터 상추를 날것으로 쌈을 싸 먹어 왔습니다. 고기를 싸서 먹는 것은 최근의 새로운 풍속인데, 원래는 상추에다 쑥갓과 풋고추를 곁들여 먹었습니다.

조선 후기의 실학자인 성호 이익은 『성호사설』「만물문」에서, "원나라 사람 양윤부(楊允孚)의 시에, '고려 식품 중에 맛 좋은 생채를 다시 이야기하니 향기로운 여러 채소를 모두 수입해 들여온다' 하고, 스스로 주를 달기를, '고려 사람은 생나물로 밥을 싸 먹는다.' 하였다. 조선 풍속은 지금까지도 오히려 그러해서 소채 중에 잎이 큰 것은 모두 쌈을 싸서 먹는데, 상추쌈을 제일로 여기고 집집마다 심으니, 이는 쌈을 싸서 먹기 위한 까닭이다."고 했습니다.

그 뒤의 실학자 한치윤이 지은 『해동역사』「물산지」에는 지금의 상추인 상치(와거, 萵苣)에 대해 "고려국의 사신이 오면 수나라 사람들이 채소의 종자를 구하면서 대가를 몹시 후하게 주었으므로, 인하여 이름을 천금채(千金菜)라고 하였는데, 지금의 상치이다. 와거는 지금 속명이 '부로'이다."고 기술되어 있습니다. 그는 이어서 상추의 유래에 대해 와국(萵國), 고국(高國), 고려를 들고 상고할 수 없다 하고는, "고려 사람들은 생채(生菜)로 밥을 싸 먹는다."는 내용을 인용했습니다.

이익의『성호사설』

그러고는 원나라 양윤부의 시를 들었습니다.

**해홍[159]은 붉은 꽃만 같지 못한데,**
**살구가 어찌 파람(巴欖)[160]처럼 좋겠는가**
**다시금 고려의 생채를 말할진댄,**
**산 뒤편의 향초(香草)를 모두 가져온 것 같네**

상추쌈에 관한 시도 여럿 있지만, 여기서는 상추쌈 먹는 과정을 상세하게 기술한 이옥의 글을 조금 길지만 소개하겠습니다.

• • •

159 海紅, 애기동백. (홍희창, 앞의 책, p.42.).

160 과일 이름으로, 파단행(巴旦杏), 편도(扁桃)라고도 하며, 중앙아시아 원산으로, 복숭아와 비슷하게 생겼다.

"매년 한여름 단비가 처음 지나가면 상추잎이 매우 실해져 마치 푸른 비단 치마처럼 된다. 큰 동이의 물에 오랫동안 담갔다 정갈하게 씻어 내고, 이어 반(盤)의 물로 두 손을 깨끗이 씻는다. 왼손을 크게 벌려 승로반(承露盤: 구리쟁반)처럼 만들고, 오른손으로 두텁고 큰 상추를 골라 두 장을 뒤집어 손바닥에 펴 놓는다. 이제 흰밥을 취해 큰 숟가락으로 퍼서 거위 알처럼 둥글게 만들어 상추 위에 올려놓되, 그 윗부분을 조금 평평하게 만든 다음, 다시 젓가락으로 얇게 뜬 송어(蘇魚)회를 집어 황개장(黃芥醬: 누런 겨자장)에 담갔다가 밥 위에 얹는다. 여기에 미나리와 시금치를 많지도 적지도 않게 더하여 송어회와 어울리게 한다. 또 가는 파와 향이 나는 갓(芥) 서너 줄기를 집어 회와 나물에 눌러 얹고, 곧 새로 볶아 낸 붉은 고추장을 조금 바른다.

그러고는 오른손으로 상추잎 양쪽을 말아 단단히 오므리는데 마치 연밥처럼 둥글게 한다. 이제 입을 크게 벌려 잇몸은 드러나게 하고 입술은 활처럼 되게 하고, 오른손으로 쌈을 입으로 밀어 넣으며 왼손으로는 오른손을 받친다. 마치 성이 난 큰 소가 섶과 꼴을 지고 사립문으로 돌진하다 문지도리에 걸려 멈추는 것과 같다. 눈은 부릅뜬 것이 화가 난 듯하고, 뺨은 볼록한 것이 종기가 생긴 듯하고, 입술은 꼭 다문 것이 꿰맨 듯하고, 이(齒)는 신이 난 것이 무언가를 쪼개는 듯하다. 이런 모양으로 느긋하게 씹다가 천천히 삼키면 달고 상큼하고 진실로 맛이 있어 더 바랄 것이 없다. 처음 쌈을 씹을 때에는 옆 사람이 우스운 이야기를 주고받는 것을 허락하지 않아야 된다. 만일 조심하지 않고 한번 크게 웃게 되면 흰 밥알이 튀고 푸른 상추잎이 주위에 흩뿌려져, 반드시 다 뱉어 내고 나서야 그치게 될 것이다.

앞에서 말한 것처럼 십여 차례 쌈을 먹게 되면, 나는 진실로 일체세간(一切世間)의 용미봉탕(龍味鳳湯)과 팔진고량(八珍膏粱) 같은 허다한 음식들이 어떤 것인지를 알지 못한다. 마시고 먹지 않는 사람이 없지만 그 맛을 알 수 있는 자는 드물다.

나는 상추를 유달리 좋아하여, 때때로 이 방법대로 쌈을 싸 먹곤 한다. 비록 그 법대로 따르지 않더라도 또한 먹으면 달게 느낀다. 이미 달게 먹고 나서는 재미 삼아 '불로경(不老經)'을 지어, 세상의 채소 맛을 아는 이들과 더불어 이야기를 나누고자 한다."

이옥은 여름날 단비가 지나간 뒤 상추쌈을 먹는 장면을 상세하게 묘사하고 스스로 '불로경'이라 칭한다고 하였습니다. 여기서 불로란 상추의 다른 이름인 '부루'를 말하는 것입니다. 이 글의 앞부분에는 상추의 종류와 특징을 설명한 부분이 있지만 생략했습니다. 그는 상추쌈을 먹는 과정을 자세히 풀어쓴 다음, 세상의 채소 맛을 아는 이들과 더불어 이야기를 나누고자 한다고 하였습니다. 이옥은 상추쌈을 먹는 장면을 최대한 확대하여 세세하게 묘사하는 특기를 발휘함으로써 소박한 일상이 주는 행복감을 극대화하였습니다.[161]

이옥과 같은 시대를 살았던 다산 정약용은 「장기농가」 중에서,

• • •

161 김향남, 『李鈺 문학 연구』, 예원, 2017. p.36.

"상추 잎에 보리밥을 둥글게 싸서 삼키고, / 고추장에 파뿌리를 곁들여서 먹는다 / 금년에는 넙치마저 잡기가 어려운데, / 잡는 족족 말려서 관가에다 바쳤다지"라고 노래했습니다.

또 다산과 가까이 지냈던 이학규는 「상추쌈을 먹고(食萵苣)」라는 시에서 이렇게 읊었습니다.

상추는 가난한 선비 같아서
담박한 맛이 또한 절로 위로가 되네
손을 씻고 밥을 잘 싸서
딴 생각 없이 한 끼 식사를 끝마치고
아침 내내 배를 어루만지면서
감탄하며 도리어 스스로 이르기를
'선생의 오경 상자(통통한 배)는
이것으로 빈틈없이 가득찼다'라고 하네

## 공자도 즐겼던 생강

우뚝해라 저 밭에 있는 식물 / 다른 채소와는 형체가 달라라 / 단단하고 굳기는 옥출(玉朮)[162]과 같고 / 연이어 맺힌 모양은 황정(黃精)[163]을 닮았네 / 먹고 나면 가슴이 먼저 후련하고

162 삽주의 덩이줄기를 말린 약재인 백출(白朮)로 보인다.

163 둥굴레 비슷한 여러해살이풀로 진황정이라고도 한다.

/ 많이 먹으면 몸이 절로 평안하지 / 정신이 통하고 탁한 기운 없애니 / 일찍이 성인의 경전에 드러났네[164]

_이응희, 「생강(生薑)」

이응희는 생강을 옥출이나 황정과 같은 약초 종류로 여기고 있습니다. 먹고 나면 가슴이 후련해지고 몸이 절로 평안해진다며 공자(孔子)도 생강을 즐겨 먹었음을 밝히고 있습니다.

### 생강의 역사

생강의 원산지는 인도나 말레이시아 등 고온 다습한 동남아시아 지역입니다. 중국에서는 2500년 전에 이미 재배했고, 『논어』에도 공자가 생강 먹는 것을 거르지 않았다는 내용이 나옵니다. 유럽에서는 기원전 1세기에 약으로 이용하였고, 향신료로 이용된 것은 한참 뒤입니다. 우리나라에서는 『고려사』에 처음 등장합니다. 고려 현종 때(1018) 전사한 장졸의 부모 처자에게 생강을 주었다는 것입니다. 전설에 따르면, 고려 초 신만석이라는 사람이 중국 봉성현이라는 곳에서 생강 뿌리를 얻어 왔다고 합니다. 처음에 전라도 나주와 황해도 봉산에 심었다가 실패하고, 다시 봉(鳳) 자가 들어가는 지명을 찾아 전라도 완주군에 있는 봉상(鳳翔: 지금의 봉동)에서 재배에 성공해 봉동생강의 기원이 되었다는 것입니다.

이옥은 『백운필』에서 매운 것을 좋아해 생강을 많이 먹는다고 하

• • •

164 공자가 늘 생강을 먹어 『논어(論語)』 「향당(鄉黨)」에 "생강 먹는 것을 그만두지 않으셨다." 하였다.

생강(농촌진흥청)

면서 생강을 구입한 내용까지 적었습니다.

> "나는 천성이 매운 것을 좋아하여 겨자(芥) · 생강(薑) 따위를 남보다 많이 먹는다. … 1795년 10월, 전주 동성(東城)의 객점을 지나게 되었는데, 그곳은 곧 양정포(良井浦)로서 우리나라의 이름난 생강 산지였다. 집집마다 생강밭으로 둘러싸여 있었는데 그 밭이 매우 넓었고, 말(斗)을 손에 들고 등구미를 짊어진 사람들이 말하는 바는 모두 생강에 관해서였다. 내가 돈 세 푼을 꺼내 생강을 샀는데, 서울보다 열다섯 배가량이 되었다. 주인이 후하게 준 것으로 생각하여 그 양이 너무 많다고 사례하였더니, 주인은 '올해는 생강이 잘 되지 않아, 예년에 비해 반밖에 안 되는 소출입니다. 그러나 값은 그대로입니다.'라고 하였다. 내가 껍질을 벗겨 깨물어 먹은 것이 거의 삼분의 일이 되었을 때에, 주인은 내가 생강을 좋아한다고 여겨, 밥상을 차릴 때 생강 절임 한 접시를 차려 주었다. 뿌리는

밤꽃과 같고 순은 댓잎과 같았는데, 짠맛이 매운맛을 빼앗아 그 맛이 날로 먹는 것만 못하였다. 마치 아이들 오줌 같은 느낌이 있어 먹지 못할 것 같았다."

### 생강의 재배

생강은 원산지에서는 여러해살이 풀이지만 우리나라에서는 겨울을 나지 못하므로 해마다 새로 심습니다. 식용으로 먹는 뿌리는 땅속줄기로 번식하는 덩이줄기(塊莖)로 다육질이며 줄기는 꼭 대나무잎처럼 생겼습니다.

생강은 더운 지역에서 온 것이라 온도가 높아야 잘 자랍니다. 연작을 싫어하므로 작년에 심었던 밭은 되도록 피하고, 거름기가 많고 배수성과 보수성이 좋은 땅을 선택해 재배합니다. 씨생강은 4월경 종묘상에서 구입하는데, 살이 찌고 병이 없으며, 눈이 3개 정도 붙은 것을 고릅니다. 밭에 그냥 심으면 발아하는 데 2개월 이상 걸릴 수도 있으므로, 모종상자에 씨생강을 묻어 따뜻하게 해 발아시킨 다음 밭에 옮겨 심어 키우면 수확 시기를 앞당길 수 있습니다.

가을이 되어 뿌리덩이가 충분히 자라면 상처가 나지 않게 수확합니다. 상처가 나면 오래 저장할 수 없기 때문입니다. 서리 피해가 없는 10월 말에서 11월 초에 수확합니다. 생강은 젖은 신문지로 싸서 상온에서 보관하면 마르지 않습니다. 오래 사용하지 않을 때에는 갈아서 냉동 보존하면 풍미도 해치지 않고 조리 시에 쓸 수 있습니다.

### 생강의 활용

독특한 향기와 매운맛은 식욕을 증진시키고 조리 시 비린내 등을 제거해 주며 해독 작용을 합니다. 매운맛 성분은 진저론, 쇼가올, 진저롤 등입니다. 신진대사를 좋게 하고, 발한 작용을 촉진할 뿐 아니라, 혈액 순환도 좋게 합니다. 위장의 작용을 좋게 하며, 몸을 따뜻하게 하는 작용이 있어 감기나 냉증의 개선에 예전부터 중시되어 왔습니다. 살균 작용도 있어 식중독도 예방합니다.

## 멀리 아프리카에서 온 수박

> 늦여름이 이제 다해 가려는데 / 수박은 벌써 맛볼 만하네 / 승제 아들은 서울 가까이 노닐고 / 백발의 아비는 고당에 있네 / 씨는 하얗고 바탕은 얼음과 같으며 / 껍질은 푸른데 빛은 옥과 같네 / 단물이 폐로 흘러드니 / 일신이 절로 청량해지네
>
> _이색, 「수박을 먹다. 승제(承制)[165] 가 얻어 온 것이다(嘗西瓜, 承制所得)」

고려 후기 이색(李穡, 1328~1396)이 수박을 두고 지은 시입니다. 늦여름 날에 흰머리의 아버지를 위해 관직에 있던 아들이 당시 '서과(西瓜)'로 부른 수박을 구해 온 것입니다.

### 수박의 역사

수박은 박과의 한해살이 덩굴식물로 열대 아프리카가 원산입니

165 당시 승제로 재직 중이던 큰아들 이종덕을 가리킨다. 승제는 승선(承宣) 또는 용후(龍喉)라고 불렸던 왕명 전달을 맡은 정3품 관직이다.

다. 이집트에서는 4000년 전부터 재배한 오랜 역사를 가진 열매채소입니다. 원산지에는 많은 야생종의 군락을 발견할 수 있는데, 대개 단맛이 없거나 쓴맛을 내는 것들이 많습니다. 한상기에 의하면 서부 아프리카의 사바나 지역에 쓴 수박(bitter water melon)이 많이 재배되는데, 과육이 붉거나 노랗지 않고 하얀색으로 과육이 매우 써서 도저히 먹을 수 없을 정도였다고 합니다.[166]

이색

현지에서는 수박씨로 에구시(egusi) 수프를 만들어 얌(마)이나 식용 바나나, 카사바와 함께 즐겨 먹습니다. 여기에서 수박은 과육이 아니라 씨를 얻기 위해 재배합니다. 또, 물이 귀한 사하라 사막 주변에서는 사료용 수박(stork melon)을 심어 수박이 익으면 그것을 가축, 특히 소에게 먹여 수분을 제공해 주는데, 맛이 없어 사람들은 먹지 않는다 합니다. 한편, 수박이 남아프리카 칼라하리 사막 주변 지역에서 생겨났으며, 5000년 전에 이미 재배되었다고 하는 주장도 있습니다.[167] 기원전 3000년경 리비아 서남부에 존재했던 주거지에서 수박씨가 발견되었으므로 수박이 그 이전에 재배되었음을 증명한다는 것입니다.

• • •

**166** 한상기, 『작물의 고향』, 에피스테메, 2020. p. 307.

**167** 한스외르크 퀴스터 지음, 송소민 옮김, 『곡물의 역사』, 서해문집, 2016. p.102.

수박

우리나라 고농서 『증보산림경제』에 수박은 회흘국[168]에서 왔다고 하여 서과(西瓜)라고 했습니다. 그렇다면 수박이 우리나라에 도입된 시기는 8~9세기였을 것이니 상당히 일찍 들어온 셈입니다.[169] 그런데 조선 중기에 허균이 쓴 「도문대작」을 보면 "고려 때 홍다구(洪茶丘)가 처음 개성에다 심었다."고 합니다. 그의 아버지가 투항한 몽고에서 출생했으며, 원 세조의 총애를 받은 인물인데, 『고려사』에는 홍다구의 수박 전래 기사가 보이지 않습니다. 그 뒤 고려 말 이색의 시에 수박이 등장하고, 신사임당(1512~1559)의 〈화훼초충도(花卉草蟲圖)〉에 수박의 과일 · 잎 · 덩굴 · 꽃 등이 정확하게 묘사되어 있습니다.

• • •

**168** 回紇國, 위구르 제국, 744~848년 중앙아시아 지역에 있던 나라로, 757년 당나라가 안녹산의 난으로 위기를 맞았을 때 장안까지 진군하여 당나라를 구해 준 나라.

**169** 한상기, 앞의 책, p.307.

허균보다 10년 뒤에 태어난 이응희는『옥담유고』에서 수박에 대해 "서역에서 나온 특이한 품종"이라 했으며, 정약용은 관노들의 시비를 피해 수박을 심지 않는다 했습니다.

**서역에서 나온 특이한 품종 / 어느 때 우리 동방에 들어왔나 / 푸른 껍질은 하늘빛에 가깝고 / 둥근 형체는 부처 머리와 같아라 / 껍질 벗기면 옥처럼 하얗고 / 속을 가르면 호박빛(琥珀紅)으로 붉구나 /삼키면 달기가 꿀과 같아서 / 답답한 가슴 시원히 씻을 수 있네**

_이응희,「수박(西瓜)」

**새로 싹튼 호박이 쌍떡잎이 나더니, / 밤사이에 덩굴 뻗어 사립문에 얽혀 있다 / 평생토록 수박을 심지 않는 까닭은, / 관노 놈들이 시비 걸까 염려해서이지**

_정약용,「장기농가」중 일부

일본 교토의 코잔지(高山寺)에는 12세기경에 그려진 두루말이 그림이 전해지고 있습니다. 일본의 국보인 이『조수희화(鳥獸戲畫)』는 당시의 인간사회를 동물의 모습을 빌려 그린 풍자화입니다. 전 4권 중 갑권의 끝부분을 잘 살펴보면 승복(法衣)을 걸친 원숭이에게 토끼가 전하는 공물에 줄이 쳐진 수박 같은 게 2개 보입니다. 이 그림의 과일이 수박이라는 것이 고증되면 일본에서 수박의 기원은 헤이안 시대(794~1185)까지 올라간다고 합니다.

우장춘 박사는 1952년 우리나라에서 씨 없는 수박을 처음으로 선보였습니다. 그는 당시 채소 종자에 대한 관심을 불러일으키기

위해 일본의 기하라(木原)가 개발한 방법으로 3배체의 씨 없는 수박을 만든 것입니다.

### 수박의 재배와 활용

아프리카가 원산지인만큼 수박은 뜨거운 햇빛을 좋아합니다. 고온과 건조를 좋아하므로 양지바른 곳에서 재배해야 합니다. 수박은 키우기가 꽤 까다로운 편입니다. 거름도 많이 필요하지만 수박의 열매를 제대로 키우려면 꽤나 정성이 들어가야만 합니다. 텃밭농사라면 종묘상에서 모종을 사다 심는 게 좋습니다. 넝쿨이 서너 개 뻗으면 어미 가지는 끝을 잘라 버리고 아들 가지를 두세 개만 키웁니다. 수박은 포기당 두 개, 많아야 세 개 정도를 키워야 제대로 클 수 있습니다. 개화 후 30~40일이 수확기인데, 수박의 광택이 엷어지고, 두들겨 보아 경쾌한 소리가 나면 수확할 수 있습니다.

수박이 시원하게 느껴지는 것은 몸을 차갑게 하고 이뇨를 촉진시키는 작용이 있기 때문입니다. 그래서 수박은 신장병이나 고혈압 같은 병으로 생기는 부기를 내리는 데 효과가 탁월하고, 또한 수박씨도 같은 효과가 있다고 합니다. 가능하면 씨까지 같이 먹는 게 좋고, 씨를 모아 말린 후 가루로 만들어 먹어도 좋다고 합니다.

〈조수희화〉(왼쪽 부분에 토끼가 수박처럼 보이는 과일을 들고 있다)

## 잘 자라고 술과 떡이 되는 수수

> **모양이 다른 곡물들과는 딴판이고 / 산모퉁이에 빽빽이 자라누나 / 마디가 크니 군자를 존경하는 듯 / 몸이 기니 장부를 흠모하는 듯 / 드리운 잎사귀에 푸른 꼭지 뒤집히고 / 잘 익으면 보배 구슬을 펼쳐 놓은 듯 / 비록 밥을 지어 먹을 순 없지만 / 수제비를 만들어 먹기엔 좋아라**
>
> _이응희, 「수수(薥黍)」

이응희는수수에 대해 모양이 다른 곡물들과 다르고 산모퉁이에 빽빽히 자란다 했습니다. 그러면서 수수를 밥이 아니라 수제비로 만들어 먹으면 좋다고 하였습니다.

### 수수의 역사

수수는 밭에 심어 기르는 한해살이 곡식으로, 옥수수, 밀, 벼, 보리에 이어 전 세계에서 다섯 번째로 많이 키웁니다. 수수는 기원전 5000년 전쯤 아프리카의 에티오피아와 수단 지역에서 자랐고, 고대 이집트에서는 기원전 3000년쯤부터 길렀습니다. 우리나라에는 인도와 중국을 거쳐 들어왔으며, 청동기 시대 유적에 흔적이 남아

수수

있는 것으로 보아 일찍부터 재배한 것 같습니다.

고농서에 따라서 수수를 당서, 촉서 등으로 기록하고 있으나 1787년의 『본사(本史)』 이후의 고농서에는 촉서로 통일되어 있습니다. 조선조에 발간된 고농서의 대부분에서 수수의 재배법과 품종 특성이 기록되어 있고, 수수의 품종명과 그 특성이 기록되어 있는 고농서가 10종이나 됩니다. 수수의 한 종류인 고량(高粱)은 당촉서(唐蜀黍)라고도 하고, 고농서 『행포지』와 『임원경제지』에는 고량이라고 하여 수수와 구별하여 기록하였으며, 품종명을 청량, 황량, 백량의 3가지를 들고 있습니다.

이옥은 『백운필』에서 『이아(爾雅)』를 인용해 수수에 대해 "북쪽 지방 사람들은 이것을 사용하여 술을 빚는다. 그 줄기와 잎이 벼와 비슷하나 억세고 키가 크다."라고 했습니다. 그러고는 백곡(百穀) 중에 줄기가 가장 억세고 키가 커, 일찍 심어서 무성하게 자란 것은 키가 두 길이나 되고, 둘레는 한 손아귀로 쥘 정도이며, 수확할 때도 다른 곡식보다 많이 거둔다고 적었습니다.

### 수수의 재배와 활용

수수는 우리가 일상적으로 먹는 잡곡 중 가장 많은 양을 재배하는 작물에 속합니다. 조, 기장과 같이 1년에 두 번 재배가 가능하고, 어느 지역에서나 잘 자랍니다. 중부 지방을 중심으로 5월 말이나 6월 초에 씨앗을 뿌리고 9월 말이나 10월 초에 거둡니다. 옥수수와 마찬가지로 수수를 재배하는 데는 거름이 많이 필요하므로 퇴비를 듬뿍 넣어 밭을 만듭니다. 보리나 밀을 거둔 밭에 수수만 심기도 하지만 감자나 콩을 심고 그 사이에 심거나 밭두렁에 심기도 합니다. 예전에는 직접 씨앗을 뿌렸지만 최근에는 모종을 내서 심습니다. 번거롭기는 하지만 모종을 내면 다른 작물이나 풀에 치이지 않습니다.

햇빛이 강한 여름에도 잘 자라지만, 수확 시기에 비가 많이 오면 열매에 곰팡이가 피기도 합니다. 키가 커서 수확할 때 어려움이 있지만, 최근에는 사람 키 정도의 작은 품종도 있습니다. 수확 시기에 새의 피해를 막기 위해 양파망 등을 씌워 주기도 합니다. 수수의 이삭이 빨갛게 익으면 베어 다발로 묶습니다.

수수는 찰기에 따라 찰수수와 메수수가 있습니다. 찰수수로는 수수팥떡이나 쌀과 섞어 밥을 짓거나 수수부꾸미를 부쳐 먹거나, 술을 빚습니다. 메수수는 술을 빚거나 엿을 고아 먹고 짐승의 먹이로 쓰기도 합니다. 중국의 고량주는 바로 이 수수로 만든 술입니다. 우리나라에서는 문배주를 수수와 조로 만듭니다. 『본초강목』에는 "수수를 먹으면 속이 따뜻해지고, 장과 위가 튼튼해지며, 음식을 먹고 체해서 토하고 설사하는 병을 낫게 한다."고 합니다.

## 뽀빠이도 먹고 힘내던 시금치

나에게 묵정밭 두어 이랑 남짓이 있어 / 가을엔 전원 가득 채소를 심으려 했는데 / 고마워라 그대 시금치 씨앗(靑菠子) 많이 거두어 / 종 아이 급히 불러내 집에 보내 준 것이 / 둥근 줄기는 대 같고 잎은 너럭바위 같은데 / 동이 가득 절여 놓으면 맛이 절로 새콤하지 / 미리 알건대 가을에는 자미[170]가 넉넉할 테니 / 권하노니 그대 나를 위해 한번 와서 보게나

_서거정, 「김소윤(金少尹) 동년(同年) 영유(永濡)[171] 가 시금치의 씨앗을 보내준 데 대하여 사례하다」

다복다복 자라난 생신한 저 시금치 / 머나먼 서쪽에서 들어온 것이라네 / 가사를 입은 중 씨앗을 가져다가 / 심어서 가꾼 것이 온 세상에 퍼져 갔고 / 그것이 마침내는 이 땅에도 전해져서 / 남새밭에 심어 가꿔 번성하게 되었다네 / 부드러운 어린 싹은 활촉처럼 뾰족하고 / 신선한 잎사귀는 짜인 천인가 빼곡도 해라 / 설설 끓는 가마 안에 얼른 잠간 데쳐 내면 / 윤기 도는 파란 빛깔 유리인 양 깨끗한데 / 부드럽고 만문하여 쪽잎만 못지 않고 / 향긋한 그 냄새는 비위를 돋운다네 /잘사는 양반집들 먹기에 알맞으나 / 시골의 농사꾼은 먹기가 면구하네 / 씨앗은 단단하여 갑옷으로 둘렀으니 / 얼음 얼고 눈이 온들

• • •

170 滋味, ① 자양분이 많고 맛도 좋음, 또 그런 음식. ② 재미.

171 김영유(金永濡, 1418~1494), 1447년 문과에 급제했으며, 대사헌, 예조참판, 형조참판, 동지중추부사 등을 지냈다.

**무엇이 두려우랴 /네 이름 '니파라'라 지어 불러 오니 / 생김새와 그 이름 틀림이 없는가 보다 / 늘그막에 시금치와 친교 맺었으니 / 알뜰한 정 그지없이 길이 주고받으리**

**_김려, 「시금치(菠薐)」**

앞의 시는 조선 초기의 서거정이 과거 급제 동기로부터 시금치 씨앗을 받고 사례한 시로 가을에 같이 맛을 보자는 내용입니다. 뒤의 시에서 김려는 시금치의 유래를 들면서, 잘사는 양반들은 먹기에 알맞지만 시골 농사꾼은 먹기가 면구스럽다 했습니다. 그리고 "니파라국(尼婆羅國: 네팔)은 한편 '파릉(頗陵)'이라고도 한다. 당나라 태종 때 와서 조공을 하면서 남새를 바쳤으므로 이름을 '파릉(菠薐)'이라고 한다."고 주석을 붙였습니다.

### 시금치의 역사

시금치는 근대 · 비트와 함께 명아주과에 속하는 채소입니다. 원산지는 아프가니스탄에서 투르키스탄에 걸친 서아시아 지역으로 추정되며, 지금도 이 지역에서는 근연(近緣) 야생종이 자라고 있습니다. 중국에는 한나라 때 페르시아로부터 실크로드를 거쳐 도입되었거나, 당나라 태종 때 네팔로부터 헌정되었을 것이라고 합니다. 우리나라에는 1527년(중종 22년) 최세진의 『훈몽자회』에 처음으로 시금치가 등장하는 것으로 보아 조선 초기부터 시금치가 재배된 것이 아닌가 추정하고 있습니다.

조선 중기의 김창업은 『노가재집』에서 시금치(菠薐)의 유래와 어원을 밝히고 있습니다.

시금치

**시금치는 여러 이름이 전하는데**

**그 유래는 페르시아(波羅)에 있다지**

**우리나라에서 속칭은 아마도 적근채(赤根)의 잘못인 듯하네**

또, 후기의 이옥은 "파릉(菠薐)은 속명이 시금치(莳根翠)로, 시골 사람이 많이 심어 나물로 여긴다. 익히면 그 색이 더욱 파래져 보기에도 좋고, 성질은 또한 연하고 부드러워 먹기에 알맞다."고 하였습니다.

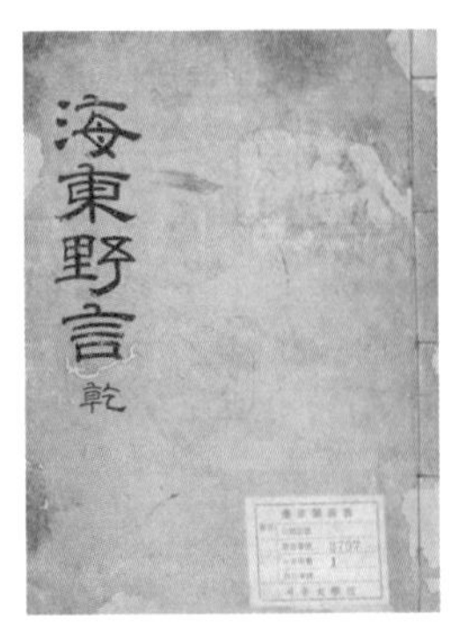


허봉의 『해동야언』

조선 중기 허균의 형인 허봉(許篈, 1551~1588)이 태조에서 명종 사이의 여러 야사를 묶어 편찬한 『해동야언(海東野言)』에는 시금치와 관련된 고사가 실려 있습니다. 이연(李延)의 부친이 겨울에 병이 나서 민물고기의 회를 먹고 싶어 했습니다. 그가 얼음을 뚫고 그물을 쳐도 고기를 얻지 못하자, 정성이 부족해서라며 버선을 벗고 발을 얼음 구멍에 넣어 하룻밤을 지내고 난 후에 검은 잉어를 얻어서 공양했습니다. 또 시금치를 먹고자 하는지라, 그가 밭에 있는 채근(菜根)을 보고 울부짖으니, 문득 시금치가 나와 그 부친을 봉양하였고, 이어 부친의 병이 나았습니다. 이런 정성으로 부모의 상을 차례로 마친 뒤인 세조 때 조정에서 불렀으나 관직에 나가지 않았습니다.

그러다가 성종 9년에 부름에 응해 사재감(司宰監) 주부(主簿)가 되었습니다. 어느 날 임금이 불러서 내전에 들어가니 "경은 집에 있을 때 얼음을 깨니 고기가 뛰었다는데, 과연 그런 일이 있는가." 하였습니다. 이연이 답하기를, "겨울은 고기가 없는 때라 부친은 잡지 못하리라 하였사온데, 그물을 치고서 애써 구하다가 다행히 잡았습니다. 부친은 기뻐서 너의 효성에 감동한 까닭이라고 하며, 고을 사람들은 깊은 연유도 살피지 아니하고 효성에 감동하였기 때문이라고 하나, 신은 실로 그와는 같지 못합니다."라고 하였습니다.

또 임금이 묻기를, "경은 무슨 책을 읽었는가." 하니, "『사서』와 『이경』을 읽었습니다." 하고 대답했습니다. 또 "그중에서 어느 말이 제일 옳던가." 하는 질문에, "『서전』에 순(舜)의 대효를 말하였사온데, 이는 신이 하고자 하는 바이오나 능하지 못하옵고, 또 주공(周公)의 충성을 말하였사온데, 신이 하고자 하오나 능히 하지 못하는 것입니다." 하였습니다. 임금이 이를 듣고 오래도록 감탄하였다 합니다.

### 시금치의 재배

시금치 품종은 크게 동양종과 서양종으로 나뉩니다. 동양종은 중국에서 전래된 것으로 추측되는 품종들인데, 우리나라의 재배종도 이에 포함됩니다. 동양종은 대부분 씨에 가시가 있고 꽃줄기가 빨리 올라오고 잎이 길며, 내한성이 강해 추파용(秋播用)으로 적당하며 겨울 시금치라고도 합니다. 서양종은 유럽과 미국에서 도입된 것으로 대부분 씨가 둥글고, 내한성이 약해 춘파용(春播用)으로 적당하며 봄 시금치라고 합니다. 우리나라에서는 대체로 동양종을 좋아하는데, 두 가지를 교배한 품종도 있습니다.

시금치는 저온을 좋아하는 식물로, 0도에서도 잘 자라나 20도 이상의 고온에서는 생장이 정지됩니다. 건조에 약하며, 산성 땅에서는 잘 자라지 않습니다. 노지 재배에서는 여름에 통풍이 잘되고 서늘한 곳에서 재배하는 것이 좋습니다.

봄에는 3~4월, 가을에는 9~10월에 씨를 뿌립니다. 씨를 뿌리기 전에 하룻밤 정도 물에 담가 두면 발아가 잘되는데, 젖어 있으면 뿌리기 힘드니 햇볕에 말려서 뿌리는 게 좋습니다. 파종 후 30~40일에 수확을 시작하는데, 잎의 길이가 20센티미터 정도일 때가 수확 적기입니다. 가을에 뿌리면 지면에 붙어서 겨울을 나고, 서리가 내리면 단맛이 더 짙어집니다. 뿌리의 분홍색 부분은 단맛이 있으므로 수확할 때 2센티미터 정도 남겨 자릅니다. 추위에 강하지만 겨울에는 보온을 해 주는 게 좋습니다. 봄이 되면 꽃대가 나오기 시작하므로 종자를 받을 게 아니라면 바로 수확합니다. 시금치는 암수딴그루의 특이한 채소로, 꽃이 필 때까지는 암포기인지 수포기인지 알 수 없습니다.

시금치를 고를 때는 잎이 두텁고 팽팽하며 진한 녹색이 좋습니다. 또 뿌리 부분에 들어 있는 홍색이 깨끗할수록 신선한 것입니다. 줄기가 가늘고 잎도 작으며 상한 것은 피합니다.

### 시금치의 활용

시금치에는 각종 비타민, 베타카로틴, 칼슘, 요드 등 무기영양물이 많이 들어 있어 녹황색 채소의 대표라 할 수 있습니다. 철분과 엽산을 함유해 빈혈과 치매 예방에 효과적이며, 식물성 섬유도 풍부해 변비에도 좋습니다. 그러나 과식하면 신장결석을 유발할 수 있으므로 주의해야 합니다.

시금치는 나물로 해서 먹거나 된장으로 국을 만들어 먹는 것이 보통입니다. 풍부한 비타민을 제대로 섭취하려면 나물로 무쳐 먹는게 좋습니다. 신선한 것을 생으로 갈아서 마시면 통풍이나 류마티스에도 효과가 있습니다. 예전에 인기가 있었던 만화 영화의 주인공 뽀빠이는 시금치 통조림을 따 먹고 기운을 뽐내기도 했습니다.

## 우리는 채소로, 서양에서는 꽃으로 즐기는 쑥갓

**아침에는 다북다북 비름을 뜯어 먹고 / 저녁이면 나풀나풀 창포 뿌리 먹으니 / 구차한 살림살이 몇 십 명 많은 식구에 / 날 밝으면 먹을 걱정 앞서나니 애달프구나 / 새로 일군 둔덕 밭에 파릿파릿 반 뙈기 / 되나 마나 하게 쑥갓이 돋아났네 / 생으로 먹을 때는 부루와 함께 먹고 / 살짝 데쳐 먹으니 깻잎보다 낫구나 / 쑥갓을 심어 먹기 쉬운 일이 아니로되 / 물 주고 김매 가꾸기에 정성을 다했다가 / 친한 벗 길손들이 이따금 찾아오면 / 그것을 뜯어다가 안주로 대신하네 / 가을에 심는 쑥갓 냄새가 더욱 좋아 / 무 배추 김장감에 함께 섞는다네 / 나쁜 땅에 자란 것은 질기고 빳빳하나 / 좋은 땅에 심은 것은**

**부드럽고 연하여라 / 사람이 들인 공력 다 같지는 않거니 / 속일 수 없는 것은 세상 이치가 보구나 / 묻노니 육붙이로 기름진 사람들아 / 나물 뿌리 씹는 맛을 아는다 모르는다**

**_ 김려, 「쑥갓(茼蒿, 동호)」**

김려는 쑥갓을 상추(부루)와 같이 먹고 데치면 깻잎보다 낫다 합니다. 쑥갓을 가을에 심어 김장감에 무와 배추와 같이 섞는다고도 했습니다. 또, 토질에 따라 쑥갓의 맛과 모양이 달라지는 것에 대해서도 적었습니다.

쑥갓은 국화과의 한해살이풀로, 키가 1.5미터 정도까지 자랍니다. 원산지는 지중해 연안이지만 유럽에서는 관상용으로만 이용합니다. 풀 전체에 향기가 있고, 어린 순이나 잎을 식용합니다. 중국에서는 쑥과 닮았다고 해서 동호(茼蒿), 일본에서는 봄에 노란색의 꽃을 피운다고 해서 춘국(春菊), 또는 고려에서 건너왔다고 해서 고려국(高麗菊)이라 부릅니다. 현재 재배하고 있는 나라는 한국, 일본, 중국, 필리핀, 타이, 인도, 자바 등으로 동양의 독특한 채소입니다.

**쑥갓의 재배**

쑥갓은 서늘한 기후를 좋아하고, 병해충도 별로 없어 거름만 적당히 주면 키우기 쉬운 채소입니다. 배수가 잘되는 곳이라면 별로 흙을 가릴 필요가 없습니다. 발아가 잘 안되는 작물 중의 하나이므로, 씨앗을 뿌리기 전에 물에 담가 두면 좋습니다. 기온이 10도 이하이거나, 30도가 넘으면 발아율이 낮아지므로, 봄에는 4~5월 상순, 가을에는 9~10월 상순에 씨를 뿌립니다. 빛을 좋아하는 종자이므로 흙은 아주 얕게 덮어 줍니다.

씨앗을 조금 많이 뿌려 포기와 포기 사이의 간격이 10~15센티미터가 되도록 순차적으로 솎아 내면서 키웁니다. 포기가 제대로 자리 잡아 자랄 때는 필요할 때마다 순지르기를 하듯이 위에서 끊어 수확합니다. 그러면 그 자리에서 또 싹이 나와 자라므로 오랫동안 수확할 수 있습니다. 봄에 씨를 뿌린 것은 장마철까지, 가을에 파종한 것은 서리가 내리기 전까지 수확할 수 있습니다.

쑥갓의 꽃

잎의 크기에 따라 소엽종 · 중엽종 · 대엽종으로 분류하는데, 우리나라에서는 중엽종을 주로 재배합니다. 여름에 꽃봉오리가 올라올 때 따 주면 더 많이 수확할 수 있습니다. 그렇지만, 쑥갓의 꽃은 채소꽃 중에서 오크라꽃과 함께 가장 예쁘므로 저는 일부러 꽃을 보려고 그대로 둡니다. 쑥갓은 직접 씨를 받아도 충분히 재배할 수 있습니다. 씨앗을 받아서 바로 뿌리면 잘 자라지 않으므로, 잘 말려 두었다가 가을이나 다음 해 봄에 사용합니다.

**쑥갓의 활용**

쑥갓은 칼슘과 베타카로틴, 비타민 C와 E의 함량이 높고, 필수 아미노산인 리신(lysine)도 많이 들어 있습니다. 쑥갓은 성질이 따뜻하여 위와 장에 좋고 알칼리성 식품이라 미용에도 좋습니다. 상추쌈에는 쑥갓을 얹어 싸서 먹어야 제격입니다. 그뿐만 아니라 쑥갓은 쌈으로 주로 먹는 상추와는 달리 냄비 요리나 매운탕에 넣어 끓여 먹어도 좋습니다. 향기를 즐길 때는 가볍게 데쳐서 무침을 해도 좋습니다. 채소 튀김의 하나로 많이 쓰이며, 특히 생선회와 함께 먹으면 그 맛이 일품입니다. 저온으로 튀기면 푸른색을 유지해 싱싱해 보이고, 180도 이상으로 튀기면 갈색이 되어 볼품이 없어집니다.

## 재배도 쉽고 맛도 좋은 아욱

**푸른 아욱이 채마밭에 가득하니 / 농가의 시절은 늦은 봄이로구나 / 반지르르한 잎에 진액이 많고 / 부드러운 줄기에 맛은 더욱 산뜻해 / 기운은 소식의 죽순[172]보다 낫고 / 향기는 장한의 순채[173]보다 나아라 / 왕공(王公)이 이 맛을 알았다면 / 내 입에 어찌 들어올 수 있으랴**

_이응희, 「아욱(葵)」

**파릇파릇 돋아나는 텃밭의 햇남새 / 종류가 하도 많아 헤아리기 어렵지만 / 여러 가지 남새들 중 아욱이 으뜸이라 / 비옥한**

• • •

172 송나라 소식(蘇軾)은 시에서 "밥에 고기가 없는 것은 괜찮으나, 사는 곳에 대가 없어서는 안 되네. 고기가 없으면 사람을 파리하게 할 뿐이나, 대가 없으면 사람을 속되게 하지. 사람의 파리함은 살찌울 수 있지만, 선비의 속됨을 고칠 수가 없다네."라 하였다.

173 진(晉)나라 장한(張翰)은 혼란한 세상에 벼슬살이를 나갔다가 가을바람이 불어오자, 고향의 별미인 농어회와 순채국을 그리워하여 벼슬을 버리고 고향으로 돌아갔다.

땅에 씨 뿌리면 연한 싹이 돋아나네 / 지난해 이른 봄에 묵은 밭 일구느라 / 길든 황소의 힘 몹시도 뽑았지 / 굳은 땅 뒤집고서 아욱 씨 뿌려 놓고 / 밭이랑 모양 잡아 곱게 곱게 손질했네 / 열흘이 지나가자 움트기 시작하여 / 애어린 줄기들이 자라기 시작터니 / 신선한 새순들은 밝은 낮에 빛 뿌리고 / 이슬 받은 꽃망울은 찬 새벽에도 고와라 / 조금씩 잎 따 주면 싱싱하게 자라나고 / 자주자주 젖혀 주면 점점 더 연해지네 / 만물의 성질이란 참말로 이상한 것 / 하늘의 이치는 정말 현묘하구나 / 살지고 부드럽기 아욱이 으뜸이라 / 저녁상에 놓고 보니 진수성찬 부럽잖네 / 궁벽한 시골이라 길손들 드물거니 / 말발굽에 밟힐 걱정해서 무엇 하리

_김려, 「봄 아욱(春葵)」

이응희는 앞의 시에서 아욱의 진액이 많은 잎과 부드러운 줄기에 산뜻한 맛이 죽순이나 순채보다 나으므로, 왕과 신분이 높은 사람들이 이 맛을 알았다면 내 입에 들어오지 않았을 것이라 합니다. 김려는 종류가 많은 남새들 중에서도 아욱이 으뜸이라 하고는, "『본초강목』에 아욱은 모든 남새들 중에 기본이라고 하였다. 봄 아욱은 뿌리를 약에 쓰고 겨울철 아욱은 씨를 털어 약에 쓴다."고 주를 달았습니다.

아욱의 원산지는 중국이며 아시아와 유럽 남부 지역에서 오래전부터 약초로 재배하였습니다. 우리나라에는 통일신라 시대에 들어온 것으로 추정되고 있습니다. 이규보의 『동국이상국집』에 아욱이 오이와 가지, 무, 파, 박과 함께 『가포육영』이란 시에 등장합니다.

**옛날 공의휴[174]는 뽑아 버렸고**

**동중서[175]는 삼 년 동안 바라도 안 봤지만**

**나처럼 일 없이 한가로운 사람이야**

**아욱을 무성하게 기른들 어떠하리**

### 아욱의 재배

아욱만큼 재배하기 쉬운 채소도 없을 것입니다. 모종을 내도 좋고, 바로 씨를 뿌려도 싹이 잘 올라옵니다. 키가 60~90센티미터 정도로 커서 밭 가장자리에 심습니다. 이른 봄에서 가을까지 잎겨드랑이에서 짧은 꽃대가 나와 지름 1센티미터 정도의 백색 또는 연분홍의 작은 꽃이 밀집해서 핍니다. 토양 적응성이 넓어 거의 토양을 가리지 않는 편이나 물 빠짐이 좋고 유기물이 풍부한 기름진 흙이 좋습니다. 발아력이 좋아 직파를 하며, 연중 파종이 가능하나 과습에 약합니다. 적지에 한 번 심으면 씨가 떨어져 계속 올라옵니다.

봄에 일찍 파종해서 5월부터 본격적인 성장을 보이고 7월까지 어린 잎과 부드러운 줄기를 수확합니다. 노지에서는 장마 때 많이 죽습니다. 여름이 지난 9월경에도 파종이 가능한데, 남부 지방은 늦게까지 수확이 가능하나 북부 지방은 미처 자라기 전에 추위가 와서 수확을 못하는 경우가 많습니다. 한여름 파종은 꽃대가 일

• • •

174 公儀休. 중국 춘추 시대 노(魯)나라의 재상으로 있으면서, 국록을 먹는 자들이 백성들과 이익을 다투는 것을 꺼리었다. 자기집 밭에 난 아욱을 삶아서 먹어 보고 맛이 있음을 알자 농부들을 위해 남김없이 뽑아 버렸다는 고사가 전해진다.

175 董仲舒(BC 179~BC 104). 중국 전한 때의 대학자로 한때는 학문에 열중하여 3년 동안이나 자기 집 밭을 들여다보지 않기까지 하였다고 한다.

찍 올라오므로 피하는 것이 좋습니다.

아욱

아욱은 아열대성 작물이므로 이를 감안해 수분이 많고 기온이 높을 때 재배합니다. 봄 파종한 씨앗을 받아 갈무리하면 가을 파종용으로 쓸 수 있습니다. 이것을 조금 남겨 두었다가 이듬해 봄에 파종하면 연속 재배할 수 있습니다.

옛사람들도 아욱을 좋아해 즐겨 심었습니다. 유중림이 지은 『증보산림경제』에는 다음과 같이 아욱을 키우는 방법에 대해 자세히 기술하고 있습니다.

> "파종할 때가 되면 반드시 씨앗을 말려서 쓴다. 땅은 비옥할수록 좋아하므로 휴한지에 심는 것이 좋다. 척박하면 거름을 준다. 봄에 반드시 이랑을 만들어 심고 잎이 3개 나온 연후에 새벽과 저녁에 물을 준다. 10월 말에 땅이 얼려고 할 때 씨앗을 흩어 뿌리고 발로 밟아 주는 것이 좋다. 땅이 풀리면 곧 싹이 나므로 호미질을 자주 해 줄수록 좋다. 가을 아욱은 먹을 만하다. 이것은 5월에 심은 것을 그대로 남겨 두었다가 이때에 씨앗을 받은 것이다. 봄 아욱을 땅에 바짝 대고 잘라 낸다. 그 후에 뿌리에서 나오는 움은 부드럽고 연하며 가을 아욱보다도 맛이 아주 좋다. 8월 중순에 가을 아욱을 잘라 내면 새로 나오는 움은 살지고 부드럽게 자란다."

**아욱의 활용**

아욱은 영양 성분이 골고루 함유되어 있는데, 특히 칼슘이 많은 알칼리성 식품입니다. 아욱은 위장을 부드럽게 하고 변비를 예방해 줍니다. 서늘하고 찬 성질을 가지고 있어 체온을 내리는 데 좋은 식품입니다. 속담에 "가을 아욱국은 문 닫아 걸고 먹는다"고 했습니다. 이웃과도 나누어 먹기 아까울 정도로 맛이 좋다는 이야기입니다. 부드러운 줄기와 연한 잎은 국거리로 하거나 데쳐서 나물로 먹습니다. 아욱국에는 마른 새우를 넣어서 끓이는데, 아욱에 부족한 것을 마른 새우가 보충해 주기 때문입니다.

## 선비들이 즐겨 심었던 오이

추풍에 오이 익어 주렁주렁 달려 있건만 / 울타리에 사람 없어 늦도록 안 거두누나 / 십 년 동안을 속세에 골몰한 게 서글퍼라 / 동릉이라 어느 곳에서 진후를 찾아볼꼬[176]

_서거정, 「오이(瓜)」

빈 땅에 새로 채마밭을 만들어 / 외를 가꾸는 데 재미를 붙였어라 / 몇 촌 길이 푸른 옥이 주렁주렁 / 일척 크기로 황금빛이 빛나누나 / 총총 썰면 전(煎)을 부치거나 꼬치구이(炙)로 좋

• • •

176 진(秦)나라 때 동릉후(東陵侯)에 봉해진 소평(邵平)이 진나라 멸망 후 포의(布衣)가 되어, 장안성(長安城) 동쪽 청문(靑門) 밖에 오이를 심어 가꾸며 살았는데, 그 오이가 맛이 좋기로 유명하여 사람들로부터 동릉과(東陵瓜)라고 불린 데서 온 말.

**고[177] / 통째로는 김치 담그기 좋아라 / 무엇보다 좋은 건 더운 여름철 / 씹어 먹으면 답답한 가슴 시원해져**

_이응희, 「오이(黃瓜)」

앞의 시에서 서거정은 주렁주렁 달린 오이를 노래하며 중국의 고사를 인용해 맛이 좋은 오이를 가꾸었던 소평을 그리고 있고, 이응희는 재미 붙여 가꾼 오이의 용도에 대해 이야기하고 있습니다. 이를 보면 당시에는 오이로 전을 부치기도 하고 꼬치구이로도 이용했음을 알 수 있습니다.

### 오이의 역사

오이의 기원은 약 3000년 전 인도의 히말라야 산맥 지대라고 여겨집니다. 고대 그리스인과 로마인이 유럽의 지중해 연안에서 흔히 재배했습니다. 로마의 티베리우스 황제가 특히 좋아했으며, 로마 사람들은 오이가 완전히 자라기 전에 나무나 고리버들 혹은 진흙으로 만든 틀 속에 넣어 특이한 모양으로 만들었습니다. 그러나 빅토리아 시대 사람들은 전혀 다른 방식으로 오이를 키웠습니다. 요리사들이 길고 쭉 뻗은 오이를 선호했기 때문에 랜턴처럼 생긴 유리관에 넣어 길렀습니다.

• • •

177 燔炙. 원래 燔은 철판 등을 사용해 간접 열원으로 조리하는 것이고, 炙은 꼬치에 꿰어 직화에 구운 것을 말한다. 고전번역원에서 재료가 오이인 점을 감안해 "전을 부친 것" 으로 해석하였는데 조선 시대 음식으로 오이전과 오이적이 모두 존재하였으므로 번철을 이용한 전(煎)과 직화구이인 적(炙) 모두를 지칭한 것으로 재해석하였다. (박채린, 「조선 시대 한시(漢詩)에 나타난 전통음식문화 연구」, 『민속학연구』 42호, 2018.6)

조선오이의 꽃과 열매

오이는 『본초강목』에 의하면 한나라의 사신 장건이 서역에서 가져왔다고 하여 호과(胡瓜)라는 이름이 붙여졌지만, 뒤에 황과(黃瓜)로 바뀌었습니다. 우리나라에는 1500여 년 전쯤인 삼국시대에 들어와, 통일신라 시대에 오이와 참외를 재배하였다는 기록이 남아 있습니다. 우리나라에서는 오이 · 물외 · 호과 · 황과 등으로 불리기도 하지만 지금은 오이로 통일되어 있습니다.

오이는 박을 뜻하는 '과(瓜)'자가 들어가는 채소의 하나로, 이런 채소에는 여러 가지가 있습니다. 오이를 일컫는 호과(胡瓜)와 황과(黃瓜), 동아로 불리는 동과(冬瓜), 참외를 가리키는 첨과(甛瓜), 호박을 뜻하는 남과(南瓜), 수박을 뜻하는 서과(西瓜), 수세미를 일컫는 사과(絲瓜), 조롱박을 가리키는 포과(匏瓜) 등이 있습니다.

**오이의 재배**

오이는 박과에 속하는 한해살이 덩굴식물입니다. 생육 적정 온도는 18~25도며, 비옥한 토질을 좋아하고, 하루에 6~7시간 이상 햇볕이 잘 드는 따뜻한 곳을 좋아합니다. 생육이 무척 빨라 옮겨 심은 지 한 달이면 수확이 가능하고 바로 최고조에 달하는 작물입니다. 가을까지 오래 수확하려면 뿌리를 확실히 내리게 하는 게 중요하고 적기에 곁순을 따 주어야 합니다. 수확은 가급적 빨리하는 게 작물의 부담을 줄여 줍니다. 오이는 낮보다 밤에 많이 성장하므로 저녁 무렵에 물을 주면 좋습니다. 구부러진 열매는 회복되지 않으므로 작을 때 따냅니다.

오이의 종류에는 생으로 먹는 다다기오이, 절이는 데 적합한 청오이, 노각이 되는 조선오이 등이 있습니다. 마디마다 열리는 다다기오이는 6월 초부터 수확이 본격화되어 많은 열매가 달리지만 수확기간이 짧고, 조선오이는 수확이 다소 늦지만 서리 내릴 때가지 수확할 수 있습니다. 오이는 성장하는 영양생장과 열매를 맺는 생식생장이 거의 동시에 이뤄지는 작물입니다. 수확을 마칠 때까지 동시에 이뤄지므로 영양 공급을 잘해 준다면 오래 수확이 가능합니다.

조선 후기 유중림이 지은 『증보산림경제』에는 오이 재배에 관해 다음과 같이 나와 있습니다.

> **"대개 오이덩굴은 그 마디를 흙으로 북돋아 주면 새로운 뿌리가 나와서 더욱 무성해진다. 대서[178] 때에 늦은 오이를 심어서 겨울 저장용으로 한다. 대개 봄부터 순서대로 심으면 차례차례 먹을 수 있다. 시렁을 만들고 마른나무로 가늘게 그물을 꼬아서 그 위에 펴 놓고 오이 덩굴을 위로 끌어 올리면, 결실이 된 뒤에 아래로 주렁주렁 매달린 것이 볼만하다."**

오이를 고를 때는 가시가 뾰족하고 녹색이 선명하고 팽팽하고 윤기가 있는 것을 고릅니다. 굵기가 균일한 것이 좋고 굽어도 맛은 변함이 없지만 너무 큰 것은 수확 시기가 지난 것일 가능성도 있습

• • •

**178** 大暑, 7월 24일경으로 일 년 중 더위가 가장 심한 때.

니다. 물기를 닦고 겉껍질이 마르지 않도록 종이로 싼 다음 냉장고에 넣어 두면 일주일 정도 보관할 수 있습니다.

### 오이의 활용

오이는 95퍼센트 이상이 수분으로 이루어져 있어 영양소는 적은 편입니다. 그러나 비타민 C, 칼륨, 무기질이 풍부하므로 영양 과잉인 현대인에게 알맞은 채소입니다. 특히 오이는 푸른 색깔, 아삭하게 씹히는 식감, 산뜻한 향으로 우리 식탁을 향기롭게 해 주는 채소인데, 오이의 산뜻한 향은 '오이 알코올'이라는 성분 때문입니다.

오이는 날것으로 음료처럼 먹거나, 된장에 찍어 단순한 반찬으로 먹을 수도 있고, 채 썰어 시원한 냉국으로도 먹을 수 있습니다. 오래 두고 먹기 위해 오이소박이김치나 오이지로 만들기도 합니다. 오이소박이는 칼집을 낸 오이 사이에다 양념한 부추를 박아 넣어 발효시킨 김치입니다. 오이지는 소금에 절여 만든 지(김치)입니다.

지금도 유명한 용인의 오이지와 관련하여 1622년에 완성된『어우야담(於于野譚)』에 흥미 있는 내용이 전해집니다. 저자인 유몽인(柳夢寅)은 사람들이 자신만의 비법을 다른 이에게 전수하지 않는 풍조를 들면서, 서울의 실국수(絲麵), 개성의 메밀국수(蕎麵), 전주의 백산자(白散子), 안동의 다식(茶食), 성주의 백자병(柏子餠) 등을 예로 들었습니다. 그러면서 그는 음식의 비법이 그 지역에서만 전수될 수 있었던 실례를 용인현의 오이지를 들어 남기고 있습니다.

오이지(한국민족문화대백과사전)

옛날 용인현의 노복이 오이지(瓜

菹)를 잘 담가 그 기법을 대대로 전하였는데, 이웃 고을에서 배우려고 했으나 전수받을 수가 없었습니다. 금천(衿川) 현감이 사람을 보내 용인 현령에게 그 기법을 배울 수 있게 해 달라고 간청하자, 용인현의 노복이 뜰에 엎드려 말합니다. "우리 읍에는 다른 반찬이라곤 없고 오직 오이지 하나가 이름났을 뿐입니다. 지금 그 기법을 다른 읍에 전해 주신다고 하시니 죽음으로써 사양하고자 하옵니다." 이에 현령은 억지로 전해 주게 할 수 없었다고 합니다.

백수십 년 뒤인 1766년에 유중림이 편찬한 『증보산림경제』에도 당시 유명한 오이지 제조법으로 용인담과저법(龍仁淡瓜菹法) 등을 소개하고 있습니다. 이를 통해 당시에도 용인 지방의 오이지가 계속하여 이름을 떨쳤음을 알 수 있습니다.

오이를 좋아해 채마밭에 해마다 오이 육칠십 포기를 심었던 이옥의 글을 통해, 조선 후기에 오이를 다양하게 이용했음을 알 수 있습니다.

"작은 것은 깨끗이 씻어서 소금물에 담갔다 껍질째 씹어 먹으면 소주(燒酒)의 적당한 안주가 되고, 큰 것은 자르고 금을 내어 미나리, 파, 마늘 등으로 속을 넣거나, 혹 소금물에 담가 두거나 젓갈을 첨가해 절이거나 간을 한 물에 살짝 데쳐 절임을 만드는데, 날씨가 추우면 절임이 익지 않아 매실처럼 시기도 한다. 둘레가 손아귀만 한 것은 국을 만들거나 채로 만드는데, 채는 네모나게 썰거나 둥글게 썰기도 하며, 국은 순채를 채로 쳐서 많이 넣는다. 반찬으로 잘 만들 수 있는 오이의 적당한 용도는 한두 가지가 아닌데, 이것은 그 대략일 뿐이다."

## 인디오의 선조가 옥수수 인간이라고

묻노니 너 무엇을 생각하느냐 / 북쪽 바닷가를 생각하노라 / 북쪽 사람 옥수수를 남새처럼 심고 가꿔 / 밭머리에 심은 것이 집집마다 십여 이랑 / 한여름 이삭 달려 크기가 오이만 하면 / 은빛 수염 비단 털이 다불다불 나부끼네 / 껍질 속에 둥근 알 석류런 듯 빼곡한데 / 자색 흑색 백색 황색 색은 달라도 한결같이 고르네 / 가마에다 쪄 내면 그 맛이 별맛이고 / 주린 창자 채워 주며 위도 또한 보해 주네 / 곳곳마다 전해 오는 지방 풍속 서로 달라 / 남방에서 천한 것이 북쪽에선 귀하다네

_김려, 「옥수수」

성긴 꽃은 누른 메기장 같고 / 억센 잎은 푸른 수수 떨기 같구나 / 부질없이 구슬을 배 속 가득 쌓아 두고 / 쇠한 머리털을

옥수수

가을바람에 흩날리네
_이학규, 「옥수수(玉蜀黍)」

함경도 부령으로 유배 갔다가 경상도 우해로 옮겨진 김려는 옥수수를 보고, 북쪽 지방에서는 집집마다 십여 이랑을 심을 정도로 귀하게 여기는데 남쪽에선 천하게 여긴다 했습니다. 같은 시기 김해에서 유배 생활했던 이학규는 단순히 옥수수의 모습만을 그리고 있습니다. 일제 강점기에 활동한 이상(李箱, 1910~1937)은 "옥수수 밭은 일대 관병식(一大 觀兵式)[179]입니다. 바람이 불면 갑주(甲冑: 갑옷과 투구) 부딪치는 소리가 우수수 납니다."라고 표현했습니다.

## 옥수수의 역사

재배작물 중에서 단위면적당 생산량이 가장 많은 옥수수는 쌀과 밀만큼 많이 먹는 곡식입니다. 안데스 산악 지대가 원산지로, 멕시코의 테와칸 골짜기에서 발견된 7000년 전의 유적에서 옥수수 알갱이가 나왔습니다. 이로 보아 아주 오래전부터 재배해 온 듯합니다. 마야 문명부터 아즈텍 제국, 잉카 제국에 이르는 신대륙의 문명은 옥수수에 의해 유지되었다고 해도 과언이 아닙니다. 이들 지역에는 옥수수와 관련된 신화와 전설도 많이 전해집니다.

옥수수는 낟알 1개로 500~800개를 거둘 수 있는데, 이는 약 100배 정도 수확할 수 있는 쌀보다도 월등히 높은 생산량입니다. 현재 옥수수는 식량과 가축 사료 용도로 세계적으로 수천 품종이

• • •

179 일대는 '아주 굉장한' 의 뜻이고, 관병식은 군대를 사열하는 의식.

재배되고 있으며, 곡물의 왕으로 꼽히고 있습니다.

지금부터 4500년 전에 페루의 해안 지방에 살던 토착민은 옥수수의 매력에 푹 빠져 있었고, 13세기에 아즈텍족이 멕시코 분지에 정착할 때까지 옥수수도 줄곧 중시되었습니다. 1325년에 아즈텍족은 텍스코코 호수 남쪽의 두 섬에 터를 잡고 현재의 멕시코시티 지역에 수도인 테노치티틀란을 세웠습니다.

그리고 농부들은 거대한 광주리에 흙을 채워 호수 위에 띄우고 그 위에 나무를 심어서 땅을 하나로 이었습니다. 그들은 그렇게 떠다니는 밭인 치남파스(chinampas)[180]를 만들고 옥수수를 심었습니다. 농부들은 365일로 세분된 연간 재배 및 수확 지침을 따랐습니다. 한 달을 20일로 잡아 1년을 18개월로 나누었기 때문에 해마다 다섯 날이 남았습니다. 이는 오늘날 서양문화의 '13일의 금요일'과도 같은 의미였기에 아즈텍족은 그 기간을 불길하게 여겼습니다. 이와 함께 그들은 사람의 심장을 정기적으로 바치지 않을 경우 무시무시한 태양신 우이칠로포치틀리가 부족과 농산물을 저버린다고 믿었습니다.

로마인이 풍요의 여신 케레스를 따르고 믿은 것처럼 아메리카 대륙의 원주민 역시 몬다민 같은 곡식의 신을 받들었습니다. 원주민들은 전통 의식을 치르며 생선을 땅에 묻은 뒤 옥수수를 심었고, 호박과 리마콩을 재배할 때는 옥수수 줄기를 지지대로 이용했습니다. 그리고 매년 옥수수를 처음 수확하는 날에는 그것을 장작불에 굽는 의식을 올리고 축제를 벌였습니다.

• • •

180 다산의 글에 나오는 부전(浮田)과 같은 원리이다.

아즈텍 제국의 문양

치남파스(chinampas)

콜럼버스가 처음으로 옥수수를 언급한 것은 1492년 11월 5일이었습니다. 그는 일지에 "이것은 맛이 좋은데 이곳 사람들은 주로 이것을 먹고 산다."고 적었습니다. 스페인 사람들은 이 식물이 90일 후면 완전히 여문다는 인디언의 말을 듣고 깜짝 놀랐습니다. 왜냐하면 자신들의 눈으로 식물이 자라는 모습을 지켜볼 수 있을 것이기 때문이었지요. 옥수수는 크고 무거운 줄기는 꼭 기둥 같았는데, 밀이나 호밀처럼 속이 비어 있지 않고 걸쭉한 액체로 채워져 있었습니다. 이삭에 빼곡하게 들어찬 반질반질한 우윳빛 알갱이는 태양의 돌기를 본떠 만든 것 같았습니다. 모양과 냄새도 이상해서 원주민들이 그토록 맛있게 먹는 모습을 보지 않았다면 스페인인들은 결코 먹지 않았을 것입니다.

콜럼버스가 신대륙에서 스페인으로 가져온 옥수수는 부족한 밀의 대용품이 되어 가난한 사람들을 구제했습니다. 1525년에 스페인 남부에서 재배되었고, 점차 지중해 연안의 이탈리아나 남 프랑스, 발칸반도와 터키 그리고 북아프리카까지 퍼져 나갔습니다. 16세기 중반에는 보다 북쪽에 자리한 독일과 영국으로도 전파되었습니다. 재배하기 쉽고 생산성이 높은 옥수수는 감자와 더불어 빵과 육식, 유제품으로 이루어진 유럽의 전통적인 식문화를 크게 변화시켰습니다.

옥수수는 포르투갈인에 의해 희망봉을 넘어 아시아에 들어왔습니다. 중국에서는 『본초강목』에 처음 등장하는 것으로 보아 1500년대 중후반에 전해진 듯하고, 우리나라에도 그 이후 전해진 듯합니다. 1803년에 쓰여진 『백운필』에서 이옥은 옥수수에 대해 다음과 같이 썼습니다.

"시골 사람들은 원래 차조를 수수(垂垂)라고 부르는데, 또 옥수수(玉垂垂)라고 이른 것이 있다. 그 줄기와 잎은 차조와 비슷하고, 곁으로 나는 것은 율무와 비슷하다. 열매가 커서 구슬만 한데, 담홍색 · 짙은 자주색 · 푸른 물색 등 여러 색이 있다. 쪄서 먹으면 맛이 매우 달며 가루를 내어 떡을 만들 수도 있다. 그러나 『본초』에서 말한 적이 없으니, 이것이 어떤 종인지 알 수 없다."

1825년에 나온『행포지(杏浦志)』에서 서유구는 옥수수(玉蜀黍)를, "옥고량(玉高粱)이라고도 하며 수수의 종류이다. 푸른색 · 흰색 · 홍색의 세 종이 있다. 가루로 만들면 식량으로 충당할 수 있으니, 맛이 좋기가 보리나 밀가루와 맞먹는다. 그러나 우리나라 사람들은 옥수수를 그다지 높이 치지는 않는다."고 했습니다.

그 뒤의『임원경제지』에서는, "옥수수 종자에는 5가지 색이 있다. 모두 봄에 파종하고 가을에 여물며, 비옥한 토지에 알맞다. 1척 간격으로 1포기를 파종한다. 쪄 먹을 수 있으며, 죽을 쑤어 먹으면 매우 맛있다."라고 하고, "옥수수는 껍질을 벗기지 않은 채 거두어 저장하면 해를 넘겨도 썩지 않는다."라고 덧붙였습니다.

### 신화에 등장하는 옥수수

마야 신화의 근거가 되는 16세기의『포폴 부(Popol Vuh)』라는 책에는 그리스 신화처럼 수많은 신들이 나옵니다. 그리스 신화의 제우스에 해당하는 마야 신화의 신이 훈 후나푸(Hun Hunahpu)입니다. 젊고 남성적이며 머리가 옥수수 잎사귀를 닮은 옥수수의 신입니다. 거대한 산속에 살던 훈 후나푸가 어느 날 죽음의 신이 다스리는 지하세계로 내려가, 쌍둥이 신과 전쟁을 벌이지만 패배합니다.

잘려진 훈 후나푸의 머리가 죽은 나뭇가지에 닿자마자 기적이 일어납니다. 죽었던 나무가 생명을 되찾으며 다시 자라기 시작해 지상으로 올라와 열매를 맺습니다. 죽은 옥수수의 신인 훈 후나푸의 머리 모양을 닮은 열매와 잎사귀가 열린 것입니다. 마야 문명에서 옥수수는 훈 후나푸 신이 죽었다가 부활한 것입니다.

『포폴 부(Popol Vuh)』

옥수수신 훈 후나푸

포폴 부에 나오는 창조의 신은 테페우와 구쿠마츠[181]입니다. 이들은 생각하는 모든 것을 실제로 존재하도록 만들 수 있는 신입니다. 땅이 있어야겠다는 생각을 하니 땅이 만들어졌고, 머릿속에서 산을 떠올리자 산이 생겼습니다. 나무와 하늘과 동물을 생각하니 모든 것이 생각한 대로 이루어졌지요.

이들이 처음 동물을 만들었는데 동물들은 창조주를 몰라보고 시끄럽게 울부짖기만 했습니다. 신은 창조주를 경배할 줄 모르는 동물들을 모조리 숲으로 쫓아냈습니다. 그리고 진흙으로 인간을 빚었는데 동물처럼 짖지는 않았지만 의미 없는 말만 지껄였습니다.

실망한 신들이 이번에는 나무로 인간을 만들었습니다. 나무로

• • •

181 구쿠마츠는 초록색 깃털 달린 뱀으로 아즈텍의 '케찰코아틀'에 해당하며, 후에 토힐 신으로 명칭이 바뀌어 전해진다.

만든 인간은 말도 할 줄 알았고 짝을 지어 아이도 낳고 집도 짓고 살았습니다. 하지만 나무 인간에게는 마음이 없고 영혼도 없었으며, 무엇보다 자신을 만든 창조주를 경배할 줄도 몰랐습니다. 분노한 신들은 대홍수를 일으켜 나무로 만든 인간들을 지상에서 모두 쓸어버렸습니다. 지금 숲에 살고 있는 원숭이들이 바로 나무 인간들의 후예라 원숭이가 인간과 비슷하게 생겼다고 합니다.

분노와 실망으로 가득 찬 신이 이번에는 옥수수로 인간을 창조했습니다. 옥수수 가루를 반죽해서 인간을 만들었더니 말도 할 줄 알고 아이도 낳아 번식을 하는 데다 자신을 만들어 준 신을 경배하는 것은 물론, 신에게 제물을 바칠 줄 알았습니다. 이렇게 만들어진 옥수수 인간들이 바로 인디오의 선조라고 합니다.

그러나 이들이 지나치게 완벽한 것에 위협을 느낀 신들은 인간들의 능력을 줄이기로 합니다. 옥수수 인간들의 눈에 안개를 불어 보내 거울에 김이 서리듯 인간들의 눈을 흐릿하게 만들었습니다. 그래서 무엇이나 꿰뚫어 보던 옥수수 인간은 가까운 것만 볼 수 있게 되었다는 것입니다.

마야 문명의 창조 신화를 보면 옥수수가 마야인에게 어떤 의미인지를 잘 알 수 있습니다.

### 옥수수의 재배

옥수수는 재배하기 쉽지만 거름을 많이 먹는 작물입니다. 밑거름으로 퇴비를 듬뿍 넣어 줘야 하고 웃거름도 때맞춰 줘야 합니다. 그래서 콩처럼 거름을 스스로 만드는 작물과 혼작하면 좋습니다. 옥수수는 온도가 높고 일조량이 많은 기후에 적합합니다. 키가 크게 자라 바람에 쓰러지기 쉬우므로, 뿌리를 깊이 뻗을 수 있도록 땅을 깊이 갈아 줍니다.

평균 기온이 15도 정도인 5월 중순에 파종하는 것이 표준이지만, 파종 적기의 폭이 넓어 남쪽의 따뜻한 곳에서는 4~6월에 시작합니다. 심을 때는 세 알씩 점뿌림을 하고 포기 사이는 호미 간격으로 30센티미터씩 떨어뜨립니다. 싹이 나서 길이가 손바닥만 해지면 잘 자란 것 하나만 남기고 나머지는 솎아 줍니다. 솎으면서 남은 포기의 뿌리 부분을 조금 긁어 주어 뿌리가 살짝 드러나게 해 줍니다. 그러면 뿌리 바로 윗부분에서 또 뿌리를 내려 더 힘 있게 자랍니다. 흙 북주기와 반대라고 생각하면 됩니다.

옥수수의 수꽃은 포기의 가장 꼭대기에 피고, 암꽃은 포기 중간 정도의 줄기와 잎 사이에서 핍니다. 수꽃은 벼 이삭처럼 자라다가, 나중에는 노란색 수술이 아래를 향해 주렁주렁 달리고 바람이 불면 노란 꽃가루가 눈에 보일 정도로 많이 날립니다. 암꽃은 우리가 흔히 볼 수 있는 옥수수 수염으로, 각각의 수염은 옥수수 열매 하나하나와 연결되어 있습니다. 열매가 잘 맺히게 하려면 처음에 심을 때 두 줄이나 세 줄로 심어 주는 것이 좋습니다. 옥수수는 수염이 하얗다가 검게 변한 다음에 마릅니다. 수염이 마르기 시작하면 수확하는데, 한 포기에서 대략 두 개의 열매를 수확할 수 있습니다.

옥수수를 심을 때 주의해야 할 점은 다른 품종을 가까이에 심지 않아야 한다는 것입니다. 크세니아(xenia) 현상이라 해 다른 품종과 교잡이 쉽게 일어나 본래의 맛과 품질을 잃고 맙니다. 이와 달리 유리보석옥수수(Glass gem corn)라는 품종은 열매 하나에 알록달록한 여러 색들이 섞여 나옵니다. 2015년 초에 어렵게 종자를 구해 심어 보았지만 열매가 딱딱하고 색깔도 곱게 나오지 않아 두

세 해 정도 키우다 그만둔 적이 있습니다.

유리보석옥수수

### 옥수수 · 콩 · 호박의 세 자매 농법

옥수수의 원산지인 아메리카 대륙에서는 일찍부터 세 자매 농법이 이루어졌습니다. 밭에 옥수수를 먼저 심어 15센티미터 정도 자라면, 사이사이에 넝쿨콩과 호박을 심어 같이 키우는 방식입니다. 이 셋은 서로의 단점을 보완해 가며 서로에게 도움을 줍니다. 키가 크게 자라는 옥수수는 넝쿨콩과 호박의 지지대가 되고, 콩은 공기 중의 질소를 빨아들인 뒤 뿌리로 보내어 영양분을 많이 필요로 하는 옥수수와 호박에게 비료를 공급해 줍니다. 호박은 큰 잎으로 땅을 덮어서 흙이 쉽게 건조해지지 않고 잡초가 나지 않도록 해 주는 역할도 합니다. 이렇게 세 자매를 함께 심어 키우면, 따로따로 심은 경우보다 더 많은 양의 먹거리가 생산되고, 물과 비료는 더 적게 듭니다. 원주민인 이로쿼이족[182]의 후손인 코넬 대학교의 농경학자가 이로쿼이족의 문화적 유산을 자신의 연구에 접목시켰는데, 세 자매 농법으로 산출된 총생산량을 칼로리로 계산해서 같은 면적에서 키운 옥수수의 생산량과 비교해 보았더니 20퍼센트 정도 더 높았다고 밝힌 바 있습니다.

2009년 미국의 일부 주에서 발행된 1달러 동전의 뒷면에는 원

182 북아메리카 인디언 부족 연맹으로, 이로쿼이어에 속한 언어를 쓰는 모든 부족. 마을을 이루고 살며 농경과 병행하여 계절에 따라 수렵을 하는 반(半)정착민이었다.

세 자매 농법(mblogthumb)

미국 1달러 동전, 원주민여인과 옥수수

주민 여인과 함께 옥수수, 넝쿨콩, 호박의 세 가지 작물을 새겨 넣어 원주민들의 지혜를 기리고 있습니다. 이런 농법을 멕시코와 중미에서는 밀파(Milpa)라고 하는데, 그들은 옥수수와 리마콩이라 하는 흰까치콩, 호박 외에 허브 등도 같이 심습니다. 이 밀파는 세계 농업유산의 후보에도 오르고, 국제연합식량농업기구(FAO)는 '세계에서 가장 발전한 농업체계'라고 평가했다 합니다.

최근에는 이 세 가지 식물에 하나를 더 보태어 '네 자매'라고도 하는데, 벌[183]을 넣기도 하고, 또 풍접초의 일종인 로키마운틴비플랜트(Rocky Mountain bee plant)[184]를 넣기도 합니다. 이 밭에 벌통을 두면 벌들이 수분을 도와준다는 것이며, 로키마운틴비플랜트는 꽃가루받이를 하는 익충을 끌어들인다는 것입니다. 어느 쪽이든 수분을 도와 열매가 잘 맺히게 하는 효과를 기대할 수 있겠지요.

### 옥수수의 활용

세계 3대 곡물 중 하나로 단백질과 당질이 풍부하며, 많은 나라에서 주식으로 이용됩니다. 옥수수는 비타민 A가 풍부하며, 그 외

• • •

183 오경아, 『정원생활자』, 궁리출판, 2017.

184 토비 헤멘웨이 지음, 이해성·이은주 옮김, 『가이아의 정원』, 들녘, 2016.

에 세포의 산화를 방지해 주는 천연 항산화물질인 토코페롤(비타민 E)이 들어 있어 건강식품으로도 손색이 없습니다. 또한 옥수수 수염은 이뇨 효과가 뛰어나 예로부터 신장병과 당뇨병에 민간 약재로 쓰였습니다. 알갱이 표피에 셀룰로오스라고 하는 식이섬유가 있어 변비 해소에 좋습니다.

옥수수는 신선도가 생명입니다. 수확 후 5시간 정도 지나면 당분이 감소하기 시작해서 24시간 뒤에는 반으로 줄어듭니다. 따라서 수확 즉시 쪄서 먹는 것이 가장 맛이 좋습니다. 굽거나 튀겨 먹어도 맛이 있고, 가루를 내어 빵이나 국수, 수제비 따위로 만들어 먹기도 합니다. 올챙이묵은 강원도의 토속 음식으로 유명합니다. 옥수수의 미숙과는 그대로 찌거나 구워서 식용으로 씁니다.

마트나 시장에서 고를 때는 선명한 녹색 껍질이 붙어 있고, 알갱이가 가지런하고 촘촘하게 붙은 것이 좋습니다. 영양 성분이 줄어드는 것을 방지하려면 데쳐서 냉장 또는 냉동 보관합니다.

## 가장 작은 곡식인 조

**척박한 땅에는 조를 심는 게 좋아[185] / 볕바른 비탈에 가득 심었어라 / 푸른 줄기는 이슬 머금은 채 굵고 / 노란 이삭은 서리 내리기 전 익는다 / 콩을 섞어서 농가의 밥을 지으면 / 모**

---

185 두보(杜甫)의 시 "척박한 땅에는 도리어 조를 심는 게 좋고, 볕바른 비탈에는 외를 심어야 하네."에서 나왔다.

**래로 지은 밥인 듯 늙은이 싫증 내겠지만 / 고량진미를 싫도록 먹은 이들은 / 이것을 밥에 안쳐 먹고자 하네**

_이응희, 「메조(粟)」

**성곽 등진 곳에 메조와 차조 심어 / 열 이랑 밭에 가득히 찼구나 / 붉은 줄기는 키가 몇 척이고 / 노란 이삭은 만 가닥 얽혔어라 / 밥을 지으면 숟가락 대기 싫고 / 떡을 만들면 씹어 먹기 어려워라 / 부귀영화 누리도록 밥 익지 않았다니 / 한단에서 꾼 꿈이 우스워라**[186]

_이응희, 「차조(粱)」

이응희는 위의 시에서 메조는 푸른 줄기로 콩을 섞어 밥을 짓는다 하고, 차조는 붉은 줄기로 떡을 만들면 씹어 먹기 어렵다면서 중국의 시와 고사를 인용했습니다. 조는 밭에 심어 기르는 한해살이 곡식입니다. 아무 곳에서나 잘 자라 세상 사람들이 가장 먼저 심은 곡식입니다. 조는 이삭이 나와 고개를 숙이고 있는 모습을 보면 강아지풀과 꼭 닮았습니다. 조는 강아지풀을 20~30배로 확대했다고 보면 됩니다. 실제로 조의 원형은 강아지풀이며, 강아지풀은 유라시아 전역에 널리 자랍니다. 강아지풀은 성숙하면 다른 풀

• • •

**186** 인생과 영화의 덧없음을 이르는 한단몽(邯鄲夢) 고사를 인용했다. 당나라 심기제(沈旣濟)의 「침중기(枕中記)」에 나온다. 노생(盧生)이 한단(邯鄲)의 여관에서 도인(道人) 여옹(呂翁)을 만나 어려운 신세를 한탄하자 여옹은 그에게 목침을 주고 잠을 자게 한다. 노생이 꿈속에서 온갖 부귀영화를 다 누린 후 깨어 보니, 여관 집주인이 짓던 메조밥이 채 익지도 않았다고 한다.

조

과 마찬가지로 여문 낟알이 그대로 땅에 떨어지는데, 조는 껍질 속에 그대로 있어 열매를 거둘 수 있습니다.

### 조의 역사

조는 석기 시대 집터에서 불에 탄 좁쌀 재가 나왔을 정도로 오래전부터 재배해 왔습니다. 중국에서는 기원전 2700년에 이미 오곡의 하나였습니다. 우리나라에서는 구황작물로 중시되어 가뭄을 타기 쉬운 산간지대에서 밭벼 대신 재배했습니다. 삼국 시대 신라와 고구려에서는 조를 방출해 기아민을 구호하고, 나라에 공을 세운 이들에게 상으로 주었다고 합니다. 많은 고농서에서 다룰 정도로 근세까지 중요한 작물이었으며, 품종 수도 벼 다음으로 많은 40여 품종이나 기록되어 있습니다.

1655년의 『농가집성(農家集成)』에서는 "조는 늦게 파종하여 일찍 익는 만파조숙의 생동차조나 저물이리조가 있는데 갈이흙(耕土)의 깊이가 깊고 오래 묵은 땅에 재배한다. 가장 좋은 땅은 숲을 제거한 (유기질이 풍부한) 땅이고 오래 묵은 밭이 다음이며 가장 좋지 않은 밭은 보리의 그루갈이 밭이다. 5월에 풀을 베어 말린 후에 불을 놓고 재가 식기 전에 씨앗을 흩뿌리며 쇠스랑으로 복토하면 김매는 노력은 줄어들고 소출은 배나 많다."고 하였습니다.

**조의 재배와 활용**

한때는 조가 보리 다음으로 많이 재배되었으나, 요즘에는 식생활이 바뀌면서 극히 좁은 면적에서 재배되고 있습니다. 조는 개인 농가에서는 잘 재배하지 않습니다. 재배할 때나 수확할 때나 손이 많이 가기 때문입니다. 강한 햇빛을 좋아하고, 척박한 토양에서도 잘 자란다는 장점이 있지만, 줄기에 비해 열매 덩어리가 크기 때문에 바람에 잘 쓰러집니다.

봄에 뿌릴 때는 5월 하순에 심어서 8월에 수확하고, 보리 후작으로 심을 경우에는 7월에 씨를 뿌려 10월에 수확합니다. 씨앗을 뿌리고 3개월 만에 수확이 가능할 만큼 자라는 속도가 빠릅니다. 줄기가 가늘고 길게 올라오다 보니 비바람에 약하므로 장마 동안 관리가 쉽지 않습니다. 특히 열매가 여물기 시작하면 무게를 견디지 못해서 바람이 조금만 세게 불어도 쓰러질 수 있습니다. 조는 다 익으면 색이 노랗게 변하므로 그때 수확합니다. 말려서 터는 것은 다른 잡곡과 같지만, 특히 조는 덜 마르면 안 털리므로 바싹 잘 말려야 합니다.

그 작은 알곡을 찧으면 껍질이 벗겨지는데, 이 껍질로 담근 술이 '조껍데기 막걸리'입니다. 조는 쌀이나 보리와 함께 주식의 혼반용으로 이용되며, 엿 · 떡 · 소주 및 견사용 풀, 새의 사료 등으로 이용되고 있습니다. 조에는 메조와 찰기가 있는 차조가 있습니다. 메조는 주로 새모이로 쓰이고, 사람이 먹는 것은 차조입니다. 차조는 청색이 나는 청차조가 있고 노랑색이 나는 노란 차조도 있습니다. 노란 차조는 모양과 색이 기장과 똑같아서 가끔 혼동하기도 하는데, 기장이 훨씬 큽니다. 조는 찬 기운이 강해서 열이 많은 사람이 먹으면 좋습니다.

## 예전엔 참외치기도 했다는데

묻노니 너 무엇을 생각하느냐 / 북쪽 바닷가를 생각하노라 / 부령의 뭇 백성들 살림살이 궁색하여 / 성문 서쪽 비탈에다 참외를 심었네 / 참외 한창 익을 때면 길가 밭에 데굴데굴 / 그것 팔아 낟알 사서 끼니를 잇는다네 / 지난해엔 참외밭에 가물이 들었거니 / 그중에도 피해 큰 건 김윤태와 장문제라 / 그들이 이르는 말 "내 살림은 걱정 없다네 / 소 같은 머슴도 있고 말도 있어 건장하니." / 내 처음 그 말 듣고 한바탕 웃었노라 / 나라 정사 일반이라 무슨 차이 있을쏜가

_김려, 「참외 장사」

김려는 위의 시에 "순천부 사람 김윤태와 고성군 사람 장문제는 다 유랑민인데 살림살이가 어려워서 참외를 팔았다."고 주를 달았습니다.

참외

**참외의 역사**

참외의 야생종은 아프리카 니제르 강가에서 자라던 풀로 짐작됩니다. 아프리카에서 중앙아시아를 거쳐 유럽으로 전해지면서 멜론이 되었고, 인도 · 중국 · 우리나라를 거치면서 참외가 되었다고 합니다. 재배 역사가 대단히 길어 고대 이집트, 로마 시대에 이미 멜론을 재배하였습니다. 중국에는 기원전에 펴낸 『이아』라는 책에 등장하며, 우리나라에는 삼국 시대에 만주를 거쳐 들어온 듯합니다.

『고려사절요』 제1권에 참외가 등장합니다. 932년(태조 15년) 11월에 개국공신인 최응(898~932)의 부음을 전하면서, 그의 생애를 상세히 기록했습니다. 예전에 그 어머니가 최응을 배었을 적에 오이 덩굴에 갑자기 참외(甜瓜)가 열렸습니다. 고을 사람들이 이를 궁예에게 알리니, 그가 점을 쳐 사내아이를 낳으면 나라에 이롭지 못하니 키우지 말라고 했습니다. 그러나 그 부모가 숨겨 길렀는데,

오경(五經)에 통달하고 글을 잘 지어 궁예의 신임을 받았습니다. 나중에 왕건이 즉위하자 총애를 받았습니다.

『고려사절요』

최응은 항상 채식만 하였는데, 병으로 자리에 누웠을 적에 왕이 동궁을 시켜 문병하고 고기를 먹도록 권했으나 사양하고 먹지 않았습니다. 왕이 직접 행차하여 이르기를, "경이 고기를 먹지 않는 것은 두 가지 잘못이 있소. 그 몸을 보전하지 못하여 어머니를 끝내 봉양하지 못함은 효성스럽지 못한 것이오. 오래 살지 못해 나에게 좋은 보필을 일찍 잃게 함은 충성스럽지 못한 것이오." 하니, 마지못해 고기를 먹고 병이 회복되었습니다. 그러다가 병들어 35세로 세상을 떴습니다. 이 기사로 보면 서기 900년이 되기 전에 이미 오이와 함께 참외를 재배했음을 알 수 있습니다.

참외에서 '참'은 '썩 좋다'는 뜻이며, '외'는 '오이'라는 뜻입니다. 옛날에는 첨과라 했는데 '단 오이'라는 뜻입니다. 동식물 이름에 '참'이 들어가는 게 더러 있습니다. 참나리, 참나물, 참돔, 참마, 참새, 참옻, 참취, 참치, 참깨, 참꽃 등등.

> **이름에 있는 '참'의 의미는 / 그 이치를 내 알 수 있다네 / 짧은 놈은 당종(唐種)이라 부르고 / 긴 놈은 물통(水筒)이라 부른다지 / 베어 놓으면 금가루가 흩어지고 / 깎아 놓으면 살이 꿀처럼 달지 / 품격이 전부 이와 같으니 / 꼭 수박(西瓜) 함께 말한다네**
>
> _이응희, 「참외(眞瓜)」

이응희는 참외 중에서 길이가 짧은 품종을 당종이라 하고 긴 품종을 물통으로 부른다는 정보를 수록하고, 참외의 모습과 맛을 잘 드러내었습니다. 그러면서 당종과 수통은 방언이라고 주를 달았습니다. 또 참외가 서과, 즉 수박과 함께 당시에 가장 맛난 과일로 대접받았음을 이 시에서 알 수 있습니다.

한편, 숙종 때인 1713년 1월에 동지사인 형 김창집을 따라 청나라를 다녀온 김창업은 북경에서 다른 종류의 참외를 맛보았습니다. 회회국(回回國)의 참외(甛瓜)를 우연히 얻어 그 맛을 묘사했는데, 희한하게 달고 산뜻하면서도 매우 시원하다고 하였습니다.

> **"북경에 머물렀다. 수역(首譯)[187]이 또 회회국 참외 한 개를 얻어서 바쳤다. 껍질은 모두 완전하고, 그 맛은 희한하게 달고 산뜻하여, 앞서 먹던 것보다 상당히 좋았다. 백씨(伯氏)[188]가 병환 때문에 날것이나 찬 것을 먹을 수 없으므로, 모두 내 방에 갖다 놓고 식후에 문득 썰어 먹으니, 아주 시원하고 상쾌하였다. 조금만 먹어도 속이 서늘해짐을 느꼈다."**[189]

회회국은 지금의 아라비아를 가리키니, 회회국의 참외라 하면 아마도 지금의 파파야 멜론을 가리키는 것으로 추정됩니다. 이보다 2주 전인 1월 3일자 기록에는 "회회국 참외 반쪽을 바치며 말하기를 '이게 바로 황제에게 진상한 것인데' 하면서, 그 모양이 호박

• • •

187 역관(譯官)의 우두머리.

188 큰형으로 여기서는 김창집을 가리킨다.

189 『노가재연행일기』, 제4권, 1713년 1월 17일.

과 같으나 작고 껍질은 푸르고 속은 누르고 붉어서 우리나라의 쇠뿔참외의 빛과 같으나, 그 씨는 보통 참외와 비슷하고 조금 크다. 맛은 달며 향기로워 우리나라 참외와는 현격하게 다르고, 껍질이 두껍기가 수박과 같으나, 두꺼운 껍질을 깎아 내고 씹으면 단단하면서도 연하고, 깨물면 소리가 나는데 그 맛이 또한 참외보다 기이하다. 그러나 지나치게 상쾌하여 많이 먹을 수는 없었다."고 적었습니다. 이를 보면 당시 회회국에서 청나라에 조공으로 바친 특산물에 멜론이 포함되어 있었던 것으로 보입니다.

제가 어릴 때만 해도 엿장수가 있었습니다. 엿장수가 엿판을 얹어 놓은 리어카를 끌고 엿가위를 쩔렁거리며 동네에 나타나면 아이들은 집 안에서 엿을 바꿀 만한 떨어진 고무신이나 쇠붙이 등의 고물을 찾기에 바빴습니다. 당시 길쭉한 엿을 반으로 자르면 안에 구멍이 나 있는데 이 구멍의 크기를 비교해 큰 쪽이 이기곤 했습니다. 조선 후기 이옥의 글을 보면 당시에 엿치기와 비슷한 '참외치기'란 게 있었음을 알 수 있습니다.

> **"나는 어릴 적에 일찍이 이런 일을 보았다. 건달꾼들이 참외 가게에 모여, 꼭지의 냄새를 맡아 보고 잘 익었는지 아닌지를 구분해 놓고, 곧 참외를 쪼개어 비교하는데 단 것을 맞춘 사람이 이기고, 이기면 진 사람에게 가게 전체의 참외값을 물게 하였다. 이를 '참외치기(打甛瓜)'라고 한다. … 내가 남양에 이르렀을 때, 밭일하는 사람들이 관리들의 가렴주구(苛斂誅求)를 이기지 못하여 참외를 심지 않는 것이 이미 서너 해가 되었다."**

윗글의 끝부분에 관리들의 가렴주구로 참외를 심지 않는다는 게 나오는데, 비슷한 시기를 살았던 정약용의 「장기농가」에도 관노 놈들이 시비 걸까 염려해 평생토록 수박을 심지 않는다 했습니다. 이를 보면 일찍이 공자가 말한 "가혹한 정치는 호랑이보다 더 사납다(苛政猛於虎)"가 생각납니다.

#### 참외의 재배

참외는 고온 건조를 좋아하는 작물로 장마가 길어지면 병해충이 발생하기 쉽습니다. 사질양토 및 양토로서 배수가 잘되고 너무 습기가 많지 않는 곳을 택해서 3~5년 만에 한 번씩 재배하는 것이 좋습니다. 참외는 고온성 채소로서 저온에 대해서는 수박보다 민감합니다. 꽃이 핀 지 25~35일이면 수확할 수 있는데, 초기에는 35일, 후기에는 25~28일이면 수확할 수 있습니다. 열매자루가 달린 부분이 갈라지기 쉬운 품종은 2~3일 앞당겨 수확하는 것이 좋습니다.

보통 텃밭 농사에서는 모종을 사다가 심는 게 편리합니다. 모종은 잎이 네다섯 장으로 키가 크지 않으면서 줄기가 굵은 것이 좋습니다. 옮겨 심을 때에는 구멍을 파고 물을 듬뿍 준 다음 모종을 심습니다. 모종 심는 간격은 수박과 마찬가지로 사방을 1제곱미터로 하는 게 좋습니다.

참외 열매가 맺히기 시작하면, 열매가 흙에 닿지 않도록 해 줍니다. 참외는 수박이나 오이처럼 병이 많은 작물 중 하나로, 특히 잎이 누렇게 마르거나 잎이 급하게 시들어 버리는 경우가 많습니다. 주로 질소질 비료가 과다하거나 밀식했을 때, 가뭄이 심하거나 배수 상태가 좋지 않을 때, 또는 순지르기를 너무 많이 하여 생기는 경우가 대부분입니다.

### 참외의 활용

참외는 수박과 마찬가지로 몸을 차게 하는 성질이 있어, 더운 여름에 인기가 있습니다. 배뇨를 좋게 할 뿐 아니라, 열이 나고 가슴 주위가 화끈해져 메슥거리거나 손발이 떨리는 것을 그치게 하는 효과도 있고, 입과 코 안에 난 염증을 낫게 하고 구취를 없앤다고 합니다. 그러나 몸이 찬 사람이 많이 먹으면 오히려 기가 약해지고 다리와 손에 힘이 없어진다고 했습니다.

참외는 체했을 때와 술 먹고 숙취를 깨는 데 좋으며 특히 꼭지는 체한 것을 토해 낼 때 효과가 있고, 꼭지를 태운 재를 곪은 곳에 바르면 즉효라 했습니다. 참외를 먹을 때 사람에 따라 속과 씨를 다 버리고 과육만을 먹기도 하지만, 되도록 속을 같이 먹는 게 좋습니다. 참외 속은 당분이 많아 피로 회복에 효과가 있기 때문이지요.

참외는 과채이므로 날로 껍질을 깎아 먹는 게 일반적이지만, 깍두기처럼 잘라 사이다나 우유에 넣어 차게 먹는 참외 화채도 별미입니다. 아니면 수박과 함께 화채로 먹어도 아주 맛이 있습니다. 참외는 반찬으로 장아찌를 담가 먹어도 꽤 맛있습니다. 껍질을 벗기고 속을 파낸 다음 소금물에 절인 후, 된장독에 묻어 두면 겨울 밑반찬으로 좋습니다.

## 성호 이익이 높이 평가했던 콩

**콩을 밭에다 심으니 / 가지와 잎이 가득 펼쳐졌네 / 이슬 젖은**

꽃은 붉은 옥과 같고 / 서리 맞은 잎은 노란 구슬 머금은 듯 / 자미(子美)는 밥상이 풍성하였고[190] / 애공(哀公)은 제수(鼎需)를 도왔었지 / 곡물 중에서 콩의 힘이 많아 / 탁룡(濯龍)의 말[191]을 기를 수 있어라

_이응희, 「콩(大豆)」

동짓날에 서리 눈이 내리니 / 농가에는 월동 준비를 미쳤다 / 오지[192] 솥에는 콩죽이 끓는 소리 / 먹으니 그 맛이 꿀처럼 달구나 / 한 사발에 땀이 조금 나고 / 두 사발에 몸이 훈훈하여라 / 아내와 자식들을 돌아보며 / 이 맛이 깊고도 좋다고 했더니 / 아내와 자식들은 웃고 돌아보며 / 밥상에 고량진미가 없다고 하네 / 고량진미를 어찌 말할 수 있으랴 / 육식은 무상한 것임을 아노라

_이응희, 「콩죽(豆粥)」

이응희는 앞의 시에서 콩의 자라는 모습을 그리고, 두보(杜甫)가 콩을 많이 먹었다는 것과 콩의 힘이 세어 말을 기를 수 있다 했습니다. 또 뒤의 시에서는 콩죽을 끓여 먹는데 처자식들이 밥상에 고량진미가 없다고 하자, 호의호식(好衣好食)하는 사람들도 권세를 잃으면 계속 먹을 수 없으므로 무상하다고 말합니다.

• • •

190 두보가 산골에 은둔할 때 20년 만에 친구가 찾아오자 늘 먹던 콩밥을 주었다는 고사에서 나왔다.

191 탁룡은 고대의 마굿간 이름으로, 콩을 말의 사료로 쓰기 때문에 이렇게 말한 것이다.

192 붉은 진흙으로 만들어 볕에 말리거나 약간 구운 다음 잿물을 입혀 다시 구운 그릇.

**콩의 역사**

콩은 지방종자(脂肪種子)를 맺는 한해살이풀로, 원산지는 만주 지방과 우리나라입니다. 시골에서는 지금도 야생종인 돌콩 종류를 쉽게 볼 수 있습니다. 기원전 3000년쯤부터 재배한 것으로 보이며, 우리나라에서는 청동기 시대의 집터에서 흔적을 찾아 기원전 2000~1500년경부터 재배한 것으로 보입니다. 콩의 크기는 세월이 흐르면서 지속적으로 커졌는데, 이는 다양한 고대 주거지 발굴터에서 발견된 콩을 비교함으로써 밝혀졌습니다.

콩은 세계에서 가장 중요한 농작물 중 하나로, 특히 아시아인들을 살린 영양 음식의 주종입니다. 8세기경 한반도에서 일본 열도로 전해진 콩은 18세기에 유럽으로 건너가고 19세기에는 미국에 전해졌습니다. 18세기 무렵, 일본에 도착한 네덜란드 선교사 일행은 간장, 즉 쇼유(しょうゆ)의 매력에 흠뻑 빠졌습니다. 그들은 쇼유를 식물의 이름으로 착각해 일본의 콩을 유럽으로 보내면서 '쇼유' 혹은 '소야'라고 설명했는데, 이 때문에 콩의 서양 이름이 'soybean', 'soyabean'으로 굳어졌습니다.

콩은 서리를 견디지 못하여 북유럽의 농가에서는 영향력을 발휘하지 못했지만, 아메리카 대륙으로 건너간 이후 무성하게 꽃을 피웠습니다. 현재 세계 1위의 생산국은 미국이고, 큰 차이를 두고 아르헨티나와 브라질이 그 뒤를 잇고 있습니다.

콩은 우리네 농사의 역사 중에서 가장 오래된 작물 중 하나일 것입니다. 한반도 전역에 자생하고 있는 사실만 보아도 그렇습니다. 또 오랜 옛날, 우리 조상인 유목민들이 한반도에 들어왔을 때 초지가 부족해 가축을 기를 수 없어 고기를 대체할 정도로 풍부한 영양분을 갖고 있던 콩을 택했을 것이라는 주장도 있습니다.

콩

우리나라에서 콩은 재배 역사가 길고 밭작물로서는 보리 다음으로 중시되어 널리 재배해 왔습니다. 콩으로 만든 된장과 간장, 콩나물은 우리나라에서 처음 시작했다고 합니다. 『세종실록지리지』에 따르면, 당시의 전국 334군현 가운데 콩은 272개, 팥은 91개, 녹두는 20개 군현에서 생산되었습니다.

쌀, 밀, 보리, 기장과 더불어 동양의 신성한 5대 작물에 속하는 콩은 역사에 모습을 드러낸 이후 줄곧 고기와 우유의 대용 식품으로서 인간에게 도움을 주었습니다. 키가 최대 2미터까지 자라는 이 식물에는 미세한 털로 뒤덮인 콩 꼬투리가 주렁주렁 달립니다. 콩은 종류에 따라서 흰색, 노란색, 회색, 갈색, 검은색, 빨간색 등 다채로운 빛깔을 드러내기도 합니다.

콩은 종류가 수없이 많습니다. 대개 쓰임새에 따라 이름을 짓거나(메주콩 · 밥밑콩 · 나물콩 · 약콩 · 고물콩 등), 모양에 따라(흰콩 · 검정콩 · 속푸른콩 · 청태 · 쥐눈이콩 · 수박태 · 부채콩 등), 지방 이름에 따라(갑산태 · 청산태 · 정선콩 등), 익는 시기에 따라(서리태 · 올태 · 유월콩 등) 이런저런 이름이 붙어 있습니다. 심지어 선비잡이콩이란 것도 있습니다.

이옥은 『백운필』에서 콩에 대해 이렇게 기록했습니다.

**"대두(大豆)는 '숙(菽)'이라 하니, 숙이란 뭇 콩을 총칭하는 이름이다. 후세에 이로 인하여 숙을 대두라 이름하게 되었다.**

우리나라에서 '태(太)'라 칭하는 것은 너무도 근거할 바가 없다. 대개 관청 장부에 칭하는 것이다. 대두는 누른색에 가장 큰 것, 누른색인 것, 약간 푸른색인 것, 약간 붉은색인 것, 검은색인 것, 얼룩 반점이 박힌 것, 먹 묵은 손가락을 비벼 놓은 듯한 것, 검은색에 매우 작은 것이 있다.

검은색의 작은 것을 '쥐눈이콩(鼠目太)'이라고 하는데 약용으로 사용할 수 있다. 누른색의 큰 콩을 '환부태'라고 하는데 따로 심기 때문에 이렇게 부르며, 맛이 매우 깊고 쌀에 섞어서 먹으면 삶은 밤처럼 달다. 또 올콩이 있는데 '청대콩(靑太)' 이라 하며 6월에 먹는다."

**콩의 재배**

콩은 토질에 대한 적응도가 높아 어떤 땅이라도 잘 자라지만, 햇빛이 잘 들고 물빠짐이 좋아야 합니다. 콩을 심어 키우면 콩뿌리에 붙어사는 뿌리혹박테리아가 공기 중에 흔한 질소를 고정해 땅을 거름지게 합니다. 따라서 거친 밭에서도 잘 자라지만, 비옥한 땅에서는 열매를 많이 맺기보다 줄기와 잎만 무성하게 자랍니다.

옛사람들도 이런 사실을 알고 있었는지, 기원전 1세기에 편찬된 인류 최초의 농서(農書)인『범승지서』에는 콩 재배법에 대해, "콩은 해마다 땅을 바꾸어 심지 않아도 잘되는 곡식이다."고 적었습니다. 조선 중기에 나온『농서집요(農書輯要)』(1517)에는 "봄갈이나 그루갈이에 관계없이 앞그루가 땅힘을 감소시키는 보리 · 밀의 뒷그루로 하라." 하였고, 허균이 지은『한정록』에서는 "거름진 땅이 콩 재배에는 마땅치 않다."고 하였습니다.

콩을 심는 시기는 5월부터 7월까지 자유자재로, 밭의 사정을 감

콩의 종류

안하고 또 콩의 종류와 이용하는 목적에 따라 정합니다. 밭에 바로 심을 때는 콩을 세 알씩 40~50센티미터 간격으로 심습니다. 이는 발아가 되지 않는 것도 있을 수 있고, 또 콩이 두세 포기씩 함께 자라야 열매도 잘 맺히기 때문입니다. 새 피해가 심한 곳에서는 따로 모종을 내어 옮겨 심기도 합니다.

제가 2019년에 일본 전문가의 유튜브와 그가 쓴 책들을 보고 시험적으로 해 본 방법 중에 적심단근(摘芯斷根)이란 게 있습니다. 콩을 뿌려 떡잎이 나온 뒤에 순을 지르고 뿌리째 뽑아 줄기와 뿌리가 나뉘는 부분을 잘라 삽목하듯이 배양토에 꽂아 모종을 키우는 방법입니다. 이렇게 하면 순을 지른 밑부분에서 두 개의 순이 새로 올라오고 뿌리도 잔뿌리가 많아져 생육이 왕성해지고 병충해에도 강해진다고 합니다. 일손이 많이 들어 번거롭기는 하지만 효과는 괜찮았습니다.

콩은 줄기에 있는 마디마디마다 꼬투리가 달리는데 순을 잘 질러 줘야 합니다. 그래야 더 많은 곁가지가 뻗어 나오고, 꼬투리가 많이 달려 수확이 많아집니다. 수확 시기는 풋콩으로 이용할 때는 꼬투리가 푸른색으로 도톰해지는 때가 적기이고, 익은 콩을 수확하고자 하면 꼬투리가 갈색으로 변하고 노란색 잎이 떨어진 뒤입니다.

서유구는 『임원경제지』에서 옛 농서인 『범승지서』를 인용해 콩 수확법을 다음과 같이 적었습니다.

> "콩깍지는 검게 변했으나 줄기는 아직 푸를 때에 바로 수확하면 틀림없다. 콩이 떨어지려 할 때 수확하면 도리어 실패한다. 그러므로 '콩은 마당에서 여문다'라고 했다. 마당에서 콩을 수확한다는 것은 곧 그루의 위쪽에는 푸른 콩깍지가 있고 아래쪽에는 검은 콩깍지가 있을 때이다."

### 콩의 활용

콩에는 단백질 40퍼센트, 탄수화물 30퍼센트, 지질이 20퍼센트 들어 있습니다. 곡식이지만 성분상으로는 거의 고기에 가까워 흔히 "밭에서 나는 쇠고기"라고 하며, 밥에 부족한 영양을 충분히 보충해 줍니다.

우리 선조들이 주로 채식만 했음에도 불구하고 영양 상태를 그런대로 유지할 수 있었던 것은 대체로 콩을 요리해 여러가지 식품을 만들어 먹었기 때문이라고 보고 있습니다.[193] 콩으로 만든 두부에서 단백질을 섭취할 수 있고, 간장이나 된장에서도 훌륭한 영양소를 섭취할 수 있었지요.

그래서 콩은 우리 음식문화를 대표한다고 합니다. 보통 나라나 민족의 음식문화 수준을 가늠하는 기준은 발효식품의 발달 정도인데, 우리의 대표적인 발효식품은 된장, 간장, 고추장입니다. 모두 재료가 콩입니다. 된장국, 된장찌개, 된장으로 무친 채소무침, 두부, 두유, 콩국, 콩기름, 콩나물, 콩자반, 콩잎 장아찌 등 매우 다양합니다. 그뿐만 아니라 콩은 가축의 사료가 되기도 하고, 도료 · 플라스틱 · 화장품 등을 포함한 온갖 제품에 유용하게 쓰이고 있습니다.

실학자인 성호 이익은 곡물 중에서 콩을 매우 높이 평가해 다음과 같은 글을 지었습니다.[194]

> **"콩은 오곡에 하나를 차지한 것인데, 사람이 귀하게 여기지 않는다. 그러나 곡식이란 사람을 살리는 것으로 주장을 삼는다면 콩의 힘이 가장 큰 것이다. 후세 백성들에는 잘사는 이는 적고 가난한 자가 많으므로, 좋은 곡식으로 만든 맛있는 음식은 다 존귀한 자에게 돌아가고, 가난한 백성이 얻어먹고 목숨을 잇는 것은 오직 이 콩뿐이었다.**
>
> **값을 따지면 콩이 헐할 때는 벼와 서로 맞먹는다. 그러나 벼 한 말을 찧으면 너 되의 쌀이 나게 되니, 이는 한 말 콩으로 너**

• • •

**193** 정혜경 · 오세영 · 김미혜 · 안효진, 『식생활 문화』, 교문사, 2013.

**194** 『성호사설』, 「만물문」.

되의 쌀을 바꾸는 셈이다. 실에 있어서는 5분의 3이 더해지는 바, 이것이 큰 이익이다. 또는 맷돌에 갈아 액체만 걸러서 두부를 만들면 남은 찌꺼기도 많은데, 끓여서 국을 만들면 구수한 맛이 먹음직하다. 또는 싹을 내서 콩나물로 만들면 몇 갑절이 더해진다.

가난한 자는 콩을 갈고 콩나물을 썰어서 한데 합쳐 죽을 만들어 먹는데 족히 배를 채울 수 있다. 나는 시골에 살면서 이런 일들을 익히 알기 때문에 대강 적어서 백성을 기르고 다스리는 자에게 보이고 깨닫도록 하고자 한다."

콩은 쌀에 비하여 가격이 싸고, 맛도 좋습니다. 그래서 성호 이익이 매우 높이 평가한 곡물이었습니다. 두부를 만들고 남은 비지로 국을 만들어 먹는 방법과 콩나물과 콩을 한데 썰어 죽을 만들어 먹는 방법을 소개하였습니다.

다음은 성호가 직접 만든 모임인 삼두회(三豆會)[195]에 대한 내용입니다.

"내가 근자에 삼두회를 마련했으니, 황두(黃豆)로 죽을 쑤고 콩나물로 김치(저, 菹)를 만들며 콩으로 장을 지지는 세 가지

• • •

195 성호가 섬곡장(剡曲莊)에 있으면서 벌인 친족 간의 모임. 가장(家狀)에 보면 1753년에 쓴 편지 내용을 인용해 다음과 같이 기록하고 있다. "굶주림을 구제하는 데에는 콩(豆)만 한 것이 없다고 하여 흉년이 들면 반드시 콩을 삶아 죽을 만들어서 부족한 식량을 보충하였다. 일찍이 콩죽 한 그릇과 콩 간장 한 종지와 콩나물로 만든 김치 한 접시를 차려 놓고 족인들과 밤새워 환담하였는데, 모임의 이름을 삼두회라고 하였다."

였다. 친척을 모아 환담하면서 희롱 삼아 말하기를, '제군은 이것이 공자의 가법임을 아는가? 콩을 먹고 물을 마신다고 했는데, 콩은 마시는 물건이 아니니 죽이 아니고 무엇이겠는가? 문언박(文彦博)과 범순인(范純仁)은 벼슬이 높아도 오히려 그러했거늘, 하물며 우리같이 띳집에 살면서 생계를 이어 나갈 전답이 없는 자이겠는가? 이것도 또한 이어 나갈 수 없으므로 글을 지어 자손에게 경계한다'고 하였다."

삼두회는 성호 자신이 콩으로 쑨 죽과 콩나물로 만든 저(菹), 두장(豆醬) 세 가지 음식을 함께 먹는 모임을 만들었음을 기록한 것입니다. 이 모임은 북송 시대의 문언박과 범순인이 진솔회(眞率會)를 만들어 소박한 음식(조밥 한 상과 술 두어 순배뿐)을 함께했던 것을 본받은 것입니다. 성호는 「삼두회시 서문(三豆會詩序)」에서 곡식 중에 중요한 세 가지가 벼와 보리와 콩인데, 콩은 가장 흔하지만 기근을 구제하는 데는 콩만 한 것이 없다고 했습니다. 그리고 벼가 다 떨어지고 보리가 없으면 봄에 무엇을 가지고 연명하겠는가 하고, 콩죽에 대해 설명하고는 삼두회에서 어른과 아이가 모두 모여서 다 배불리 먹고 마쳤으니, 음식은 박하지만 정의는 돈독했다고 하였습니다.

### 콩으로 만드는 것들: 콩나물, 두부, 장

콩은 싹을 틔워 콩나물을 만들고, 삶아 갈아서 두부를 만들며, 메주를 쑤어 장을 담급니다. 콩은 "밭에서 나는 쇠고기"라는 말처럼 단백질과 지방이 풍부하지만 비타민 C는 없습니다. 그런데 콩나물로 자라면 비타민 C가 생깁니다. 콩나물로 국을 끓이면 단백

콩나물

메주

질 성분이 대부분 수용성으로 바뀌어 소화 흡수가 잘되며 그중에 아스파라긴산이라는 감칠맛을 내는 성분이 콩나물국의 독특한 향미를 내는데, 바로 이 성분이 피로 회복과 숙취 해소에 큰 효과가 있습니다. 특히 뿌리에 많이 들어 있으므로 뿌리를 떼어 내지 않고 먹는 것이 좋습니다.

녹두를 기른 숙주나물은 일본이나 중국, 동남아시아에서 많이 먹지만 콩나물은 우리나라에서만 먹는다고 합니다. 허균이 지은 『한정록』에는 녹두(菉豆)에 대해 "4월에 심었다가 6월에 수확하고, 이때 씨를 재차 심어서 8월에 또 수확한다. 이는 1년에 두 번씩 익는 콩으로 두분(豆粉) 및 두아채(豆芽菜: 콩나물)를 만들 수 있다."고 되어 있지만, 콩(大豆)에 대해서는 "3~4월에 심고서 호미로 잡초를 말끔히 제거한다. 이 콩은 장(醬)을 담글 수 있고 두부(豆腐)를 만들 수 있으며, 그 껍데기는 말(馬)을 먹이기에 좋다."고 나와 있습니다.

허균은 계속하여 콩의 종류를 설명한 다음 콩나물(豆芽菜)에 대하여 "녹두(菉豆)를 좋은 것으로 가려 이틀 밤을 물에 담가 불을 때를 기다려서 새 물로 일어서 말린 다음, 갈자리(蘆席)에 물을 뿌려 적셔서 땅에 깔고는 그 위에 이 녹두를 가져다 놓고서 젖은 거적으로 덮어 두면 그 싹이 저절로 자란다."고 기술하였습니다. 이 내용으로만 보면 당시에 콩나물은 대두(콩)가 아닌 녹두에서 나온 것으로 여겨집니다.

콩으로 만든 콩나물(菽菜)은 『일성록』의 1795년(정조 19년) 1월 21일 기록에 등장합니다. 그날 정조 임금이 어머니인 혜경궁 홍씨와 함께 장헌세자(사도세자)를 모신 경모궁에 나아가 올린 전작례[196]에 올린 제물 중에 포함되어 있습니다.

두부는 콩을 재료로 만든 대표적인 가공식품입니다. 두부는 중국 송나라 시대에 일반 백성에게 알려졌고, 명나라 시대 이후의 기록에 주로 등장합니다. 이곡(李穀)의 아들이자 고려 말의 성리학자인 목은 이색은 문집 『목은시고(牧隱詩藁)』에 술, 차, 두부 등 음식

• • •

196 奠酌禮, 왕이나 왕비가 못 되고 죽은 조상이나 왕자, 왕녀의 제사를 임금이 몸소 지내던 일.

에 관한 시를 여럿 남겼습니다. 목은은 고려 시대의 미식가로 거론됩니다. 그는 음식 중에서도 특히 두부를 사랑해서 많은 시를 남겼습니다. 그중 우리나라에서 두부에 대한 첫 기록이 「대사가 두부를 구해 와서 먹여 주다(大舍求豆腐來餉)」라는 제목의 시입니다.

> **오랫동안 맛없는 채소국만 먹다 보니 / 두부가 마치 새로 썰어 낸 비계 같구나 / 성긴 이로 먹기에는 두부가 그저 그만 / 참으로 늙은 몸 보양할 수 있겠구나 / 오월(吳越)의 객(客)은 농어와 순채(蓴菜)를 생각하고 / 오랑캐 사람들은 양락(羊酪)을 떠올리는데 / 이 땅에선 이것을 귀하게 여기고 있으니 / 하늘(皇天)이 백성을 잘 기른다 하겠네**

이 시에서 '오월의 객'은 동진(東晉)의 장한(張翰, ?~359?)을 가리킵니다. 그는 낙양에서 벼슬살이를 하다가 가을바람이 일어나는 것을 보고 불현듯 고향의 순채국과 농어회 생각이 나서 벼슬을 버

두부

리고 낙향하였습니다. '양락'은 양의 젖으로 만든 타락죽(駝酪粥)을 말합니다.

이에 비해 고려 사람들은 두부를 가장 맛있는 음식으로 먹는다고 했습니다. 목은이 살던 시대에 두부가 유행했음을 알 수 있는 대목이지요. 그는 나아가 「새벽에 한수를 읊다」란 시에서 "기름에 두부를 튀겨 잘게 썰어서 국을 끓이고, 여기에 파를 넣어서 향기를 보태네, 잘된 멥쌀밥은 기름이 자르르 흐르고, 깨끗이 닦은 그릇들은 눈에 환히 빛나누나"라며 아예 두붓국 요리법을 적어 두었습니다.

옛사람들은 두부를 5미(五美)를 갖춘 음식이라고 칭송했습니다. 맛이 부드러우며 좋고, 은은한 향, 색과 광택의 아름다움, 반듯한 모양, 먹기에 간편함이 다섯 가지 미덕이라는 것입니다.

장(醬)도 콩을 가공해 만든 대표적 식품입니다. "콩으로 만든 장이야말로 우리의 발명품인 게 틀림없다."[197]고도 합니다. 중국에서 '장(醬)'이란 글자는 『주례(周禮)』에 처음 나오는데, 여기서 말하는 장은 고기를 말려서 가루로 만들고 이것을 술에 넣은 다음 누룩이나 소금을 넣어 만드는 육장(肉醬)이라 합니다. 이것을 해(醢)나 혜(醯)라고 불렀는데 우리가 먹는 식해의 원조로 보기도 합니다. 메주는 우리나라가 시조라 할 수 있습니다. 통일신라 초기에 신문왕이 왕비가 될 사람의 집에 보낸 예물에 장(醬)과 시(豉)가 동시에 포함되어 있었습니다.

콩을 이용한 가공 음식인 장은 전통적인 식생활에서 매우 중요

• • •

197 정혜경·오세영·김미혜·안효진, 앞의 책.

했습니다. 장은 장아찌 · 나물 · 국 · 찌개와 같은 각종 음식의 기본 조미료로 사용되었으며, 어류나 육류의 섭취가 어려운 환경에서 보편적인 단백질 공급원이 되었습니다. 이와 관련해 『증보산림경제』에는 장의 중요성에 대해 다음과 같이 기록하고 있습니다.

"장은 모든 맛의 근본이 된다. 집안의 장맛이 좋지 않으면 좋은 채소와 맛있는 고기가 있어도 좋은 음식을 만들 수 없다. 가장은 우선 장 담그기에 유의하고, 오래 묵혀 좋은 장을 얻어야 할 것이다."

## 땅에서 나온 계란이라 토란

긴 채마밭에 토란을 가득 심었더니 / 가을이 오자 토란이 많이 자랐구나 / 붉은 줄기는 이슬 머금은 채 자라고 / 푸른 잎은 바람을 받아 펄럭인다 / 옥구슬인 양 구근이 많이 달렸고 / 푸른빛 속에 줄기가 굵어라 / 속명으로 무립(毋立)이라 부르니 / 늙은이 음식으로 제격이로세

_이응희, 「토란(芋)」

토란은 열대에서는 다년생이지만 온대에서는 1년생입니다. 원산지는 인도 동부에서 인도차이나 반도에 이르는 열대와 아열대 지방입니다. 중국에서는 기원전 기록에 등장하고 『제민요술』에는 15개의 품종이 열거되어 있습니다. 우리나라에서는 이규보의 시에 품종 이름이 나오는 것으로 보아 고려 시대 중기 이전에 들어온

것으로 보입니다. 토란은 그 잎의 모양이 연잎과 비슷하게 생겨 토련이라고도 합니다. 조선 후기의 이헌경(李獻慶, 1719~1791)은 주돈이가 연을 사랑해 「애련설(愛蓮說)」을 지은 것처럼, 토란을 두고 굶주림을 구제해서 백성을 이롭게 하는 공이 있다 하여 「토련설(土蓮說)」을 지었습니다.

"소채(蔬菜) 중에 우량한 놈이 자줏빛 대공의 토란이다. 그 이파리는 연잎과 흡사하다. 물 있는 곳에 심지 않고 밭에 심는다. 그래서 우리 민간에서는 이것을 토련(土蓮)이라고 한다. 그런데 그 줄기에 가시가 없고, 그 뿌리는 실낱 같은 잔뿌리가 없으며, 길게 뻗어 덩굴지지 않으며, 또 꽃도 피지 않는다. 다만 그 잎이 연잎과 흡사하다고 해서 이름을 연(蓮)이라 하는 것은 또한 참람한 것이 아닌가. 어떤 사람은 말하기를 토란 중에서도 꼽히는 좋은 것을 여러 해를 이어 심었더니, 꽃이 피었다고 한다. 가히 믿을 수 없는 말이다. 내가 일찍이 뜰 앞의 몇 고랑의 밭두둑에 이것을 심었는데 자라 올라 웃끗(불끈) 일어났다. 파란 잎이 서로 겹쳐져서 밭을 덮어 버리는 것 같았다. 대충 보아서는 연과 같아 보였다. 바람에 잎이 너울거리고 비가 내려 잎을 두드리니 모두 가히 완상할 만하였다. 토란 줄기가 새로 돋아서 어린 것은 부드럽고 연해서 국을 끓여 먹을 수 있고, 그것이 오래돼서 묵은 것은 또한 가히 추운 겨울 추위에 맞서는 의지의 채소라 할 만하다. 그 뿌리는 동글동글 마치 계란과 같은 것이 여러 개가 서로 잇따라 이어져서 붙어 있다. 색깔은 바로 흰색이며, 먹으면 단맛이 있고 부드럽다. 사람으로 하여금 먹어서 배곯지 않게 하는 것이다."

### 토란의 재배

토란

토란은 열대 원산으로 고온다습한 조건을 좋아하고 많은 일조량을 요구합니다. 토양 적응성은 넓은 편이지만 건조에는 약하며, 토양 산도에 대한 적응성도 매우 큽니다. 연작 장해가 있기 때문에 윤작하는 것이 좋습니다. 4월 하순에서 5월 상순에 씨토란을 심으면, 한 달 반쯤 지나서야 싹을 틔웁니다. 병충해도 달리 없고 잘 자라지만 건조하지 않게 키워야 합니다. 10월 중순 이후 첫서리가 내리면 서둘러 수확합니다. 다른 뿌리채소와 달리 토란은 어미토란을 감싸듯이 아들토란이 달리고, 그 아들토란 주변에 손자토란이 달리는 특이한 형태로 자랍니다.

토란은 심는 방법에 따라 수확량이 달라진다고 합니다. 토란의 눈이 아래로 향하게 심으면 아들토란이 두 배 정도 많이 달린다는 이야기입니다. 또, 심기 전에 따뜻한 곳에 두어 싹을 틔운 후에 심으면 더욱 빨리 자랍니다. 줄기는 땅속에서 거의 자라지 않고 비대해져 알줄기나 덩이줄기가 됩니다. 키는 1미터 이상 자라고, 잎새는 입술 모양이나 달걀꼴 또는 심장 모양으로, 꽃을 잘 피우지는 않지만 간혹 고온인 해의 가을에 흰 꽃이 피기도 합니다.

우리나라의 재래종은 대개 일찍 자라는 조생으로서 줄기가 푸르고, 아들토란이 여러 개 달리며 알이 작습니다. 덩이줄기는 아들토란과 어미토란으로 구분되며, 어미토란은 먹을 수는 있으나 떫은 맛이 강하고 퍼석퍼석합니다.

수확한 토란은 양이 적으면 신문지로 싸서 박스에 넣어 실내에 보관하고, 양이 많고 봄까지 남기려면 밭의 한쪽에 깊이 50센티미터 이상의 웅덩이를 파고 어미토란과 아들토란을 분리하지 않은 채 거꾸로 묻어 저장합니다. 냉장고에 보관하면 상하기 쉽습니다. 토란을 구입할 때는 흙이 묻어 있고 약간 축축하며, 촘촘한 선으로 둘러싸여 있는 것을 고르고, 껍질에 상처나 갈라진 부분이 있는 것은 피합니다.

### 토란의 활용

토란에는 독특한 점액질이 있으며 그 성분의 하나인 갈락탄은 혈압 저하, 동맥경화 예방, 혈중 콜레스테롤 감소에 효과적이라 합니다. 주성분은 전분이지만 비타민 B군도 많이 함유하고 있으며, 칼로리가 낮아 다이어트에도 좋습니다. 무기질과 비타민 A가 풍부하며 아린 맛은 수산석회 때문으로, 독성이 있지만 끓이거나 식초에 담그면 분해되어 없어집니다.

토란(土卵)은 글자 그대로 땅속의 알입니다. 토란국을 끓일 때는 토란알을 먼저 푹 삶아 데치는데, 그래야 독성이 빠지기 때문입니다. 토란 껍질을 벗길 때는 독성 때문에 알레르기가 생길 수 있으므로 고무장갑을 끼고 해야 합니다. 그리고, 피부가 가려울 경우에는 소금이나 중조(소다)를 바르면 좋습니다. 토란대는 삶거나 생으로 말려 보관하는데 나물로 해 먹을 것은 생으로 말리고, 삶아 말린 것은 고사리처럼 쇠고기 국이나 육개장 등에 넣어 먹으면 좋습니다.

**키가 너무 높으면, / 까마귀 떼 날아와 따 먹을까 봐, / 키 작은 땅감나무 되었답니다 / 키가 너무 높으면, / 아기들 올라가다 떨어질까 봐, / 키 작은 땅감나무 되었답니다**

권태응의 「땅감나무」라는 동시입니다. 땅감이란 나무가 아니라 땅에서 나는 감으로, 토마토를 가리킵니다. 이 밖에 일년감이라고도 했습니다.

### 토마토의 역사

토마토는 밭에 심어 기르는 한해살이 열매채소입니다. 원산지는 태평양 쪽에 위치한 남아메리카 안데스 산맥의 페루와 에콰도르 지역입니다. 남미의 원주민들은 황금색으로 빛나는 토마토를 태양의 선물이라고 부르며 즐겨 먹었는데, 태양의 에너지를 흡수할 수 있다고 믿었습니다. 야생의 토마토는 지름이 1센티미터 정도의 작은 것이었는데, 토마토가 안데스를 넘어 멕시코에 전해진 후 아즈텍 사람들이 품종을 거듭 개량하여 원래보다 훨씬 커진 것이라고 합니다. 1520년경 원주민들이 불룩한 열매라는 뜻에서 토마틀(tomatl)이라고 부르던 이 작물을 스페인 정복자들이 배에 실어 스페인으로 가져갔고, 다시 이탈리아로 전해졌습니다.

토마토가 유럽에 전해진 유래에 관해서는 콜럼버스가 두 번째 항해에서 가지고 온 것이라는 설과 이름 없는 스페인 선원이 전한 것이라는 설이 있습니다. 유럽 문화에 토마토라는 단어가 처음 등장한 것은 1544년에 베네치아 사람이 쓴 책으로, 잘 익으면 황금

토마토

색이 되는 작물로 소개되어 있습니다. 영국에서는 1596년에 제럴드라는 식물학자가 자택 정원에서 토마토를 재배하여 먹었다는 기록이 있습니다.[198]

한편, 이와는 달리 수백 년 전의 일이라 그러한지, 영국의 약초학자인 존 제라드의 경우만 하더라도 상반되는 이야기가 전해지고 있습니다. 1544년, 이탈리아의 작가 한 명은 토마토는 "가지처럼 소금과 후추를 뿌린 뒤 기름에 튀겨 먹는 게 좋다."고 했습니다. 존 제라드는 토마토에 대해서 "스페인을 비롯한 더운 지방에서는 이 식물에 후추와 소금을 뿌려 기름에 끓여 먹는다. 그러나 몸에 좋은 영양분은 거의 없다. 아니, 아예 없고 쓸모없는 열매라고 하는 편이 옳다."고 했습니다. 존 파킨슨도 토마토가 먹을 수 없는 열매라는 선입견을 가지고 있었습니다. 그는 "토마토는 끈적끈적한 더러

• • •

**198** 미야자키 마사카츠 지음, 한세희 옮김, 『처음 읽는 음식의 세계사』, 탐나는책, 2021.

운 과즙과 물로 가득 차 있는 열매"라고 했습니다.[199]

일부 예외적인 상황을 제외하고 유럽에 전해진 토마토도 감자가 그러했듯 처음부터 식용으로 이용되지 않았습니다. 빨갛거나 노란 열매를 감상하기 위해 정원에서 키우거나 식탁을 장식하는 용도로 쓰였습니다. 토마토를 신비한 효능을 지닌 약용 식물로 보는 이도 있었고, 반대로 악명 높은 마취성 식물인 맨드레이크(mandrake)와 관련이 있다고 생각해 독초로 여긴 이도 많았습니다. 또, 생산성이 높은 황금빛 토마토를 정력이나 최음에 좋은 식물이라고도 생각했습니다.

이탈리아인은 토마토를 '황금빛 사과'라는 뜻으로 뽀모도로(pomodoro)라고 불렀는데, 처음에 들어온 토마토가 노란빛을 띠었기 때문입니다. 최음제와 비슷한 효과가 있다고 생각한 프랑스와 영국에서는 각각 폼 므 다모르(pomme d'amour)와 love apple, 즉 '사랑의 사과'로 불렀습니다. 이를 통해 유럽인들이 처음 본 토마토를 사과의 친척쯤으로 여겼다는 사실도 알 수 있는데, 이는 우리 선조들이 토마토를 일년감이나 땅에서 나는 감 등으로 표현한 것과 마찬가지라 할 것입니다.

18세기 초까지 토마토는 주로 관상용 화훼식물로 이용되었습니다. 그래서 맛과는 상관없이 다양한 색과 형태를 가진 아름다운 품종으로 육성되었지요. 그러다가 이탈리아를 비롯한 남유럽에서 토마토의 식용 가치에 관한 연구가 시작되었습니다. 그 결과 토마토

• • •

**199** 빌로스 지음, 김소정 옮김, 『진기한 야채의 역사』, 눈과마음, 2005. p.106.

가 몸에 좋고 맛도 좋다는 것이 알려지면서 식용작물로서 품종 육성이 이어졌습니다.

지중해 연안을 중심으로 재배되던 토마토는 그 진가가 알려지면서 유럽 전역으로 전파되었습니다. 토마토가 남아메리카 원산이다 보니 따뜻한 환경에서 잘 자라, 북유럽보다는 남유럽에서 사랑받았습니다. 이후 토마토는 유럽 요리에 빠져서는 안 되는 중요한 식품으로 발전하였습니다. 특히 이탈리아에서 토마토의 인기가 선풍적이었는데요. 이탈리아의 대표 요리인 피자와 파스타의 소스가 토마토인 것만 봐도 알 수 있습니다.

이런 토마토는 18세기에 미국으로 전래되어 세계에서 가장 널리 이용되는 채소로 발전하였습니다. 1780년대가 되면 미국의 제퍼슨 대통령이 몬티첼로에 있는 채소밭에서 토마토를 기를 정도였습니다. 이처럼 토마토의 지위는 상승하지만 제대로 된 평가를 받기 위해서는 좀 더 기다려야 했습니다. 1820년 로버트 기번 존스는 토마토에 독이 들어 있다는 잘못된 인식을 바꾸기 위해서 뉴저지주 살렘의 법원 계단에 서서 사람들이 지켜보는 가운데 토마토를 한 광주리나 먹었습니다.

동양에는 17세기 때 포르투갈인이 전했다고 합니다. 우리나라에서는 1614년에 이수광이 지은 『지봉유설』에 남만시(南蠻柿)로 처음 등장합니다. "남만시는 풀에서 나는 감으로 봄에 심어 가을에 열매 맺는다. 맛은 감과 비슷하다. 남만에서 온 것으로 사신이 중국과 조선에 종자를 가져왔다." 남만시는 남쪽 오랑캐 땅에서 온 감이란 뜻입니다.

토마토는 우리나라에서도 처음에는 관상용으로 심었다고 전해집니다. 토마토의 우리말 이름은 '일년감'과 '땅감'이며, 한자명으로는 남만시(南蠻柿)라고 부릅니다. 일년감이란 '일 년을 사는 감'이란 뜻이며, 옛 문헌에는 '일년시(一年柿)'라고 나옵니다. 그런데 일년감이란 이름이 두루 쓰이지 않았던 것은 과거 흔히 먹던 채소가 아니었기 때문입니다. 이 토마토가 식용으로 보급되기 시작한 것은 20세기 이후부터라 합니다.[200]

〈송정아회(松亭雅會)〉
(신윤복 작, 간송미술관 소장, 전원의 낙을 그림)

일년감이란 표현은 문일평이 쓴 「전원의 낙(樂)」이란 글의 끝부분에 등장합니다.

**"흔연작춘주(欣然酌春酒), 적아원중소(摘我園中蔬).[201] 이것은 전원 시인 도연명(陶淵明)의 명구로서 이익재(李益齋)[202]의 평생 애송하던 바다. 청복(淸福)이 있으면 근교에 조그만 전원을 얻어서 감자와 일년감을 심고, 또 양이나 한 마리 쳐서 그 젖**

• • •

200 "1910년 초쯤이 되어서야 밭에 심어 기르기 시작했다." (김종현 글, 임병국·장순일·안경자·윤은주 그림, 『곡식 채소 나들이 도감』, 보리, 2019. p.154).

201 "흔연히 봄 술 따라 마시며, 내 동산 가운데의 채소 뜯어 안주로 삼네" 라는 뜻.

202 익재 이제현(1287~1367).

**을 짜 먹으며 살아 볼 것인데, 그러나 이것도 분외과망(分外過望)[203]일는지 모른다."[204]**

일본에는 17세기에 포르투갈인이 토마토를 들여왔는데 독특한 풋내 때문에 사랑받지 못해 널리 퍼지지 않았습니다. 1708년에 쓰인 서적에 적가자(赤茄子)라고 표기되어 있는 등 가지의 한 종류로 보았던 것이지요. 그 밖에 동양에서는 줄기가 우거진다고 해서 번가(番茄)라고도 불렸습니다.

우리나라에서는 주로 과일처럼 취급해 왔지만, 토마토는 채소 그중에서도 과채, 즉 열매채소입니다. 토마토가 과일인가 아니면 채소인가를 두고 예전부터 논란이 많았습니다. 이 논쟁에 종지부를 찍은 곳은 미국 법원이었습니다. 외국에서 수입하는 채소는 10퍼센트에 해당하는 관세를 내야 하므로 토마토 수입상은 토마토는 채소가 아닌 과일이라고 주장했지요. 이에 대해 1893년 미국 고등법원은 토마토는 오이와 스쿼시처럼 장과[205]에 속하는 과일이지만 세 식물 모두 '일반적으로 사람들이 채소밭에서 기르는 채소처럼 이용하니' 채소로 분류한다고 결정했습니다.

### 토마토의 재배

토마토는 가지과 식물로 열대 기후에서는 다년생이지만, 온대 기후에서는 일년생입니다. 국내에서는 처음에 토마토를 관상용으

• • •

203 분에 넘치는 바람, 희망사항.

204 민병덕, 『삽화본 문장모범』, 정산미디어, 2010. p. 235.

205 과실 겉껍질은 특히 얇고 먹는 부분인 살은 즙이 많으며 그 속에 작은 종자가 들어 있는 열매.

로 심었으나 차츰 영양가나 효능이 밝혀져 밭에서 재배를 시작해 대중화가 이뤄졌습니다. 우리나라에서 판매되는 토마토는 대부분 비닐하우스 같은 시설에서 연중 재배되고 있습니다. 토마토의 성장에 적당한 온도는 24~26도로, 햇볕이 잘 드는 장소와 배수가 잘 되는 흙을 좋아합니다. 토마토는 생명력이 강해 병해충도 별로 없고, 열매도 가을 늦게까지 맺습니다.

토마토는 씨를 뿌려 키울 수도 있으나, 싹을 틔워 모종을 만들어 옮겨심기까지는 60~70일 정도의 상당한 시간이 필요합니다. 이 때문에 특별히 키우고 싶은 품종이 아니라면 텃밭 농사에서는 모종을 구해 심는 게 일반적입니다. 모종은 무조건 긴 것보다는 줄기가 튼튼하고 꽃이 피어 있고 잎이 네다섯 장 정도 되는 것을 고릅니다. 모종은 포기 사이의 간격이 40~50센티미터가 되게 구멍을 파고, 물을 두어 번 흠뻑 준 후 모종을 심으면 됩니다. 이때 모종을 눕혀 심으면 땅에 닿는 부분에서 뿌리가 나 양분을 흡수하는 힘이 강해집니다.

토마토 가꾸기의 핵심은 지주를 튼튼히 세워 주는 일과 곁순을 잘 질러 주는 일입니다. 토마토는 열매가 많이 열리는 데다 무게도 꽤 나가므로 지주가 튼튼하지 않으면 비바람에 쉽게 쓰러집니다. 또, 토마토는 자라면서 줄기와 잎 사이에 순이 계속 나오는데 이를 모두 잘라 내고 한 줄기로 키웁니다. 방울토마토의 경우는 두 줄을 키워도 좋습니다. 잘라 낸 곁순은 물꽂이를 하거나 아니면 땅에 바로 심어도 뿌리를 잘 내리므로 쉽게 포기 수를 늘릴 수 있습니다.

토마토는 비를 많이 맞으면 맛이 싱거워지고 심하면 열매가 갈라집니다. 이 열과 현상이 나타난 부분에 벌레가 붙다가 나중에는 썩고 맙니다. 열매는 줄기에서 가까운 쪽부터 빨갛게 익어 갑니다.

방울토마토(인디고로즈)

수확한 토마토

큰 사이즈와 중간 사이즈의 토마토는 잘 익으면 꽃받침 자리에 오렌지색 별 모양이 나타납니다. 아침보다는 건조가 진행된 저녁 무렵에 수확한 토마토의 맛이 진합니다.

텃밭에서 토마토를 키운다면 시중에서 파는 토마토와는 차원이 다른 토마토 고유의 맛을 즐길 수 있습니다. 판매를 위한 토마토는 익을 기미가 보이면 따서 출하해 유통 과정에서 숙성이 되는 게 대부분입니다. 그러나 텃밭에서 잘 익은 토마토에는 방향(芳香)이 있고 당도도 높아 맛이 훨씬 좋습니다.

이렇게 생각하는 건 저 혼자만이 아닙니다. 2009년 3월 백악관 뜰에 키친 가든을 일구어 가꾸었던 미셸 오바마는 「미셸 오바마의 먹을거리 원칙」 중에서 "과일과 채소는 적이 아니라, 좋은 미래를 여는 힘"이라 하면서, "텃밭에서 난 토마토는 맛이 완전히 다르다."고 했습니다.

또, 독일정원도서상을 두 번이나 수상한 독일의 원예학자이자

식물학자인 안드레아스 바를라게는 "자기 마당에서 나는 가장 형편없는 토마토 품종이 맛에서는 슈퍼마켓에서 판매되는 최고 품질의 하우스 토마토와 비교할 만하다."[206]고 했습니다. 그러면서 그는 "가정에서 토마토를 심을 때는 대개 그것보다 더 많이 심는다. 다채로움을 즐기기 위해서다. 알이 작은 토마토, 큼직한 토마토, 과육이 많은 토마토를 함께 심기도 하고 달콤한 맛, 다소 시큼한 맛이 나는 토마토를 같이 기르기도 한다. 붉은색, 노란색, 줄무늬 있는 것 등 품종이 다채로워 토마토에도 발견할 게 무척 많다."고 덧붙였습니다.

『세밀화로 보는 채소의 역사』를 쓴 로레인 해리슨은 "직접 재배하는 사람이라면 이 무르익은 따뜻한 과일을 줄기에서 곧장 따 먹는 비할 데 없는 쾌락을 이야기할 수 있을 것이다. 이 즐거움과 가게에서 산 토마토 사이의 차이가 어찌나 큰지, 가끔은 그것들이 같은 식물이라는 사실을 믿기 어려울 정도다![207] 상업적으로 생산된 토마토는 덜 익은 채로 딴 후, 빨갛게 만들기 위해 에틸렌 가스 처리를 하는 경우가 태반이다. 하지만 설익은 토마토들을 해가 잘 나는 창가에 뒤집어서 두면 빠르게 익힐 수 있다. 통조림이 될 운명의 토마토들은 풍부한 맛과 영양을 보장하기 위해서 최고로 잘 익었을 때 딴다."고 적었습니다.

저는 방울토마토를 특히 좋아해 해마다 2월 중순이면 파종에 들어갑니다. 지난해에는 열 몇 종의 토마토 씨앗을 뿌려 모종을 많이

• • •

206 안드레아스 바를라게 지음, 류동수 옮김, 『실은 나도 식물이 알고 싶었어』, 애플북스, 2020.
207 로레인 해리슨 지음, 정은지 옮김, 『세밀화로 보는 채소의 역사』, 다산북스, 2013.

만들어 주위에 나누어 주고도 칠십여 포기 이상을 키웠습니다.

**토마토의 활용**

유럽 속담에 "토마토가 빨갛게 익으면 의사 얼굴이 파랗게 된다."는 말이 있습니다. 그만큼 건강에 좋다는 말이지요. 토마토가 건강식품으로 주목받은 가장 큰 이유는 리코펜이라는 성분 때문입니다. 토마토에는 리코펜, 베타카로틴 등 항산화 물질이 많은 편입니다. 리코펜의 효과는 노화의 원인이 되는 활성산소를 배출해 세포의 젊음을 유지하는 것입니다. 또한 남성의 전립선암, 여성의 유방암, 소화기 계통의 암을 예방하는 데 효과가 있습니다. 리코펜은 알코올을 분해할 때 생기는 독성 물질을 배출하는 역할도 하므로 술 마시기 전에 토마토 주스를 마시거나 토마토를 술 안주로 먹는 것도 좋습니다. 또한 피부 미용에도 좋은 비타민 C나 고혈압 예방에 효과적인 칼륨도 함유하고 있습니다.

토마토는 과일처럼 생것으로 먹어도 좋고, 믹서기로 갈아 주스를 만들어 소금을 약간 쳐서 먹는 것도 좋습니다. 샐러드로 이용하기도 하며 케첩을 만들어 먹기도 합니다. 토마토는 생으로 먹는 것보다 요리를 해서 익혀 먹거나 기름에 볶는 것이 더 좋습니다. 리코펜 성분이 열에 강하고 지용성이라 기름에 볶아 먹으면 체내 흡수율이 높아지기 때문입니다.

## 온갖 반찬의 양념이 되는 파

**오훈[208]을 남들은 경계하는 바이나 / 나는 병 때문에 안 먹을 수가 없네 / 하나하나가 황금 같은 뿌리에다 / 더부룩한 백설 같은 수염이로다 / 약으로 나를 붙든 공은 많거니와 / 맛도 있어 식탁의 입맛을 돋우네 / 서 말[209]을 누가 능히 먹을 수 있으랴 / 염매[210]보다는 쓰이는 바가 적고말고**

_서거정, 「파(葱)」

**저 남쪽 밭의 채소를 보니 / 파릇한 봄파가 무성하여라 / 뿌리 수염은 온통 흰 바탕이고 / 떨기 잎은 푸른 옥과 같아라 / 맛은 매워 위장을 따뜻하게 하고 / 진액은 달아서 신장 기운을 돕는다 / 시골 늙은이 오래 이것을 먹으니 / 미천한 몸이지만 병이 들지 않아라**

_이응희, 「파(葱)」

서거정은 파를 비롯한 오훈을 병으로 안 먹을 수 없다고 하며 맛

• • •

208 오훈(五葷)은 다섯 가지의 자극성이 있는 채소. 특히 불가(佛家)에서는 마늘, 파, 부추, 달래, 무릇을 가리키며, 이 밖에도 여러 가지 설이 있다.

209 먹기 어려운 많은 양의 파를 말한 것으로, 수(隋)나라 때 굴돌통(屈突通)은 매우 엄정하기로 이름이 높았는데, 그의 아우 굴돌개(屈突蓋) 또한 매우 엄정하였으므로, 당시 사람들은 "차라리 서 말의 쑥을 먹을지언정, 굴돌개만은 보지 않았으면. 차라리 서 말의 파를 먹을지언정, 굴돌통만은 만나지 않았으면" 하였다 한다.

210 염매(鹽梅)는 소금의 짠맛과 매실의 신맛으로서 신하가 군주를 도와 선정을 베풀게 하는 것을 말한다.

도 있다고 합니다. 그러면서 중국의 고사를 빌어 서 말을 먹을 수 없고 염매보다 쓰임새가 적다 했습니다. 이응희도 파뿌리를 수염이라 하면서, 맛은 맵지만 위장과 신장에 좋으니 오래 먹어 병이 들지 않는다 했습니다.

**파의 역사**

파는 밭에 심어 기르는 백합과의 여러해살이 잎줄기채소입니다. 파는 2천 년 전부터 재배되기 시작했다는 기록이 전해질 만큼 오래된 채소이며, 중국에서는 원시 시대부터 재배했다고 전해집니다. 우리나라에는 통일신라 시대부터 재배한 것으로 추정하고 있습니다. 문헌상으로는 고려 인종 때인 1131년에 올린 상소문에 처음 등장합니다. "내외사사(內外寺社)의 승도(僧徒)가 술을 팔고 파(葱)를 팔며"라는 구절이 『고려사』에 나오며, 이규보의 「가포육영」이란 시에도 나옵니다.

**가느다란 손이 오므록이 몰려선 듯**
**아이들 잎을 따서 피리처럼 불어 보네**
**술자리에 안주로만 좋은 것이 아니라**
**고깃국 끓일 때는 더없이 맛나도다**

서양에서는 16세기의 문헌 기록이 최초라고 여겨지며, 미국에서는 19세기 이후에 소개되었습니다. 내한성이 커서 중국 동북부나 시베리아 지방에서도 자라고, 더위나 건조에도 강해 열대지방에서도 재배되고 있습니다.

**파의 재배**

파는 비옥하고 물 빠짐이 좋으며, 햇볕이 잘 들고 통풍이 잘되는 장소를 좋아합니다. 씨를 뿌리면 오랫동안 수확할 수 있지만, 1년 이상 키워야 겨우 먹을 수 있으므로 보통은 모종을 사서 키웁니다. 옮겨 심을 때는 비 오기 전날이 좋으며, 심을 때는 골을 따라 줄지어 심어도 되고, 간격을 띄워서 심기도 합니다. 이때는 약 5센티미터 정도로 해 주고 덜 자란 것은 세 포기씩 심습니다. 파는 아무 데서나 잘 자라는 것처럼 보이지만 물이 잘 빠지지 않으면 줄기 부분이 짓물러져 못쓰게 됩니다. 물이 잘 빠지는 밭을 골라야 하고 그렇지 않으면 고랑을 잘 만들어 물 빠짐이 잘되게 해야 합니다.

파는 연백 부분을 길게 하기 위해 북주기를 하는데, 생장점이 덮이지 않도록 해야 합니다. 수확할 때까지 두세 번 정도 해 주면 좋습니다. 밭이 크지 않으면 지주대로 밭에 30센티미터 깊이의 구멍을 내고, 그 안에 모종을 꽂아 키우면 북주기할 필요도 없이 간편하게 키울 수 있습니다. 파는 충분히 자라지 않아도 언제든 필요한 때 수확해 이용할 수 있습니다.

가을에 심은 것은 겨울 동안 얼지 않도록 비닐 등으로 덮어 주는 게 좋지만, 그냥 내버려 두어도 얼었다가 봄이 되면 다시 싹이 올라옵니다. 파 종류는 스스로 뿌리를 나눠서 포기를 늘립니다. 심은 지 오래된 파는 한 뿌리에서 여러 줄기가 올라오는데, 이 줄기를 하나씩 떼어 옮겨 심어 키우면 됩니다.

파는 미숙한 유기물을 분해하면서 자라고 흙 속의 미생물

파의 꽃

을 활성화합니다. 뿌리에 붙은 공생균은 항생물질을 내어 병충해를 줄이고 감자를 비롯한 뒤에 심는 작물의 성장을 돕습니다. 파는 오이 종류나 가지과의 병충해를 줄이는 효과가 있어 동반작물(companion plant)로 이용합니다. 대파는 흰 줄기 부분과 푸른 잎 부분이 다르게 이용되며, 특히 흰 줄기 부분은 깊은 맛과 향을 내는 데 씁니다. 재배할 때 북주기를 해서 흰 줄기를 길게 만든 것을 외대파 또는 줄기대파라고 하고, 이런 과정 없이 재배한 것을 잎파라고 하며, 품종도 서로 다릅니다. 파는 독특한 향 때문에 벌레가 잘 꼬여 농약 사용이 많은 작물이지만 텃밭에서 조금 재배할 때는 무농약으로 기를 수 있습니다.

파를 고를 때는 잎 끝부분의 녹색이 선명한 것을 고르는 것이 좋고 시들시들한 것은 피합니다. 흰 부분은 굵기가 고르고 탄력이 있는 것을 고릅니다. 흙이 묻은 파는 흙 속에 묻으면 오래 보존이 가능하며, 흙이 없는 것은 마르지 않도록 신문지로 싸서 서늘한 곳에 보관합니다.

**파의 활용**

파의 흰 부분은 담황색 채소, 녹색 잎은 녹황색 채소로 영양 성분이 크게 다릅니다. 매운맛 성분인 황화알릴은 동맥경화 예방에도 도움이 될 뿐만 아니라 비타민 B1의 흡수를 높이는 효과도 있습니다. 한방에서는 뿌리와 비늘줄기를 강장제, 흥분제, 거담제, 발한제, 이뇨제, 구충제로 씁니다.

파는 마늘과 함께 온갖 반찬의 양념으로 쓰입니다. 음식의 영양가를 높여 주고 맛을 좋게 하고 살균 효과도 있습니다. 또, 고기나 생선의 누린내와 비린내를 제거하는 데도 도움이 됩니다. 그래서

라면에서부터 각종 국과 찌개와 탕 종류, 생선과 고기 반찬을 만들 때, 그리고 나물과 김치까지 들어가지 않는 데가 없습니다.

## 겉보기보다 효능이 좋은 호박

시골 사는 농사꾼 호박 심으니 / 무성한 넝쿨 뻗어 가득 엉켰네 / 푸르싱싱 줄기에는 순이 내돋고 / 노르스름 꽃망울엔 진이 맺히네 / 주렁진 큼직한 열매 탐스럽구나 / 데룽데룽 도랑둑에 가득하여라 / 큰 것은 겉모양이 큰 물병 같고 / 작은 것은 생김새 항아리 같네 / 잘 여문 둥근 호박 국거리 좋고 / 크지 않은 애호박은 전 부쳐 먹네 / 더군다나 호박은 위장에 좋아 / 체하는 법 전혀 없고 몸도 보하네/ 이세(伊勢)종 떡호박은 산후에 좋고 / 노랗게 익는 호박 맛이 진귀해 / 솥에다 삶아 내어 된장 찍으면 / 맛이 달고 살이 많아 꿀떡 같다네 / 가난한 농가에서 저장하기는 / 남새 중에 호박이 으뜸이리라 / 뻗어 가던 호박 넝쿨 울타리 올라 / 서릿바람 앞두고 순 다시 돋네

_김려, 「호박(南瓜)」

지붕엔 성기성기 / 박 덩굴 퍼지고 / 하얀 꽃이 만발 / 아기 박이 동글 / 울타린엔 엉기엉기 / 호박 덩굴 퍼지고 / 노랑 꽃이 만발 / 아기 호박 동글 / 우리 집도 옆집도 / 오곤자근 똑같이 / 지붕엔 박 농사 / 울타린엔 호박 농사

_권태응, 「박 농사 호박 농사」

김려는 시에서 자라는 모습과 효능을 이야기합니다. 그리고 "호박은 '왜과(倭瓜)'하고도 하고 '호호(胡瓠: 호바가지)'라고도 한다. 우리나라 말로는 '호박(好璞)'이라고 하는데 그것은 우리나라 사람들이 바가지를 '박(璞)'이라고 하기 때문이다."라고 주를 달았습니다. 또, 권태응은 시에서 지붕에는 박 덩굴을, 울타리에는 호박 덩굴을 올려 키우며 농사짓는 모습을 노래합니다.

**호박의 역사**

박과 호박속(Cucurbita)에는 동양계와 서양계 그리고 페포계가 있습니다. 원산지는 동 · 서양계 호박은 중앙아메리카와 남아메리카이고, 표주박이란 뜻의 페포계 호박은 북아메리카 지방입니다. 고대 아메리카 대륙의 3대 주요 작물은 옥수수 · 강낭콩 · 호박이었고, 멕시코에서는 B.C. 7000~5000년부터 호박을 이용했던 흔적이 유적에서 발견되고 있습니다. 신대륙의 호박이 전 세계로 전파된 것은 1492년 콜럼버스의 아메리카 대륙 도착, 1518년 코르테스의 멕시코 정복 이후로 추정됩니다. 이후 호박은 포르투갈의 식민지 정복과 함께 유럽과 아시아로 전파되었습니다.

호박이 우리나라에 들어온 시기는 1600년대 초로 추정됩니다. 도입 경로는 명확하지 않은데, 포르투갈 상선을 통해 일본이나 중국으로 들어와 우리나라에 전해진 것으로 보입니다. 1618년에 쓰여진 『한정록』의 「치농」에 "3월 하순에 둑을 치고 호미로 구멍을 파고 심되, 서로의 거리는 1척 2촌의 간격으로 하고, 한 구멍마다 반드시 짙은 거름물을 준다. 덩굴이 길게 뻗으면 시렁을 매어 끌어올린다. 이는 오이 심는 법과 모두 같다."고 남과(南瓜)에 대해 기술하고 있습니다.

그런데 우리 재래종 호박이 일본 종의 단호박과는 형태가 다르고, 중국에서 유래한 작물에 붙여진 호(胡)라는 접두사가 호박에도 붙어 있으므로 중국설이 좀 더 유력해 보입니다. 국내에 도입된 호박이 이후 실제 널리 재배되기까지는 상당한 시간이 걸린 것으로 보입니다.

성호 이익은『성호사설』「만물문」에서 호박에 대해 이렇게 기술하고 있습니다.

"채소 중에 호과(胡瓜)란 것이 있는데 빛은 푸르고 생긴 모양은 둥글며 무르익으면 빛이 누르게 된다. 큰 것은 길이가 한 자쯤 되고 잎은 박과 같으며 꽃은 누르고 맛은 약간 달콤하다. 우리나라에는 옛날엔 없었는데 지금은 있다. 농가와 사찰에서 흔히들 심는데, 열매가 많이 열기 때문이다. 요즘은 사대부들에도 이 호과를 심는 이가 많은데, 어떤 이는 이르기를,『본초강목』에 남과(南瓜)라고 했다.' 한다.
나는『성경통지(盛京通志)』[211]에 상고해 보니, 남과라는 것도 있고 또 왜과(矮瓜)라는 따위도 있는데, 이 왜과란 것도 남과와 흡사하다. 빛깔은 한껏 누르고 생긴 모양은 둥그스름하고 길며 맛은 단 편이다. 지금 시골에 혹 심는 이가 있는데 이름을 당호과(唐胡瓜)라고도 한다. 남과에 비교하면 조금 잘기 때문에 심는 자가 많지 않으니, 이는 대개 서북 지방에서 들어온 것인 듯하다."

• • •

211 중국 요녕성(遼寧省)의 지리지.

그리고 같은 글의 목면(木綿)을 설명한 부분에서 "남과(南瓜)라는 호박이 난 지도 또한 거의 백 년이 가까이 되었는데, 아직 호남 지방에는 미치지 못했으니"라 한 것으로 보아 1740년경에도 호박이 일반화되지 않은 듯합니다. 이를 증명이라도 하듯 이옥은 『백운필』에서 호박의 유래와 확산 과정, 요리 방법에 관해 다루고 있습니다.

**"채소 가운데 매우 흔하고 두루 재배하면서도 옛날에 없던 것 두 가지가 있다. 초초는 일명 만초로 속칭 고추라 하고, 왜과(倭瓜)는 일명 남과(南瓜)로 속칭 호박(好朴)이라 한다. 이 두가지는 대개 근세에 외국에서 전해진 것이다.[212]**

**호박(倭瓜)은 팔구십 년 전에는 사람들이 심는 경우가 드물었고 먹을거리로 여기지 않았는데, 오직 절의 승려가 심어서 별미로 여겼다. 그 뒤 어떤 정승이 이를 매우 즐겨 먹어 상에 호박 반찬이 없으면 밥을 먹지 않았는데, 집에서 기름으로 부친 다음 식초를 얹으면 먹지 않다가 곧 새우젓을 곁들여 볶아 놓은 다음에야 먹었다. 호박이 이로 인해 세상에 널리 퍼지게 되었다고 한다.**

**요즘에는 새로운 요리법이 있는데, 돼지고기에 섞어 조리를 하면 아주 맛이 있다. 그런데 『왜한삼재도회(倭漢三材圖會)』[213]**

• • •

212 『백운필』(이옥 지음, 실시학사 고전문학연구회 옮기고 엮음, 『완역 이옥 전집 3 – 벌레들의 괴롭힘에 대하여』, 휴머니스트, 2009, p. 308).

213 『화한삼재도회(和漢三才圖會)』라고도 하는데, 중국 명대의 왕기(王圻)와 그의 아들 사의(思義)가 함께 지은 그림으로 이해를 도운 백과사전인 『삼재도회(三才圖會)』를, 18세기 초엽 일본 승려 양안상순(良安尙順)이 모방하여 편찬한 책이다. 이덕무, 유득공 등 조선 후기 실학파가 많이 읽었다.

에 이르기를, '돼지고기와 섞어 삶으면 매우 맛이 있다.'라고 하였으니, 내가 생각하기에 이것은 은연중 서로 합치된 것으로 왜인(倭人) 쪽이 먼저 하게 된 것이 아닌가 한다. 아니면 상순(尙順)에게서 얻어 전해 온 것인가?"

### 호박의 재배

호박은 열매채소 가운데 가장 튼튼하고 흡비력이 강하며, 척박한 땅에서도 잘 자라지만 서리에는 약합니다. 따라서 서리가 끝난 뒤인 4월에서 5월 하순 사이에 씨를 뿌리거나 모종을 구해 심습니다. 5월 상순까지는 밤 기온이 낮으므로 보온에 유의해야 합니다. 호박은 면적을 많이 차지하므로 밭두렁이나 산비탈에 심고, 밭이 좁다면 지주를 세워 입체로 키우거나 옥수수 등과 같이 심어도 좋습니다.

호박은 병충해가 적고 왕성하게 자라므로 재배하기 쉬운 채소입니다. 다른 채소에 비해 꽃이 유난히 크지만 꽃가루가 그렇게 많지 않으므로 벌에 의한 수정보다는 인공수정을 해 주는 게 확실합니다. 열매가 자라 생장이 멈추고 열매 부근의 줄기가 갈색으로 단단해지면 수확합니다.

조선호박은 열매가 어릴 때 풋호박으로 수확해 먹기도 하지만 보통은 늙은 호박이 될 때까지 그대로 둡니다. 애호박도 적당한 크기가 되면 수확해서 먹고, 한 그루에 한두 개 정도만 남겨 두었다가 씨앗을 받으면 되지요. 단호박은 껍질이 올록볼록해지면 수확하고, 씨앗을 받을 열매는 짙은 청색이 흐릿해질 때를 기다렸다가 수확하면 됩니다.

호박은 품종에 따라 열매의 크기와 형태, 색깔이 다른 게 많이

호박의 종류

있습니다. 저는 조선호박과 땅콩호박, 국수호박을 주로 키워 왔고, 지난해에는 미니 단호박도 심었습니다. 열매의 크기가 큰 조선호박과 국수호박은 밭의 한쪽과 공터에 심고, 땅콩호박과 미니 단호박은 와이어메시를 세운 트렐리스에 올렸습니다. 조선호박은 맷돌호박이라고도 하는데 호박잎 정도만 따 먹고 늙은 호박이 될 때까지 그대로 두었다가 범벅을 만들거나 다른 용도로 씁니다. 국수호박은 삶으면 국수처럼 풀어지는데 여름철 별미로 먹습니다. 땅콩호박은 땅콩처럼 생겼는데 버터넛스쿼시라고도 하고, 단맛이 강하며 상온에서 1년 넘게 저장할 수 있습니다. 단호박은 서양계 호박으로 밤호박이라고 하며 단맛이 강하고 일본에서 많이 키웁니다.

**호박의 활용**

조선 후기의 이학규가 쓴 「호박 삼십사운(南瓜三十四韻)」이란 시에는 호박을 상세히 묘사하고 용도까지 읊었는데, 그 일부만 소개합니다.

전가(田家)의 말(斗)만 한 작은 집에 / 주위를 돌며 두루 덩굴져 얽혀 있는데 /… / 열매가 열리면 열 중 하나는 / 너무 커서 돌무더기처럼 쌓아 놓네 / … / 밥을 싸 먹기 위해 잎은 밥과 함께 찌고 / 데쳐서 절일 땐 줄기도 따서 쓸 수 있네 / … / 국을 끓여 먹으면 참으로 / 메주 냄새나 생선 비린내와도 잘 어울리네 / 날 걸로 혹 쌀가루를 섞어 적황색 떡을 만들고 / 말려서 혹 가늘고 희게 채를 써네 / 남은 것은 이지러진 모양으로 땅에 붙어 있는/ 항아리와 단지 속에 쌓아 두네 / … / 지금부터 호박에 맛을 들여 / 죽을 때까지 고치지 않으리라

호박의 어린 덩굴과 잎은 익혀서 무치거나 쌈을 싸 먹고, 찌개나 국에 넣어 먹습니다. 애호박은 주로 호박 나물이나 호박전 등으로 이용합니다. 늙은 호박은 죽을 끓이기도 하고 말려서 겨울에 각종 요리에 쓰기 좋습니다. 늙은 호박은 껍질이 단단해 저장성이 좋기 때문에 식량이 부족하던 조선 시대에는 가을부터 이듬해까지 구황 식품으로 쓰였습니다. 호박은 잘 익을수록 당분이 증가해 맛이 달아지니 어린 호박보다는 늙은 호박이 영양이 더 좋습니다. 그리고 늙은 호박의 당분은 소화 흡수가 잘되어 위장이 약한 사람이나 회복기의 환자에게 유익하며, 전분이 풍부하고 비타민 A가 되는 베타카로틴의 함량이 높습니다. 베타카로틴은 매우 중요한 식물 영양소로서 항산화 기능을 갖기 때문에 체내 면역력 강화에 도움이 됩니다.

또 호박은 미네랄 성분이 풍부한데, 미네랄 성분이 혈압을 조정해 주기 때문에 저혈압과 고혈압에 두루 좋습니다. 당뇨병 치료에 도움을 주고, 중풍을 예방하는 효과도 있는 것으로 알려졌습니다.

식이섬유소도 풍부해 변비 해소에 효과적이고, 피부 미용과 노화 방지는 물론 기운을 북돋아 주는 효능이 있습니다. 특히 호박은 이뇨 작용을 하여 출산한 여성의 부기를 빼는 데 효과가 있다고 과거로부터 알려져 왔습니다.

# 참고 문헌


- 강석중, 강혜선, 안대희, 이종묵, 『허균이 가려뽑은 조선시대의 한시 1~3』, 문헌과해석사, 1999.
- 강신항, 이종묵, 권오영, 정순우, 정만조, 이헌창, 정성희, 강관식, 『이재난고로 보는 조선인의 생활사』, 한국학중앙연구원, 2008.
- 강혜선, 『나 홀로 즐기는 삶』, 태학사, 2010.
- 강혜선, 「조선후기 박물학적 취향과 김려의 한시」, 『한국문학논총』 제43집, 한국문학회, 2006.8.
- 강혜선, 「조선 후기 유배 한시의 서정성 – 시 양식에 따른 서정의 표출 방식을 중심으로」, 『韓國漢詩研究』 25, 한국한시학회, 2017.10.
- 강혜선, 「조선후기 한시 속의 일상의 양태와 의미 – 김려의 한시를 대상으로」, 『韓國漢詩研究』 15, 한국한시학회, 2007.10.
- 姜希孟 저, 張權烈 엮음, 『衿陽雜錄 原文과 解題』, 장권열회갑기념 사업추진위원회, 1988.
- 강희안 지음, 이병훈 옮김, 『양화소록』, 을유문화사, 2005.
- 계승범, 『우리가 아는 선비는 없다』, 위즈덤하우스, 2011.
- 고혜선 편역, 『마야 인의 성서 포폴 부』, 여름언덕, 2005.
- 구자옥, 『우리 농업의 역사 산책』, 이담, 2011.
- 구자옥 · 김미희 · 김영진, 『(고농서의 활용을 위한) 온고이지신. 3, 작물편』, 농촌진흥청, 2008.

- 구자옥 · 김미희 · 김영진, 『(고농서의 활용을 위한) 온고이지신. 4, 원예작물편』, 농촌진흥청, 2008.
- 구자황 · 문혜윤, 『中等文範(朴泰遠 編)』, 도서출판 경진, 2015.
- 권은중, 『음식 경제사』, 인물과사상사, 2019.
- 권영한 편저, 『무공해 건강 야채 쉽게 기르기』, 전원문화사, 2005.
- 권태응, 『감자꽃』, 창작과비평사, 2003.
- 규장각한국학연구원 엮음, 『일기로 본 조선』, 글항아리, 2013.
- 규장각한국학연구원 엮음, 『조선 양반의 일생』, 글항아리, 2009.
- 기무라 히데오 · 다카노 준, 『잉카의 세계를 알다』, 에이케이커뮤니케이션즈, 2016.
- 기준 지음, 남현희 옮김, 『조선 선비, 일상의 사물들에게 말을 걸다』, 문자향, 2009.
- 김건태, 『조선시대 양반가의 농업경영』, 역사비평사, 2004.
- 김경미, 「개인적인 삶에 대한 긍정과 지식의 재배치– 이옥의 〈백운필〉을 중심으로」, 『古典文學硏究』 제48집, 한국고전문학회, 2015.
- 김려 씀, 오희복 옮김, 『글짓기 조심하소』, 보리, 2006.
- 김려 지음, 강혜선 옮김, 『유배객, 세상을 알다』, 태학사, 2009.
- 김려 지음, 박혜숙 옮김, 『부령을 그리며』, 돌베개, 1998.
- 김문환, 함성호, 배정한, 황주영, 윤상준, 『텃밭정원 도시미학』, 서울대학교출판문화원, 2013.
- 김미혜 · 정혜경, 「조선후기 漢詩에 나타난 음식문화 특성 – 紀俗詩를 중심으로」, 『한국식생활문화학회지』 제22권 제4호, 한국식생활문화학회, 2007. 7.
- 김병일, 『퇴계처럼』, 글항아리, 2012.
- 김상보, 『조선시대의 음식문화』, 가람기획, 2006.

- 김영미 외, 『고려시대의 일상문화』, 이화여자대학교 출판부, 2009.
- 김영주, 『채소의 온기』, 지콜론북, 2017.
- 김용선 지음, 『생활인 이규보』, 일조각, 2014.
- 김재욱, 『목은 이색의 영물시』, 다운샘, 2009.
- 김종현 글, 임병국 · 장순일 · 안경자 · 윤은주 그림, 『곡식 채소 나들이 도감』, 보리, 2019.
- 김진영 · 차충환 역주, 『백운거사 이규보 시집』, 민속원, 1997.
- 김학수, 『끝내 세상에 고개를 숙이지 않는다』, 삼우반, 2005.
- 김향남, 『李鈺 문학 연구』, 예원, 2017.
- 김효정, 「洛下生 李學逵의 園藝詩 硏究」, 『한국민족문화』 제61호, 부산대 한국민족문화연구소, 2016.11.
- 농촌진흥청 국립원예특작과학원, 『숨어 있는 채소 · 과일의 매력』, 휴먼컬쳐아리랑, 2015.
- 다나카 마사타케 지음, 신영범 옮김, 『재배 식물의 기원』, 전파과학사, 2020.
- 데브라 맨코프 지음, 김잔디 옮김, 『모네가 사랑한 정원』, 중앙북스, 2016.
- 로레인 해리슨 지음, 정은지 옮김, 『세밀화로 보는 채소의 역사』, 다산북스, 2013.
- 류수노 · 이봉호 · 이병윤, 『자원식물학』, 한국방송통신대학교출판부, 2013.
- 류희룡 외, 「논에 짓는 집, 온실 – 미래 농업을 여는 열쇠」, 『RDA Interrobang』, 218호, 농촌진흥청, 2018.7.31.
- 리자 가르니에 지음, 전혜영 옮김, 『세계 농작물 지도』, 현실문화연구, 2012.
- 무라타 유코 감수, 김민정 옮김, 『채소는 약』, 시그마 북스, 2020.

- 마츠키 게이코 지음, 이광식 옮김, 『누구나 쉽게 키우는 건강채소 60종』, 동학사, 2001.
- 문성재 역주, 『정역 중국정사 조선 · 동이전 1』, 우리역사연구재단, 2021.
- 문원 · 김종기 · 이지원, 『원예작물학 Ⅰ – 채소』, 한국방송대학교출판부, 2013.
- 문원 · 정병룡 · 김기선 외, 『생활원예』, 한국방송대학교출판문화원, 2013.
- 미야자키 마사카츠 지음, 이영주 옮김, 「하룻밤에 읽는 세계사」, 중앙M&B, 2001.
- 미야자키 마사카츠 지음, 한세희 옮김, 『처음 읽는 음식의 세계사』, 탐나는책, 2021.
- 민병덕, 『삽화본 문장모범』, 정산미디어, 2010.
- 박경안, 『여말선초의 농장 형성과 농학 연구』, 혜안, 2012.
- 박경자, 『조선시대 정원』, 학연문화사, 2012.
- 박석무, 『다산에게 배운다』, 창비, 2019.
- 박성수 주해, 『저상일월(渚上日月)』, 민속원, 2003.
- 박세당, 『색경(穡經)』, 농촌진흥청, 2001.
- 박순직 · 이종훈, 『식용작물학 Ⅰ – 벼와 쌀』, 한국방송통신대학교출판부, 2013.
- 박영서, 『시시콜콜한 조선의 편지들』, 들녘, 2020.
- 박원만, 『텃밭백과』, 들녘, 2007.
- 박의호 · 류수노 · 조현묵, 『식용작물학 Ⅱ』, 한국방송대학교출판문화원, 2014.
- 박주영 엮음, 『35가지 농사의 이해』, 도서출판 경남, 2012.
- 박중환, 『식물의 인문학』, 한길사, 2014.

- 박지원 지음, 박희병 옮김, 『고추장 작은 단지를 보내니』, 돌베개, 2005.
- 박채린, 「조선시대 한시(漢詩)에 나타난 전통음식문화 연구」, 『민속학연구』 제42호, 국립민속박물관, 2018.6.
- 반주원, 『조선시대 살아보기』, 미래의창, 2017.
- 백두현, 『한글 편지로 본 조선 시대 선비의 삶』, 역락, 2011.
- 백원철, 『낙하생 이학규 문학연구』, 보고사, 2005.
- 변현단, 『토종 농사는 이렇게』, 그물코, 2018.
- 빌 로스 지음, 김소정 옮김, 『진기한 야채의 역사』, 눈과마음, 2005.
- 빌 로스 지음, 서종기 옮김, 『식물, 역사를 뒤집다: 문명을 이끈 50가지 식물』, 예경, 2011.
- 사라 허먼 지음, 엄성수 옮김, 『있어빌리티 교양수업 – 상식 너머의 상식』, 북새통, 2020.
- 사토 마사루 지음, 신정원 옮김, 『흐름을 꿰뚫는 세계사 독해』, 위즈덤하우스, 2016.
- 서거정 지음, 임정기 옮김, 『국역 사가집 1~2』, 민족문화추진회, 2004.
- 서명훈, 『채소 가꾸기』, 김영사, 2005.
- 서유구 외 지음, 안대회 · 이현일 옮김, 『한국 산문선 8 – 책과 자연』, 민음사, 2017.
- 서유구 지음, 정명현 · 김정기 역주, 『林園經濟志 본리지(本利志) 2』, 소와당, 2008.
- 성종상, 「토마스 제퍼슨의 자연관과 조경관」, 『環境論叢』 제49권, 서울대학교 환경대학원, 2010.12.
- 손명희, 「회화를 통해본 효명세자의 삶」, 『문예군주를 꿈꾼 왕세자, 효명』, 국립고궁박물관 특별전 강연자료, 2019.7.11.
- 손용택, 『조선의 학자, 땅을 말하다』, 한국학술정보㈜, 2009.

- 스티븐 해리스 지음, 장진영 옮김, 『세계를 정복한 식물들』, 돌배나무, 2020.
- 신은제, 『高麗時代 田莊의 構造와 經營』, 경인문화사, 2010.
- 아침나무, 『상식으로 꼭 알아야 할 세계의 신화』, 삼양미디어, 2009.
- 안대회, 「18 · 19세기 주거문화와 상상의 정원」, 『진단학보』 제97호, 진단학회, 2004.
- 안대회 · 이현일 편역, 『한국산문선 7 – 코끼리 보고서』, 민음사, 2017.
- 안드레아스 바를라게 지음, 류동수 옮김, 『실은 나도 식물이 알고 싶었어』, 애플북스, 2020.
- 안종건 · 전재근 · 이무하 · 노봉수 · 박완수, 『농축산식품이용학』, 한국방송통신대학교출판부, 2014.
- 야마모토 노리오 지음, 김효진 옮김, 『감자로 보는 세계사』, 에이케이커뮤니케이션즈, 2019.
- 여운필 · 성범중 · 최재남, 『역주 목은시고 1』, 월인, 2000.
- 여태동, 『도시농부 바람길의 자급자족 농사일기』, 북마크, 2013.
- 염정섭, 「조선 후기 남양도호부의 농촌생활과 농법 · 농업생산의 특색 – 이옥(李鈺)의 『백운필(白雲筆)』을 중심으로」, 『한국고전연구』 50집, 한국고전연구학회, 2020.
- 오경아, 『정원생활자』, 궁리출판, 2017.
- 오도, 『씨앗 받는 농사 매뉴얼』, 들녘, 2013.
- 오형규, 「보이는 경제 세계사」, 글담출판, 2018.
- 옥영정 · 심영환 · 박용만 · 전경목 · 김건우 · 노혜경, 『승총명록으로 보는 조선후기 향촌 지식인의 생활사』, 한국학중앙연구원 출판부, 2010.
- 원주용, 『조선시대 한시 읽기 下』, 한국학술정보, 2010.
- 원중거 지음, 김경숙 옮김, 『조선후기 지식인, 일본과 만나다』, 소명출판,

2006.
- 원중거 지음, 박재금 옮김, 『와신상담의 마음으로 일본을 기록하다』, 소명출판, 2006.
- 요시다 타로 지음, 김석기 옮김, 『농업이 문명을 움직인다』, 들녘, 2011.
- 유다경, 『도시농부 올빼미의 텃밭 가이드』, 시골생활, 2010.
- 유선경, 『나를 위한 신화력』, 김영사, 2021.
- 유재건, 『이향견문록』, 실시학사 고전문학연구회, 2008.
- 유중림, 『증보산림경제 Ⅱ』, 농촌진흥청, 2003.
- 유희 지음, 김형태 옮김, 『물명고(物名考) (상, 하)』, 소명출판, 2019.
- 이곡 지음, 이상현 옮김, 『국역 가정집 1~2』, 민족문화추진회, 2006.
- 이국진, 『낙하생 이학규의 시문학 연구』, 고려대학교 민족문화연구원, 2017.
- 이국진, 「이학규 영물시 연구」, 대동한문학회, 2008.
- 이규보 씀, 김상훈 · 류희정 옮김, 『동명왕의 노래』, 보리, 2005.
- 이나가키 히데히로 지음, 김효진 옮김, 『보약보다 좋은 밥상 위의 채소』, 생각의 나무, 2009.
- 이나가키 히데히로 지음, 류충민 옮김, 『재밌어서 밤새 읽는 식물학 이야기』, 더숲, 2019.
- 이나가키 히데히로 지음, 서수지 옮김, 『세계사를 바꾼 13가지 식물』, 사람과나무사이, 2019.
- 이덕무 저, 박상휘 · 박희수 역해, 『청령국지 – 18세기 조선 지식인의 일본 인문지리학』, 아카넷, 2017.
- 이동철, 『白雲 李奎報 詩의 硏究』, 국학자료원, 2015.
- 이두순 역주, 『농촌의 노래, 농부의 노래』, 한국농촌경제연구원, 2020.
- 이문건 지음, 김인규 옮김, 『역주 묵재일기(譯註 默齋日記) ②』, 민속원,

2018.
- 이병한 엮음, 『땅 쓸고 꽃잎 떨어지기를 기다리노라』, 궁리, 2007.
- 이상호 · 이정철, 『역사책에 없는 조선사』, 푸른역사, 2020.
- 이성우, 『한국식품문화사』, 교문사, 1997.
- 이소영, 『식물의 책』, 한올엠앤씨, 2019.
- 이시필 지음, 백승호 · 부유섭 · 장유승 옮김, 『소문사설, 조선의 실용지식 연구노트』, 휴머니스트, 2011.
- 이옥 저, 실시학사 고전문학연구회 역주, 『역주 이옥전집 1~2권』, 소명출판, 2001.
- 이옥 지음, 김균태 옮김, 『이옥 문집 큰글씨책』, 지식을만드는지식, 2014.
- 이옥 지음, 실시학사 고전문학연구회 옮기고 엮음, 『완역 이옥 전집 3 - 벌레들의 괴롭힘에 대하여』, 휴머니스트, 2009.
- 이옥 지음, 심경호 옮김, 『선생 세상의 그물을 조심하시오』, 태학사, 2009.
- 이은희, 「도시 농업의 해외 사례와 동향」, 『매거진 내셔널트러스트』 32호, 2014.12.
- 이응희 지음, 이상하 옮김, 『玉潭 遺稿』, 소명출판, 2009.
- 이재운 지음 안대회 옮김, 『해동화식전: 조선 유일의 재테크 서적, 부자되기를 권하다』, 휴머니스트, 2019.
- 이종묵, 『글로 세상을 호령하다』, 김영사, 2010.
- 李鍾默, 「金昌業의 채소류 連作詩와 조선후기 漢詩史의 한 국면」, 『韓國漢詩研究』18, 韓國漢詩學會, 2010.10.
- 이종묵, 『우리 한시를 읽다』, 돌베개, 2009.
- 이종묵, 「李應禧가 시로 쓴 백과사전 〈만물편〉에 대하여」, 『국문학연구』 제16호, 국문학회, 2007.11.
- 이종묵, 『조선의 문화공간』1~4책, 휴머니스트, 2006.

- 이종호, 『나는 불온한 선비다』, 위즈덤하우스, 2011.
- 이철수, 『우리가 정말 알아야할 우리 농작물 백가지』, 현암사, 2000.
- 이타기 토시타카 지음, 장광진 옮김, 『가정 채소재배 대백과』, 동학사, 2004.
- 이춘녕, 『한국 농학사』, 민음사, 1989.
- 이학규 지음, 정우봉 옮김, 『아침은 언제 오는가』, 태학사, 2006.
- 이한, 『요리하는 조선 남자』, 청아출판사, 2016.
- 이홍석 · 박효근 · 채영암, 『한국 주요 농작물의 기원, 발달 및 재배사』, 대한민국학술원, 2017.
- 張權烈, 『朝鮮時代古農書硏究』, 光一文化社, 1992.
- 장충식 역, 『십팔사략(1)』, 한국자유교육협회, 1971.
- 전관수, 『한시어사전』, 국학자료원, 2002.
- 전국귀농운동본부, 『내 손으로 가꾸는 유기농 텃밭』, 들녘, 2004.
- 전희식, 『어쩌면 지금 필요한 옛 농사 이야기』, 들녘, 2017.
- 정구복, 『古文書와 兩班社會』, 일조각, 2004.
- 정기호, 『세상에서 가장 아름다운 정원』, 성균관대학교출판부, 2016.
- 정민, 『18세기 조선 지식인의 발견』, 휴머니스트, 2007.
- 정민, 『미쳐야 미친다』, 푸른역사, 2004.
- 정민, 『삶을 바꾼 만남: 스승 정약용과 제자 황상』, 문학동네, 2011.
- 정민 역, 『다산어록청상』, 푸르메, 2007.
- 정수진, 「제황상유인첩(題黃裳幽人帖)에 나타난 다산(茶山)의 정원상(庭園想)」, 『한국조경학회지』 제46권 5호, 한국조경학회, 2018.10.
- 정약용 지음, 박무영 역, 『뜬세상의 아름다움』, 태학사, 2001.
- 정약용 지음, 박석무 편역, 『유배지에서 보낸 편지 – 개역 · 증보판』, 창작과비평사, 1993.

- 정약용 지음, 신윤학 엮음, 『내가 살아온 날들 – 다산 잠언 콘서트』, 스타북스, 2012.
- 정약용 지음, 이준구 옮김, 『고난의 선물』, 스타북스, 2018.
- 정연식, 『일상으로 본 조선시대 이야기』 2권, 청년사, 2001.
- 정연우 번역, 『說集 2』, 파랑새미디어, 2015.
- 정주영, 『이 땅에 태어나서 – 나의 살아온 이야기』, 솔출판사, 1998.
- 정진영, 「조선시대 향촌 양반들의 경제생활 – 간찰과 일기를 통해 본 일반적 고찰」, 『古文書研究』 제50호, 한국고문서학회, 2017.2.
- 정창권, 『조선의 살림하는 남자들』, 돌베개, 2021.
- 정학유 지음, 허경진 · 김형태 옮김, 『시명다식(詩名多識)』, 한길사, 2008.
- 정혜경 · 오세영 · 김미혜 · 안효진, 『식생활 문화』, 교문사, 2013.
- 정혜경, 『채소의 인문학』, 따비, 2019.
- 주영하, 『조선의 미식가들』, 휴머니스트, 2019.
- 진경환, 『조선의 잡지』, 소소의책, 2018.
- 채영옥, 『이야기로 쓴 채소랑 과수랑』, 원예, 2007.
- 최우성, 『동화경제사』, 인물과사상사, 2018.
- 최은수, 『4차 산업혁명 그 이후 미래의 지배자들』, 비즈니스북스, 2018.
- 클레르 주아 지음, 이충민 옮김, 『모네의 그림 같은 식탁』, 아트북스, 2012.
- 클레어 A. P. 윌스든 지음, 이시은 옮김, 『인상주의 예술이 가득한 정원』, 재승출판, 2019.
- 토비 헤멘웨이 지음, 이해성 · 이은주 옮김, 『가이아의 정원』, 들녘, 2016.
- 펠리페 페르난데스–아르메토스 지음, 유나영 옮김, 『음식의 세계사 여덟 번의 혁명』, 소와당, 2018.
- 표학렬, 『카페에서 읽는 조선사』, 인물과사상사, 2020.

- 하인리히 에두아르트 야콥 지음, 곽명단 · 임지원 옮김, 『육천 년 빵의 역사』, 써네스트, 2019.
- 하치스카 히로코 · 사쿠라이 이사무 지음, 김응규 옮김, 『지금이야말로 도시農』, 농민신문사, 2012.
- 한국고문서학회, 『조선시대 생활사』, 역사비평사, 1996.
- 한국고문서학회, 『조선시대 생활사 2』, 역사비평사, 2000.
- 한국고문서학회, 『조선시대 생활사 3 – 의식주, 살아 있는 조선의 풍경』, 역사비평사, 2006.
- 한국역사연구회, 『조선시대 사람들은 어떻게 살았을까 1~2 (개정판)』, 청년사, 2008.
- 한국영양학회, 『내 몸을 살리는 식물영양소』, 들녘, 2013.
- 한상기, 『작물의 고향』, 에피스테메, 2020.
- 한소영 · 조경진, 「임원경제지를 통해 본 조선 후기 의원(意園, 상상의 정원)의 조경학적 함의」, 『2011춘계학술대회 논문집』, 한국조경학회, 2011.
- 한스외르크 퀴스터 지음, 송소민 옮김, 『곡물의 역사』, 서해문집, 2016.
- 한식재단, 『조선 백성의 밥상』, 한림출판사, 2014.
- 한식재단, 『조선 왕실의 식탁』, 한림출판사, 2014.
- 허경진 옮김, 『목은 이색 시선』, 평민사, 2005.
- 허경진 옮김, 『韓國의 漢詩 32 – 文無子 李鈺 詩集』, 평민사, 1997.
- 허경진 옮김, 『韓國의 漢詩 41 – 牧隱 李穡 詩選』, 평민사, 2005.
- 헤르만 헤세 지음, 두행숙 옮김, 『정원에서 보내는 시간』, 웅진지식하우스, 2013.
- 헤르만 헤세 지음, 두행숙 옮김, 『정원 일의 즐거움』, 이레, 2001.
- 헤르만 헤세, 배명자 옮김, 『정원 가꾸기의 즐거움』, 반니, 2019.
- 호조 마사아키 감수, 황지희 옮김, 『심기에서 수확까지 한 권으로 알아보

는 채소 기르기』, 하서, 2013.

- 홍길주 지음, 이홍식 엮음, 『상상의 정원』, 태학사, 2008.
- 홍형순 · 이원호, 「許筠의 著作을 통해 본 想像的 空間」, 『한국전통조경학회지』 24권 4호, 한국전통조경학회, 2006.12.
- 홍희창, 『이규보의 화원을 거닐다』, 책과나무, 2020.
- 황민선, 「다산 정약용의 원림관을 통해서 본 〈茶山花史〉」, 『국학연구론총』 제13집, 택민국학연구원, 2014.6.
- 후지타 사토시 지음, 남진희 옮김, 『베란다에서 키우는 웰빙 채소』, 넥서스BOOKS, 2006.
- 井上昌夫, 『DVDだからよくわかる!　野菜づくり』, 西東社, 2009.
- 加藤義松, 『マンガと絵でわかる! おいしい野菜づくり入門』, 西東社, 2017.
- 加藤正明, 『達人か教える!　農家直伝おいしい野菜づくり』, 永岡書店, 2019.
- 木嶋利男, 『伝承農業を活かす 野菜の植えつけと種まきの裏ワザ』, 家の光協会, 2016.
- 農文協 編, 『農家が教える 野菜の発芽 · 育苗 コツと裏ワザ』, 農山漁村文化協会, 2019.
- 新田穂高, 『自給自足の自然菜園12か月』, 宝島社, 2016.
- ファイブ · ア · ディ協会, 『野菜と果物図鑑』, 新星出版社, 2006.
- 福田俊, 『市民農園1区画で 年間50品目の野菜を育てる本』, 学研プラス, 2019.
- 福田俊, 『図解マンガ フクダ流家庭菜園術』, 誠文堂新光社, 2015.
- 福田俊, 『プロが教える有機 · 無農薬おいしい野菜づくり』, 西東社, 2017.
- 槙 佐知子, 『野菜の効用 －《医心方》四天年の知恵から』, 筑摩書房, 2007.

- 「やさい畑」菜園クラブ 編,『ひと工夫でこんなに差が出る! 驚きの家庭菜園マル秘技58』, 家の光協会, 2019.
- 국립원예특작과학원,「도시 농업의 개념과 국내외 사례」PDF 자료.
- 박윤점,「오가노포니코 텃밭의 본고장, 쿠바의 도시 농업」,『월간 원예』, 2021.3.3. (http://www.hortitimes.com/news/articleView.html?idxno=27055)
- 박종진, 개경 사람들은 어떤 채소를 먹었을까?, 한국역사연구회, 2004.11.8. (http://www.koreanhistory.org/4298)
- 서명훈,「농촌 어메니티와 러시아 Dacha 문화 잡목을 통한 농촌경제 활성화 연구」,『2005년도 시험연구보고서』, 경기도농업기술원. (https://nongup.gg.go.kr/wp-content/uploads/sites/2/2013/08/re_2005_decha.pdf)
- 이은희,「도시농업의 해외 사례와 동향」,『매거진 내셔널트러스트』32호, 한국내셔널트러스트, 2014.12. (https://nationaltrust.or.kr/bbs/board.php?bo_table=B22&wr_id=143)
- 이은희,「자연과 인간을 연결시켜주는 도시 녹지」,『월간 원예』, 2018.10.30. (http://www.hortitimes.com/news/articleView.html?idxno=9265)
- 정병선,「모스크바 통신 – 다차(Dacha)를 아십니까」,『월간 조선』, 2002.7. (http://monthly.chosun.com/client/news/viw.asp?nNewsNumb=200207100035)
- 토머스 제퍼슨의 몬티첼로(Monticello), 2015.8.3. (https://weblogusa.tistory.com/108)
- 허남혁,「미셸 오바마가 텃밭에서 농사짓는 이유는?」,『프레시안』, 2010.2.12. (https://www.pressian.com/pages/articles/99438)

- 허북구, 「도시 농업과 비즈니스 대상으로 발전한 홍콩의 옥상 텃밭」, 『월간 원예』, 2019.08.05. (http://www.hortitimes.com/news/articleView.html?idxno=21324)
- 홍창우, 「외국의 가족농원」, 부산시농업기술센터, 농업기술정보, 2019.2.28. ( https://www.busan.go.kr/nongup/agrifamily02)
- Monticello의 채소밭. (https://www.monticello.org/house-gardens/farms-gardens/vegetable-garden/)
- 農林水産省, 「改訂版 市民農園をはじめよう!!」. (https://www.maff.go.jp/chushi/green/siminnouen/attach/pdf/siminnouen-14.pdf)
- 農林水産省, 「市民農園の状況」. (https://www.maff.go.jp/j/nousin/kouryu/tosi_nougyo/s_joukyou.html)
- 국립수목원, 국가생물종지식정보시스템. (www.nature.go.kr)
- 국사편찬위원회, 우리역사넷. (http://contents.history.go.kr/)
- 농사로 포털사이트, 농업기술길잡이. (https://www.nongsaro.go.kr/portal/)
- 한국고전번역원, 한국고전종합DB. (https://db.itkc.or.kr/)
- 한국학중앙연구원, 한국역대인물 종합정보시스템. (http://people.aks.ac.kr/)